Kohlhammer

Reinhard Grabski

Physikalische Grundlagen für die Feuerwehr

Unter Mitarbeit von
Peter Schmiedtchen
und Korinna Bade

Verlag W. Kohlhammer

Dieses Werk einschließlich aller seiner Teile ist urheberrechtlich geschützt. Jede Verwendung außerhalb der engen Grenzen des Urheberrechts ist ohne Zustimmung des Verlags unzulässig und strafbar. Das gilt insbesondere für Vervielfältigungen, Übersetzungen, Mikroverfilmungen und für die Einspeicherung und Verarbeitung in elektronischen Systemen.
Die Wiedergabe von Warenbezeichnungen, Handelsnamen und sonstigen Kennzeichen in diesem Buch berechtigt nicht zu der Annahme, dass diese von jedermann frei benutzt werden dürfen. Vielmehr kann es sich auch dann um eingetragene Warenzeichen oder sonstige geschützte Kennzeichen handeln, wenn sie nicht eigens als solche gekennzeichnet sind.
Die Abbildungen stammen – sofern nicht anders angegeben – von dem Autor.

1. Auflage 2024

Alle Rechte vorbehalten
© W. Kohlhammer GmbH, Stuttgart
Gesamtherstellung: W. Kohlhammer GmbH, Stuttgart

Print:
ISBN 978-3-17-041094-7

E-Book-Formate:
pdf: ISBN 978-3-17-041096-1
epub: ISBN 978-3-17-041097-8

Für den Inhalt abgedruckter oder verlinkter Websites ist ausschließlich der jeweilige Betreiber verantwortlich. Die W. Kohlhammer GmbH hat keinen Einfluss auf die verknüpften Seiten und übernimmt hierfür keinerlei Haftung.

Vorwort

Diejenigen, die das Buch interessiert in die Hand nehmen, kennen vielleicht das Rote Heft 78 »Grundwissen Physik« vom Verlag W. Kohlhammer. Hat sich die Physik in der Zwischenzeit geändert? Natürlich nicht, zumindest nicht die klassischen Gebiete, die Gegenstand dieser Darstellung waren. Warum dann nun aber ein neues Format anstatt einer Neuauflage? Zum einen war es Zeit, moderne Auffassungen zu berücksichtigen sowie die Erfahrungen und Wünsche der Leser einzuarbeiten. Zum anderen lässt eine so knappe Darstellung einiges offen und ist deshalb nicht für jedermann leicht verständlich.

Natürlich gibt es auch heute keine spezielle Physik für Feuerwehren, Gefahrenabwehr oder Sicherheitsmanagement. Schließlich ist Physik eine Naturwissenschaft, die sich mit den allgemeingültigen Gesetzen der unbelebten Natur und ihren Phänomenen befasst. Dies schließt die Gültigkeitsgrenzen der Gesetzmäßigkeiten sowie die Methoden ein, die zu deren Erkenntnis führen. Sie ist damit unabhängig von gesellschaftlichen Erscheinungen oder Entwicklungen sowie speziellen Anwendungen. Andererseits ist die Physik jedoch fundamental für das Verständnis vieler Innovationen und technischer Entwicklungen.

Moderne Veränderungen in der Physik vollziehen sich vor allem auf sogenanntem nichtklassischem Gebiet, wie etwa für die Welt des extrem Kleinen (Mikrokosmos bzw. die Welt der Quanten) oder des extrem Schnellen und Schweren (Relativität und Kosmologie). Dies spielt jedoch für die Gefahrenabwehr keine Rolle, höchstens als Hintergrund für moderne technische Innovationen wie beispielsweise in der Mikroelektronik, der Materialforschung oder für die Energiespeicherung. Die Stärke der Physik liegt gerade darin, dass sich ihre charakteristischen Phänomene in zahlreichen, sehr unterschiedlichen Gebieten wiederfinden lassen, in der Biologie oder Medizin in gleicher Weise wie etwa in der Chemie und eben auch bei der Gefahrenabwehr. So wird im Folgenden der Fokus auf physikalische Fragestellungen gelegt, wie sie in unserer alltäglichen Umwelt auftreten. Dabei soll berücksichtigt werden, dass in jüngerer Zeit bei der Gefahrenabwehr neue Fragestellungen aufgetreten sind bzw. sich neue Lösungen herauskristallisieren und allmählich durchsetzen. Dies macht es erforderlich, neue Entwicklungen und ihre stärkere wissenschaftliche Begründung bei der Gefahrenabwehr zu berücksichtigen und gleichzeitig die praktische Sicht im Hinblick auf die Anwendung wissenschaftlicher Erkenntnisse und ihrer Methoden zu stärken. Aus diesem Grunde hat der Autor zwei Spezialisten für eine Mitarbeit gewonnen, die dieses Anliegen zu verwirklichen helfen.

Vorwort

Physikalische Grundlagen können besonders Führungskräften, aber auch den Feuerwehrangehörigen in der Ausbildung sowie bei der abschließenden Analyse des Einsatzgeschehens, den Anwendern neuer Gerätschaften genauso wie den mit ihrer Entwicklung oder Austestung befassten Personen helfen, die beim Brand und Löschen ablaufenden Vorgänge und viele andere Probleme der Gefahrenabwehr besser zu verstehen und die zahlreichen technischen Fragestellungen aus ihren physikalischen Grundlagen heraus richtig zu bewerten.

Mit dem Buch wird der Versuch unternommen, mit diesem Anspruch das erforderliche physikalische Grundwissen für die Praxis bei der Gefahrenabwehr darzulegen. Will man dabei zu einem Aha-Erlebnis kommen, wird es unvermeidbar sein, sich in die typische Denkweise des Physikers zu versetzen. Dazu gehören Effekte, Formeln und Messungen bei physikalisch »exakten« Experimenten, deren Fehlermöglichkeiten im besonderen Maße betrachtet werden müssen. Auch ohne Mathematik wird es nicht gehen. Doch keine Angst, die Mathematik wird nicht einen zu großen Raum einnehmen und man wird mit soliden Abiturkenntnissen das meiste verstehen können. Der Schwerpunkt wird ausdrücklich auf eine physikalische Betrachtung verschiedener Feuerwehrprobleme gelegt. Daraus resultiert die getroffene Auswahl der dargelegten Gebiete aus dem Bereich der klassischen Alltagsphysik sowie die Darstellung von typischen physikalischen Arbeitsmethoden. Modern ist eine stoffliche Gliederung nach grundlegenden Modellen der Physik, die der Autor bevorzugt, da so leichter Querverbindungen zwischen verschiedenartigen Fragestellungen gezogen werden können.

Das Buch richtet sich darüber hinaus auch an all diejenigen, die an Fragen der allgemeinen Gefahrenabwehr sowie des Sicherheitsmanagements interessiert sind. So soll es auch als Einstieg für Studierende dienen, die eine entsprechende Studienrichtung gewählt haben. Es erhebt aber keinen Anspruch, die Physik umfassend darzustellen, wie sie etwa Physikstudenten benötigen. Vielmehr wird bei der Erläuterung der physikalischen Sachverhalte stets der Anwendungsfall aus der Feuerwehrpraxis im Mittelpunkt stehen. So hofft der Autor, dass jeder Leser Neues und Nützliches erfahren wird und der Nichtphysiker die charakteristische Denkweise zumindest in gewissem Umfang nachvollziehen und sich damit aneignen kann. Vielleicht lässt sich dadurch das gegenseitige Verständnis auf dem interdisziplinären Gebiet »Brandschutz und Feuerwehrwesen« fördern und ein Beitrag zur Versachlichung der häufig so unterschiedlichen Sichtweisen in Diskussionen zur Lösung von Problemen leisten.

Abschließend sei aber deutlich darauf hingewiesen, dass diese Einführung in die Physik, geschaut durch eine Feuerwehrbrille, kein Lehrbuch ersetzen kann. Wer also angeregt ist und tiefer eindringen will, findet in den zahlreichen Grundlagenbüchern

Vorwort

für jede Vorbildung sicher etwas Geeignetes. Der Autor würde sich freuen, wenn es ihm gelingen würde, solche Anstöße zu geben. Also, lassen sie sich entführen in die Welt der Formeln, Phänomene und Experimente.

Danksagung

Der Autor möchte sich an dieser Stelle zunächst vor allem bei den beiden Mitwirkenden für ihre sachkundigen Beiträge bedanken. Nur durch ihre fachspezifische Kompetenz konnte das eingangs formulierte Ziel des Buches erreicht werden.

Herr Prof. Dr.-Ing. Peter Schmiedtchen war als Physiker langjährig in der Industrieforschung für die Feuerwehren und zur Gefahrenabwehr erfolgreich tätig und war zugleich im Einsatzgeschehen seiner örtlichen Feuerwehr und in zahlreichen Vereinen zur Unterstützung der Feuerwehren aktiv. Zugleich hat er als Honorarprofessor die Entwicklung des Magdeburger Studienganges »Sicherheit und Gefahrenabwehr« vorangetrieben und leistet dort einen aktiven Beitrag. Zu ihm und seinen Tätigkeiten verbinden den Autor in seiner ehemaligen Funktion als Direktor des Instituts der Feuerwehr Sachsen-Anhalt IdF in Heyrothsberge sowie als damaliger Vorsitzender des Technisch-Wissenschaftlichen Beirats der Vereinigung zur Förderung des Deutschen Brandschutzes e. V. vfdb zahlreiche gemeinsame Interessen und Projekte. Prof. Schmiedtchen ist in diesem Buch vor allem für die praktischen Belange der täglichen Feuerwehrarbeit verantwortlich.

Frau Prof. Dr.-Ing. Korinna Bade ist als ausgewiesene Wissenschaftlerin an der Hochschule Anhalt, Fachbereich Informatik und Sprachen in Köthen tätig. Ihr Forschungsgebiet, in dem sie erfolgreich zahlreiche Projekte bearbeitet hat, sind Fragen des maschinellen Lernens und der Data Science, insbesondere in interdisziplinärer Anwendung mit anderen Fachgebieten. Damit kann sie zukunftsweisende Entwicklungen in der Gefahrenabwehr auch aus der Sicht der aktuellen tiefgreifenden, gesamtgesellschaftlichen Umwälzungen durch die Digitalisierung kompetent einordnen und diese in diesem Buch erfolgreich vertreten.

Der Autor möchte sich außerdem beim Institut für Brand- und Katastrophenschutz IBK Heyrothsberge für die Unterstützung dieses Buchprojektes und die Freigabe erforderlichen Bildmaterials herzlich bedanken. Der Dank gilt insbesondere auch den Mitarbeitern sowie den Ehemaligen der Abteilung Forschung, dem Institut der Feuerwehr IdF, für fachliche Diskussionen über aktuelle Entwicklungen und Projekte, insbesondere dem jetzigen Leiter Herrn Dr. Michael Neske. Nicht vergessen sei dabei auch die professionelle, engagierte Tätigkeit von Frau Kampmeier in der Bibliothek der Einrichtung, die stets hilfsbereit mit fachlicher Kompetenz die Literaturarbeit sehr erleichtert und auch bei Recherchen Unterstützung geleistet hat.

Mein Dank gilt auch Frau Katharina Bade, die so sorgfältig die grafischen Vorlagen für Skizzen und Diagramme erstellt hat. Sie hat dabei meine nicht immer einfachen

Danksagung

Wünsche mit Sachkompetenz bei der grafischen Gestaltung am Computer umgesetzt.

Ein Dankeschön für die Bereitstellung von Bildern sei in diesem Zusammenhang auch an die Firma Dräger Safety AG & Co. KGaA gerichtet, mit der es zurückliegend vor allem auf dem Gebiet der Infrarot-Thermographie eine fruchtbare Zusammenarbeit gab. Dankbar ist der Autor darüber hinaus auch vielen Brandschützern und Feuerwehrangehörigen für anregende Gespräche und der daraus resultierenden Unterstützung, wie der Berufsfeuerwehr Magdeburg und den Mitwirkenden im Magdeburger Studiengang »Sicherheit und Gefahrenabwehr«. Schließlich sei dem Lektorat »Feuerwehr und Brandschutz« des Verlages, hier insbesondere Frau Elisabeth Hanuschkin, für die professionelle Abwicklung des Buchprojektes sowie die gelungene Umsetzung des Manuskriptes gedankt, so dass das Buch in einer angemessenen, den Leser ansprechenden Form erscheinen konnte und so mancher Fehler rechtzeitig herausgefischt wurde.

Abschließend möchte ich meiner Frau Beate danken, die mir stets die Freiräume geschaffen hat, die ich für das Buchprojekt gebraucht habe.

Magdeburg, 2023   Prof. Dr. Reinhard Grabski

Inhaltsverzeichnis

Vorwort		5
Danksagung		8
1 Grundsätzliche Betrachtungen		15
1.1	Physikalische Größen und Einheiten	15
1.2	Messen oder Rechnen	19
1.3	Materialparameter und Konstanten	22
1.4	Physik und andere Wissenschaften	23
2 Modelle in der Physik und Prinzipielles zum Messen		25
2.1	Was ist ein Modell?	25
2.2	Rolle der Mathematik in der Physik	29
2.3	Messung und Fehlerabschätzung	33
2.4	Methode der kleinsten Quadrate	35
3 Versuchsplanung in der Praxis		39
3.1	Großversuche und ihre Skalierung	39
3.2	Reproduzierbarkeit von Brand- und Löschversuchen	41
3.3	Physikalische Messprinzipien im Feuerwehreinsatz	43
3.4	Messungen im Einsatz und die messtechnische Ausrüstung	48
4 Feuer und Flamme aus physikalischer Sicht		55
4.1	Grundlagen des Brandes	55
4.2	Grundlagen des Löschens	58
4.3	Risiko von Explosionen und anderen schnellen Vorgängen	61
4.4	Außergewöhnliche Brandphänomene (Backdraft, Flashover u. a.)	64
4.5	Deterministisches Chaos	66
5 Mechanik von Punktmassen und starren Körpern		69
5.1	Grundmodelle und ihre Beschreibung	69
5.2	Impuls und Kraft	73
5.3	Energie und ihre Erhaltung	77
5.4	Drehimpuls	81

Inhaltsverzeichnis

5.5	Schwerpunkt und Gleichgewicht	82
5.6	Hilfsgeräte zur Kraftverstärkung im Feuerwehreinsatz	87

6 Fluidmechanik **89**
6.1	Flüssigkeiten und Gase	89
6.2	Ruhende Fluide und Oberflächenspannung	90
6.3	Strömungen von Fluiden	96
6.4	Reibung und Turbulenz	99
6.5	Strömungssimulation im Computer	103

7 Wärme und Thermodynamik **105**
7.1	Definition der Temperatur	105
7.2	Kinetische Wärmetheorie	108
7.3	Kalorimeter	111
7.4	Hauptsätze der Wärmelehre	114
7.5	Zustandsänderungen	118

8 Ausgleichs- und Transportvorgänge **121**
8.1	Wärmetransport	121
8.2	Wärmeleitung	123
8.3	Wärmekonvektion	125
8.4	Wärmestrahlung	127
8.5	Diffusion und Konzentration	128

9 Strömungsverhalten in Einsatzsituationen **131**
9.1	Mathematische Brandmodelle für eine numerische Lösung	131
9.2	Anwendung von Diffusionsmodellen für Schadstofffreisetzungen	133
9.3	Schwergasausbreitung	134

10 Schutz der Einsatzkräfte aus physikalischer Sicht ... **137**
10.1	Atemschutz	137
10.2	Schutz vor Hitze und Flammen	141
10.3	Schutz vor chemischen Stoffen	143

11 Schwingungen und Wellen **145**
11.1	Mechanische und elektrische Schwingungen	145
11.2	Dämpfung und Resonanz	147
11.3	Wellen und Wellengleichung	149

Inhaltsverzeichnis

11.4	Interferenz	152
11.5	Reflexion und Brechung	154
11.6	Streuung und Absorption	156
11.7	Beugung und Doppler-Effekt	157

12 Mechanische Wellen ... **160**
- 12.1 Elastische Wellen in Festkörpern ... 160
- 12.2 Schallwellen in Fluiden ... 162

13 Elektromagnetismus und seine Wellen ... **165**
- 13.1 Feldgrößen und ihre Quellen ... 165
- 13.2 Statische und stationäre Felder ... 168
- 13.3 Elektromagnetische Wellen ... 176
- 13.4 Strahlungsfeld ... 180

14 Infrarottechnik zur Gefahrenabwehr ... **182**
- 14.1 Licht- oder Infrarotbilder ... 182
- 14.2 Atmosphärische Fenster und die Wechselwirkung mit der Umgebung ... 185
- 14.3 Einsatztaktische Erfahrungen mit Wärmebildgeräten ... 188
- 14.4 Hinweise für die Beschaffung ... 194

15 Radioaktivität ... **197**
- 15.1 Kernaufbau und Strahlungsarten ... 197
- 15.2 Dosis und Wirkung ... 199
- 15.3 Strahlenschutz ... 201
- 15.4 Radioaktive Gefahren im Feuerwehreinsatz ... 202

16 Digitalisierung und Maschinelles Lernen in der Gefahrenabwehr ... **205**
- 16.1 Digitalisierung und Daten ... 205
- 16.2 Datenanalyse durch Maschinelles Lernen und Künstliche Intelligenz ... 208
- 16.3 Maschinelles Lernen und Daten in der Gefahrenabwehr ... 213

Inhaltsverzeichnis

Schlussbemerkungen **217**

Literaturverzeichnis **219**

Stichwortverzeichnis **223**

1 Grundsätzliche Betrachtungen

> In der Physik wird viel mit Formeln gearbeitet. Sie verknüpfen »physikalische Größen« und charakterisieren das Verhalten der Natur. Für explizite Aussagen ist es wichtig, die Bedeutung von Maßeinheiten zu verstehen, mit deren Hilfe man auch die Richtigkeit von Umrechnungen prüfen kann. Schließlich stellt sich bei einem physikalischen Problem, d. h. auch bei Bränden, der Schadstoff- und Rauchausbreitung, dem Wärmetransport und Ähnlichem, immer die Frage: Soll man das Verhalten berechnen oder sind Messungen am Realobjekt oder in einem speziell aufbereiteten Versuch aussagekräftiger?

1.1 Physikalische Größen und Einheiten

Die Physik befasst sich im engeren Sinne mit Erscheinungen, den sogenannten Phänomenen, in der unbelebten Natur. Sie beschreibt Sachverhalte durch Definition von häufig idealisierten Objekten und ihre Wechselwirkung in Raum und Zeit bzw. untereinander. Sie wird dabei auch als eine exakte Naturwissenschaft bezeichnet. Diese »Exaktheit« beginnt bereits bei der Beschreibung der Naturgesetze, wofür sich eine spezielle Art »Sprache« herausgebildet hat. In der Physik werden Begriffe der Umgangssprache (z. B. Kraft, Wärme usw.) benutzt, diese aber genau definiert. Vom Grundsatz her erfolgt dies stets über einen (häufig abstrakten) Messprozess bzw. über mathematische Operationen mit solchen Messgrößen.

Die »Buchstaben der physikalischen Sprache« sind derartige »physikalische Größen«, für die bei expliziten Aussagen das Produkt eines Zahlenwertes mit einer Maßeinheit einzusetzen ist. (Hinweis: Der Multiplikationspunkt wird hierbei niemals mitgeschrieben, z. B. 12 m, 17 m/s, 1,4 · 10^{-3} g). Die Bildung von Worten und Sätzen erfolgt jetzt durch Formulierung von Formeln unter Anwendung der Gesetze der Mathematik. Eine physikalische Größe hat in einer gegebenen Situation einen ganz konkreten Wert. Zahlenwert und Maßeinheit bedingen einander. Wählt man eine andere, für diese Größe ebenfalls erlaubte Einheit (beispielsweise anstelle des Gramms das Kilogramm), so muss der Zahlenwert entsprechend umgerechnet werden.

1 Grundsätzliche Betrachtungen

Physikalische Formeln sind in der Regel »Größengleichungen«, d. h. alle Symbole S sind physikalische Größen der folgenden Struktur:

Symbol = Zahlenwert mal Maßeinheit

bzw. als Formel

$$S = \{S\}[S]. \tag{1.1}$$

Die Klammern kennzeichnen die Elemente »Zahlenwert« und »Maßeinheit« der Größen. Man beachte, dass die eckige Klammer in der Physik die Maßeinheit einer Größe beschreibt. Es ist deshalb nicht korrekt, die Maßeinheit selbst in Klammern zu setzen, was gelegentlich in grafischen Darstellungen zu finden ist.

Solche Größengleichungen sind unabhängig von der Wahl einer konkreten Maßeinheit, dies macht gerade den Wert dieser Art von Gleichungen aus. In der Praxis heißt das, dass in die Formel stets das Produkt aus Zahlenwert und Maßeinheit einzusetzen ist. Die Zahlenwerte und die Maßeinheiten sind dann getrennt zusammenzufassen.

An dieser Stelle sei ein Tipp für den Praktiker gegeben. Wenn man Formeln umstellt, besonders bei komplizierten Berechnungen, wo mehrere Gleichungen ineinander eingesetzt werden, ist man häufig unsicher, ob das Ergebnis wirklich fehlerfrei ist. Eine einfache Kontrollmöglichkeit besteht in der Zusammenfassung der Maßeinheiten auf der rechten Seite der Gleichung. Dies muss ein Ergebnis liefern, das sich auch auf der linken Seite ergibt. Dieses einfache Vorgehen ist als Dimensionskontrolle bekannt.

Neben den Größengleichungen kennt man auch noch die Zahlenwertgleichungen, die früher in den Ingenieurwissenschaften weit verbreitet waren. Äußeres Zeichen sind Zahlenfaktoren in solchen Beziehungen. Zahlenwertgleichungen sind Beziehungen zwischen den Zahlenwerten von Größen. Damit dieses Vorgehen eindeutig wird, muss jeweils gesondert festgelegt sein, in welchen Einheiten die einzelnen Größen zu verwenden sind. Der Vorteil für den Ingenieur liegt auf der Hand, wenn mit Arbeitsformeln immer wiederkehrende Berechnungen anzustellen sind. Der Nachteil ist der Verlust an Allgemeingültigkeit, so dass Formelumstellungen kompliziert werden können. (Hinweis: In den modernen Wissenschaften werden heutzutage fast ausschließlich Größengleichungen verwendet!)

Über die Definition der physikalischen Grundgrößen lassen sich unterschiedliche Einheitensysteme aufbauen. Durchgesetzt hat sich das Internationale Einheitensystem (SI), das 1960 von der 11. Generalkonferenz für Maß und Gewicht (CGPM) geschaffen wurde. Die einheitliche Kurzbezeichnung SI gilt in allen Sprachen und ist

1.1 Physikalische Größen und Einheiten

aus dem Französischen »Le Système International d'Unités« abgeleitet (Stroppe 2012). Es besitzt sieben Basiseinheiten, aus denen sich die weiteren »abgeleiteten Einheiten« berechnen lassen (vgl. ▶ Tabelle 1).

Tabelle 1: *SI-Basiseinheiten*

Größe	Name	Zeichen
Länge	Meter	*m*
Masse	Kilogramm	*kg*
Zeit	Sekunde	*s*
elektrische Stromstärke	Ampere	*A*
Temperatur	Kelvin	*K*
Stoffmenge	Mol	*mol*
Lichtstärke	Candela	*cd*

Für die Temperatur darf auch weiterhin Grad Celsius (°C) benutzt werden, da es eine feste Umrechnungsregel gibt:

$$\frac{T_{cels}}{°C} = \frac{T}{K} - 273{,}15. \tag{1.2}$$

Hinweis:
Eine derartige Gleichung wird als »zugeschnittene Größengleichung« bezeichnet, was jedoch im Rahmen dieses Buches ohne Belang ist und hier ohnehin nur bei der Temperaturumrechnung auftritt.

Aus den Basiseinheiten lassen sich abgeleitete SI-Einheiten bilden. Diese tragen zum Teil eigene Namen, wenn ihre Bedeutung herausragend in Physik und Technik ist. Einige wenige Beispiele sind in ▶ Tabelle 2 zusammengestellt. Daneben werden aus historischen Gründen auch weitere Einheiten verwendet, die jedoch nur in einem begrenzten Gebiet Bedeutung haben. Schließlich sei auch darauf hingewiesen, dass in den angelsächsischen Ländern auch andere Maßeinheiten gebräuchlich sind, die sich jedoch eindeutig in SI-Einheiten umrechnen lassen.

1 Grundsätzliche Betrachtungen

Als letzte Bemerkung sei darauf verwiesen, dass SI-Einheiten auch mit Vorsätzen benutzt werden dürfen (vgl. ▶Tabelle 3). Dadurch werden sehr große oder sehr kleine Zahlenwerte vermieden. Die Vorsätze werden unmittelbar ohne Zwischenraum vor die Maßeinheit gesetzt und damit wie eine neue Einheit behandelt. Als Beispiel seien hier das Megawatt (*MW*) und das Mikrometer (*μm*) genannt. Beim Einsetzen in Größengleichungen lassen sich die Vorsätze auch wieder in Zehnerpotenzen auflösen. Für extrem große Werte wurden aufsteigend die Vorsätze Tera, Peta, Exa, Zetta und Yotta sowie für extrem kleine absteigend Piko, Femto, Atto, Zepto und Yocto festgelegt, wobei die Unterschiede jeweils Eintausend betragen. (Hinweis: Die extrem großen und die extrem kleinen Vorsätze haben bei den Problemen im Rahmen dieses Buches keine Bedeutung, sie sind nur der Vollständigkeit halber erwähnt.)

Tabelle 2: *Abgeleitete SI-Einheiten mit eigenem Namen (Auswahl)*

Größe	Maßeinheit Name	Symbol	Umrechnung übliche SI-Einheiten	SI-Basiseinheiten
Frequenz	Hertz	Hz		s^{-1}
Kraft	Newton	N		$kg \cdot m \cdot s^{-2}$
Druck, Spannung	Pascal	Pa	N/m^2	$kg \cdot m^{-1} \cdot s^{-2}$
Energie, Arbeit, Wärmemenge	Joule	J	$N \cdot m$	$kg \cdot m^2 \cdot s^{-2}$
Leistung, Energiestrom	Watt	W	J/s	$kg \cdot m^2 \cdot s^{-3}$
elektrische Spannung	Volt	V	W/A	$kg \cdot m^2 \cdot s^{-3} \cdot A^{-1}$

1.2 Messen oder Rechnen

Tabelle 3: *SI-Vorsätze*

Vergrößerung			Verkleinerung		
Faktor	Vorsatz		Faktor	Vorsatz	
	Name	Symbol		Name	Symbol
10^9	Giga	G	10^{-1}	Dezi	d
10^6	Mega	M	10^{-2}	Zenti	c
10^3	Kilo	k	10^{-3}	Milli	m
10^2	Hekto	h	10^{-6}	Mikro	µ
10	Deka	da	10^{-9}	Nano	n

1.2 Messen oder Rechnen

In der Physik kennt man zwei grundsätzlich verschiedene Arbeitsmethoden, um zu Erkenntnissen über einen Sachverhalt oder ein Phänomen zu gelangen, die in der Forschung eigentlich stets eng verzahnt sein sollten. In der Praxis wird man sich meist unter Berücksichtigung von Aufwand und Nutzen entscheiden, wie man am besten zu ausreichenden Aussagen gelangt und welche Methode dafür am geeignetsten ist.

Bei der experimentellen Methode werden im Detail möglichst exakt festgelegte Versuchsanordnungen für reproduzierbare Messungen aufgebaut, die die Betrachtung eines Sachverhaltes ermöglichen. Das Verhalten wird durch geeignete Instrumente in den Versuchen erfasst und quantitativ, d. h. zahlenmäßig, gemessen, wobei Trends durch genau definierte variierende äußere Bedingungen in die Betrachtung einbezogen werden können. Wichtig ist es dabei, Fehlerquellen möglichst zu beseitigen bzw. zumindest deren Einfluss auf die Ergebnisse zu analysieren (Fehlerbetrachtung, vgl. auch ▶ Kapitel 2.3). Häufig werden die Ergebnisse grafisch oder mathematisch als Funktionsverläufe zusammengefasst.

Bei der theoretischen Methode stellt man Grundbeziehungen für den zu untersuchenden Sachverhalt auf bzw. wählt diese aus dem Wissensschatz der Physik für das konkrete Problem aus. Diese Gleichungen sind meist sehr kompliziert aufgebaut. Anschließend löst man diese Gleichungen, bis das gewünschte Resultat als Formel oder Zahlenergebnis (z. B. als grafischer Zusammenhang) vorliegt. Dazu werden immer häufiger Computer herangezogen, die eine anschauliche Lösung mit sogenannten »Codes« unter Verwendung numerischer Lösungsverfahren auch in komplizierten Fällen ermöglichen. Dass diese Lösung stets nur näherungsweise erfolgt, ist nicht von Belang, da die Genauigkeit prinzipiell beliebig erhöht werden kann. Solche Berechnungen werden auch als Computersimulationen bezeichnet. Die Ergebnisse sollten im Normalfall einer anschließenden experimentellen Überprüfung unterzogen werden, was natürlich nur partiell möglich sein wird. Ansonsten könnte man sich ja gleich für das Experiment entscheiden.

Beide Methoden ergänzen sich in ihren Aussagen. Allerdings sind die erforderlichen Fertigkeiten und die notwendigen Instrumente und Geräte sehr unterschiedlich. Gelegentlich wird deshalb, abhängig von den bestehenden Voraussetzungen, die eine oder die andere Seite stärker betont. Dabei wird als Argument für die benutzte Methode gern die Aussagekraft der Ergebnisse herangezogen. Dies ist jedoch problematisch, denn häufig wird dabei die Notwendigkeit einer gründlichen Analyse einfach ignoriert. Aus diesem Grund soll das Problem hier aus der Sicht der Feuerwehrpraxis etwas ausführlicher erläutert werden.

Jede Untersuchung eines Sachverhaltes liefert niemals das vollständig exakte Verhalten. Vielmehr handelt es sich stets um ein Abbild der Wirklichkeit, das mehr oder minder gut ist. Mit einer wissenschaftlichen Untersuchung ist man zufrieden, wenn die erreichte Genauigkeit genügt, um eine ausreichend sichere Bewertung vornehmen zu können. Der Praktiker ist jetzt vielleicht enttäuscht über die Leistungsfähigkeit der Wissenschaft, aber dies ist nun einmal Ausdruck des Modellcharakters in der Erkenntnis. Es ist einfach eine Frage der Ehrlichkeit darauf zu verweisen, dass es eine absolute Wahrheit auch in der Wissenschaft nicht gibt.

Alle Untersuchungen, und dies gilt natürlich auch für die Physik, sind durch Abweichungen von der Realität gekennzeichnet. Diese werden häufig auch als Fehler bezeichnet. Wenn man hier von Fehlern spricht, sind damit nicht Mängel gemeint, die durch unsachgemäßes Vorgehen hervorgerufen werden (z. B. defektes oder falsch benutztes Messgerät, Ablese- oder Übertragungsfehler von Daten u. ä.). Die hier betrachteten Fehler sind die Abweichungen bei den Untersuchungen von der realen Welt, sie sind damit prinzipieller Natur. Diese Überlegungen zur Genauigkeit sind typisch für das physikalische Denken, gelten darüber hinaus natürlich für alle Wissenschaften. Es wird dabei stets vorausgesetzt, dass wissenschaftlich solide gearbeitet wird und Mängel als Folge von Nachlässigkeiten oder gar Unvermögen vermieden werden. Welches sind nun die prinzipiellen Überlegungen im Hinblick auf Fehler bei den beiden Grundmethoden in der Physik?

Die experimentelle Methode ist unter Praktikern sehr beliebt und historisch in der Physik seit mehreren Jahrhunderten bewährt. Persönlichkeiten wie Newton und von Guericke haben diese Methode ausgearbeitet. So ist man heute häufig geneigt, gemessenen Ergebnissen am ehesten zu glauben. Hier sind aber durchaus kritische

1.2 Messen oder Rechnen

Fragen zu formulieren, mit denen auch der Praktiker Messergebnisse hinterfragen sollte. Einige wichtige Überlegungen sind:

- Entspricht die Messung im Hinblick auf Reproduzierbarkeit und statistischer Absicherung wissenschaftlichen Anforderungen?
- Sind alle entscheidenden Randbedingungen bekannt und können diese beim Versuch konstant gehalten werden?
- Wie ist die Genauigkeit der eingesetzten Messgeräte zu bewerten und wie ist die Kalibrierung erfolgt?
- Läuft der zu untersuchende Vorgang bei einer Veränderung der Abmessungen (meist: Reduzierung) wirklich wie im Original ab, d. h. sind die erhaltenen Ergebnisse übertragbar?
- Wie sind die (unvermeidbaren) Messfehler zu bewerten?

(Hinweis: Es muss hier auf die detaillierte Erläuterung der Fachbegriffe zunächst verzichtet werden. Einige Probleme werden im weiteren Verlauf nochmals aufgegriffen und vertieft, vgl. ▶ Kapitel 2.3, 2.4 und 3).

Messungen sind also durchaus nicht immer ein problemloses Mittel zur Aufklärung von Sachverhalten. Dazu kommt, dass Versuche meist teuer sind. Will man nicht nur einen Einzelwert, so muss man die einzelnen Parameter variieren, was zu einer Vervielfachung der Versuchsanzahl führt. Die Parametervielfalt treibt also den Aufwand (Zeit, Kosten) in die Höhe. Es ist daher stets zu prüfen, wie umfassend man Aussagen benötigt und wie viele Versuche dafür notwendig sind.

Die theoretische Methode war zunächst mehr für die Wissenschaft selbst von Bedeutung, weil damit das Gerüst der Erkenntnisse konstruiert werden konnte. Die Fülle der Einzelergebnisse konnte darüber in einen logischen Zusammenhang gebracht werden. Mit mathematischen Algorithmen baut man ein Gedankengebäude auf, so dass auf der Grundlage weniger Gleichungen eine größere Gruppe von Phänomenen erfasst werden kann. Allerdings hatten früher solche Berechnungen aus Gründen der Lösbarkeit der Gleichungen häufig wenig mit wirklich praktischen Fragestellungen zu tun. Erst in den letzten Jahrzehnten wurde es durch die rasante technologische Entwicklung bei den Computern und durch die Erstellung von ganzen Programmpaketen, den Codes, möglich, stärker mit numerischen Lösungsmethoden zu arbeiten und so auch praktische Fragestellungen ausreichend umfassend zu berechnen. So gehören die komplexen Phänomene turbulenter Strömungen beim Brand, die Rauch- und Schadstoffausbreitung oder das reaktionskinetische Verhalten beim Brennen und Löschen bereits gegenwärtig zu den aus praktischer Sicht hinreichend behandelbaren Problemen. Es ist folglich nicht verwunderlich, dass diese Methoden im Brandschutz gegenwärtig eine rasante Verbreitung finden.

Der große Vorteil besteht darin, dass mit vergleichsweise geringem Aufwand ein breites Spektrum von Parametereinflüssen untersucht werden kann. Dabei können selbst solche Situationen betrachtet werden, die in der Realität noch gar nicht vorliegen. Es darf aber der »vergleichsweise geringe Aufwand« nicht missverstanden werden. Der Aufwand ist, insbesondere im Vorfeld bis zur Erlangung der erforderlichen Erfahrungen, hoch. Rechenzeiten von Tagen oder Wochen für ein tatsächliches »Minutenereignis« sind durchaus normal! Gering ist aber der Aufwand im Vergleich zum Experiment, wenn man vergleichbar komplexe Aussagen erhalten will.

Es kommt nun das große »Aber«, denn auch hier existieren Probleme, die nur zu gern übersehen werden. In der Welt der technikgläubigen Computerfreaks erfreut man sich häufig zu schnell an farbig gedruckten bunten Bildern. Dabei kann der Computer doch nur rechnerisch umsetzen, womit er vorher gefüttert wurde. Es bleibt also zu überprüfen, ob die getroffenen Annahmen und die zum Teil schwer beschaffbaren Eingangsdaten vernünftig sind und ob der mathematische Lösungsalgorithmus auch tatsächlich ein ausreichend genaues Ergebnis liefert. Dies ist natürlich sicher jedem einleuchtend, in der Praxis sind solche Überprüfungen aber sehr schwierig (vgl. ▶ Kapitel 2.1).

1.3 Materialparameter und Konstanten

Die Gleichungen in der Physik enthalten neben den Variablen, die den Zustand eines Systems charakterisieren, stets auch konstante Parameter. Diese lassen sich prinzipiell in zwei Gruppen einteilen:
- Naturkonstanten,
- Materialparameter.

Die Naturkonstanten tragen universellen Charakter. Beispiele dafür sind die Gravitationskonstante, die Lichtgeschwindigkeit im Vakuum, die Gaskonstante und andere. Sie hängen mit den Grundannahmen der einzelnen physikalischen Theorien zusammen. In der Grundlagenforschung geht es um die äußerst präzise Bestimmung dieser Werte, da Widersprüche auf notwendige Veränderungen in den Grundvorstellungen hindeuten.

Demgegenüber sind Materialparameter Konstanten von praktischer Bedeutung. Sie charakterisieren die stofflichen Eigenschaften der Materie und unterscheiden sich von Substanz zu Substanz. Solche Größen mit Bedeutung für den Brandschutz sind beispielsweise die Wärmeleitfähigkeit, die Diffusionskoeffizienten, die Abbrandgeschwindigkeit, Verbrennungswärme und vieles andere. Die Physik hält ein breites

Spektrum von Messmethoden bereit, um solche Werte zu bestimmen und damit die verschiedenen Substanzen vergleichend charakterisieren zu können. Zugleich werden sie aber benötigt, um über Formeln jeglicher Art Berechnungen oder Abschätzungen durchführen zu können. Viele Werte findet man in Tabellenbüchern (Kohlrausch 2005). Sie sind also bereits in früheren Messungen genau untersucht worden. Häufig sind die Substanzen jedoch derart, dass ein Wert beispielsweise die Wärmeleitfähigkeit sehr stark von verschiedenen physikalischen Eigenschaften (Porosität, Dichte, Verunreinigungen u. a.) abhängt. In der Regel ist es deshalb günstig, den genauen Wert in einer vorliegenden Situation selbst zu bestimmen.

Schließlich sei darauf hingewiesen, dass die Bezeichnung »Konstante« für die Materialparameter etwas irreführend ist. Sie sind nämlich im eigentlichen Wortsinn nicht konstant. Viele dieser Größen hängen beispielsweise von der Temperatur oder dem Druck ab. Nahezu konstant sind sie aber meist, wenn man sie in einem relativ engen Intervall der Einflussfaktoren betrachtet. So ändern sich die Werte häufig kaum, wenn man die Temperaturen um 100 °C oder 200 °C verändert. Betrachtet man jedoch den Übergang zu mehr als 1 000 °C, so ist eine Änderung der Parameterwerte möglicherweise spürbar. Es ist also unter bestimmten Voraussetzungen durchaus angemessen, von Konstanten zu sprechen, man sollte jedoch entsprechende Vorsicht walten lassen.

1.4 Physik und andere Wissenschaften

Wie ordnet sich die Physik in den Brandschutz ein? Das Feuerwehrwesen sowie der Brandschutz im Allgemeinen sind primär ingenieurwissenschaftlich-technisch geprägt. Für solche Disziplinen wird heute gern der aus dem Englischen stammende Begriff des Engineering benutzt. Jedoch gibt es hierbei eine Reihe rein physikalischer Fragestellungen, die besonders auch das Grundverständnis zahlreicher Probleme betreffen. Andererseits haben Feuer und Flamme auch eine starke chemische Komponente, denn schließlich handelt es sich dabei ja um exotherme chemische Reaktionen. Aber sich auf diesen Aspekt allein zu beschränken, wäre viel zu einseitig (vgl. ▶ Kapitel 4). Es ist folglich für solche Fragestellungen eine interdisziplinäre Betrachtungsweise erforderlich.

Darüber hinaus spielt die Physik schon eine besondere Rolle, die sich auch im Brandschutz und Feuerwehrwesen zeigt. Physikalische Methoden und die charakteristische Denkweise sind sehr alt und erfolgreich erprobt. Sie wurden quasi bei den Untersuchungen der Naturerscheinungen mit entwickelt. Vieles ist deshalb in andere Fachdisziplinen eingeflossen. Es sei als Beispiel nur das Verhältnis zur Mathematik genannt. Die Physik ist aber auch eine Grundlagenwissenschaft. Hier werden die grundsätzlichen Verhaltensweisen in der unbelebten Natur untersucht. Geht es stark ins Detail, so verselbstständigen sich die Gebiete. Es entstanden auf diese Art und Weise verschiedene eigenständige Ingenieurwissenschaften, wie die Elektrotechnik, die Technische Wärmelehre u. a.

Physikalische Kenntnisse erleichtern das Verständnis vieler technischer Probleme, was insbesondere auch für das Feuerwehrwesen und den Brandschutz gilt. So ist auch hilfreich, die physikalischen Grundlagen für zahlreiche Messmethoden zu kennen, wie sie bei chemischen Fragestellungen eingesetzt werden. Schließlich erschließen sich über die physikalische Chemie viele Grundlagen des Brennens und Löschens, so dass Physik und Chemie Hand in Hand arbeiten sollten. Dabei gilt es, die Spezifik jeder Fachdisziplin einzubringen.

2 Modelle in der Physik und Prinzipielles zum Messen

> Zu den physikalischen Grundlagen gehört der Umgang mit Modellen. Sie sind Ausdruck der Tatsache, dass in der Physik die Realität stets nur näherungsweise widergespiegelt wird. Modelle abstrahieren von »unwesentlichen« Eigenschaften, zumindest für die konkrete, zu lösende Fragestellung. In der Physik lassen sich verschiedene Erscheinungen zu ähnlichen Modellen zusammenfassen, die sich damit auch analog verhalten. Während früher die Systematik in der Physik vor allem über zusammengehörende Erscheinungen (z. B. Mechanik, Elektrizitätslehre, Wärmelehre) gesucht wurde, wird heute dem verbindenden Modellcharakter mehr Bedeutung beigemessen (Physik der Teilchen, der Felder, der Quanten usw.). Durch Messungen lassen sich Informationen über Sachverhalte gewinnen, wobei allerdings deren Genauigkeit beachtet werden muss.

2.1 Was ist ein Modell?

Grundsätzlich sind Modelle Abbildungen der Realität, die die wesentlichen Eigenschaften eines Phänomens besitzen. Man unterscheidet folgende, sehr unterschiedliche Formen:

- körperliche Modelle (Geländemodelle, Modellfahrzeuge, Gebäudemodelle, Luftströmung usw.),
- ideelle Modelle (abstrakte Gebilde, z. B. das ideale Gas aus punktförmigen, und damit nicht wirklich existierenden Teilchen, Rauchgasströmung ohne Ruß usw.),
- mathematische Modelle (allgemeine Gleichungen bzw. Formeln, die eine Vielzahl von Phänomenen als Spezialfall enthalten, z. B. Brand- und Löschgleichungen, Strömungsgleichungen usw.).

Das typische Vorgehen in der Physik lässt sich in den folgenden fünf Schritten zusammenfassen:

1. Analyse der Realität (z. B. Brand, Schadstoffausbreitung und Ähnliches) in Hinsicht darauf, welche Eigenschaften für die weitere Betrachtung wesentlich sind,

2. Formulierung eines ideellen Modells, indem man einige unwesentlich erscheinende Gesichtspunkte des zu untersuchenden Sachverhaltes vernachlässigt bzw. vereinfachend festlegt und damit eine näherungsweise Beschreibung wählt, z. B. »unter Vernachlässigung der Turbulenz«, »keine Wechselwirkung mit der Umhausung oder der Umgebung« und Ähnliches,
3. Analyse der vorhandenen Formeln und Zusammenhänge für den betrachteten Fall mit den gewählten Näherungen unter Berücksichtigung der Kenntnis der erforderlichen Parameter (eventuell sind durch Experimente noch fehlende Zusammenhänge oder Daten zu ermitteln. Das Ergebnis ist ein mathematisches Modell, d. h. ein System mathematischer Gleichungen),
4. Lösung des Gleichungssystems mit geeigneten Mitteln der Mathematik (dies können direkte Lösungsalgorithmen in geschlossener Form sein, man spricht dann von »analytischen Lösungen«, oder »numerischen Lösungen« durch diskrete Einteilung von Raum und Zeit und anschließende schrittweise Berechnung für jeden Raum-Zeit-Punkt, wofür heute in der Regel Computer unterschiedlicher Leistung mit geeigneten Programmen, den Codes, eingesetzt werden),
5. Überprüfung der Ergebnisse mit ausgewählten experimentellen Daten, um die erreichte Genauigkeit der Berechnungen bewerten zu können (eventuell müssen bei erkannten Unstimmigkeiten die Grundannahmen verändert werden und man muss die Lösung auf dieser Grundlage wiederholen).

Dieses komplexe Vorgehen in der Physik spielt jedoch für den Praktiker keine so große Rolle. Man sollte lediglich wissen, dass für bestimmte, noch nicht ausreichend gelöste Probleme ein sehr differenziertes Vorgehen erforderlich ist. In der Praxis kann man jedoch häufig auf dem bestehenden Erkenntnisstand aufbauen und kann sich mit der Diskussion der vorhandenen Grundlagen begnügen. Dafür findet man durch Fachtagungen und Fachartikel Unterstützung. Als typische Beispiele für solche grundsätzlichen Betrachtungen zu Modellrechnungen in der Praxis seien hier zwei Vorgehensweisen genannt:

- Plausibilitätskontrollen von durchgeführten Computer-Simulationen, d. h. entsprechen die Ergebnisse in leicht zu durchschauenden oder bekannten Grenzfällen dem erwarteten Verhalten,
- Experimentelle Überprüfung von Berechnungen durch Versuche unter einfacheren Bedingungen, die Teilaspekte beschreiben.

2.1 Was ist ein Modell?

So lässt sich beispielsweise die Entrauchung neuer komplexer Gebäude durch Computer-Simulationen mit kleineren begleitenden Versuchen betrachten, ohne reale Brandversuche im Originalmaßstab durchführen zu müssen.

Natürlich muss auch sichergestellt werden, dass die mathematische Behandlung der Gleichungen richtig erfolgt. So müssen selbstverständlich die Rechenvorschriften fehlerfrei angewandt werden. Komplizierter ist aber die sehr häufige numerische Lösung. Hierbei sind Schrittweiten vorzugeben, die die Rechenzeit und die Genauigkeit beeinflussen. Dies erfordert viel Erfahrung. Im Gegensatz dazu können Rechenfehler in der Regel ausgeschlossen werden, wenn man kommerzielle Programme benutzt. Hier erfolgt die Prüfung bei seriösen Codes eigentlich durch das Team der Programmierer, allerdings ist ein kritischer Blick immer anzuraten.

Zusammenfassend soll nochmals unterstrichen werden, dass es für den Praktiker im Feuerwehrwesen und Brandschutz wichtig ist zu erkennen, dass in der Physik häufig von Modellen gesprochen wird. Darunter wird vereinfacht ein Objekt verstanden, das die Realität mehr oder minder genau verkörpert. Eingeschlossen ist häufig eine Beschreibung mit Formeln und Gleichungen, die im Normalfall an eine praktische Fragestellung angepasst werden müssen. Genau dies ist aber das komplizierte Handwerk des Physikers, denn hierfür sind in der Regel Mathematik und Messtechnik erforderlich. Dass dabei gelegentlich auch über die Grundlagen nachzudenken ist, soll nicht vergessen werden.

Das Arbeiten mit Modellen in der Physik hat eine Reihe von Konsequenzen, die im Folgenden tiefer analysiert werden sollen. Dies ermöglicht es dem Praktiker zu verstehen, warum ein Physiker eine Problemlösung vielleicht kritisch hinterfragt oder er bei einem konkreten Lösungsvorschlag möglicherweise im Gegensatz zu anderen Fachleuten Bedenken hat. In der Physik muss deshalb stets hinterfragt werden, ob die Rechnungen ausreichend validiert und verifiziert sind, womit die oben beschriebenen Überprüfungen gemeint sind. Vereinfacht versteht man darunter den folgenden Sachverhalt.

Merke:
Validierung ist die Überprüfung, ob die richtigen Gleichungen gelöst werden.
Verifizierung ist die Überprüfung, ob die Gleichungen richtig gelöst werden.

Es bleibt bereits hier anzumerken, dass aber auch die ganz gewöhnlichen Messungen, wie sie im Zusammenhang mit Bränden oder Schadstoffausbreitungen üblich sind, aus physikalischer Sicht ihre Probleme verursachen, was im nächsten Kapitel noch weitergehend besprochen wird.

2 Modelle in der Physik und Prinzipielles zum Messen

Der Praktiker muss deshalb zunächst überlegen, ob ein unbekanntes Verhalten im Zusammenhang mit Bränden, einer Schadstoffausbreitung oder Ähnliches vernünftig durch eine Berechnung analysiert werden sollte oder doch eine Messung geeigneter ist. Für Modellrechnungen sollte deshalb stets gefragt werden:

- Wie werden die Rechnungen überprüft?
- Welchen Einfluss haben Schrittweiten und Vernetzung, denn eine numerische Berechnung findet stets am diskreten Punkt (Berechnungsnetz oder -gitter) und in vorgewählten Zeitschritten statt?
- Gibt es Möglichkeiten zur experimentellen Überprüfung, z. B. für einzelne Spezialfälle?
- Welche Annahmen liegen der Berechnung zugrunde und wie stimmen sie mit der Realität überein? Sind die Abweichungen akzeptabel?
- Welches mathematische Verfahren wurden zur Lösung eingesetzt (welcher »Löser«, d. h. welche »numerische« Methode) und was lässt sich über dessen Genauigkeit aussagen?

Es ist klar, dass die Praktiker oder die Einsatzkräfte dies nicht umfassend einschätzen können, erst recht nicht unter Zeitdruck. Es scheint aber wichtig, vom Fachmann Auskunft in diesen Fragen zu verlangen. Nur wenn die Aussagen befriedigen, sollte man die Ergebnisse akzeptieren. Man muss Vorsicht walten lassen, um Ergebnisse nicht überzuinterpretieren.

Kommen wir damit zur Ausgangsfrage: Sollte man zur Klärung eines Sachverhaltes eher messen oder etwas berechnen lassen? Beides hat, wie bereits dargestellt, aus physikalischer Sicht seine Berechtigung. Brandschutz und Feuerwehrwesen sind ein interdisziplinäres Gebiet, das viele sehr komplexe Fragestellungen aufwirft. Brände werden darüber hinaus durch eine Vielzahl von Parametern beeinflusst. Großversuche sind zwar eindrucksvoll, in ihrer Aussagekraft jedoch häufig begrenzt. Andererseits sind sie unverzichtbar, um die Übertragbarkeit von Kleinversuchen oder die Genauigkeit von Computersimulationen zu prüfen.

Wie schwierig Versuche sind, lässt sich leicht am Beispiel erkennen. Betrachtet man die Rauchausbreitung in einem Atrium, so lässt sich kaum ein realitätsgetreuer Großversuch verwirklichen. Wer kann sich schon mit einem Großbrand in einem gerade errichteten Neubau abfinden? Selbst wenn, sind doch die möglichen äußeren Bedingungen weit gefächert. Plant man kleinere Versuche oder die Verwendung von künstlichem Rauch z. B. ohne Ruß, so bleibt das Problem der Übertragbarkeit. Es bieten sich also Computersimulationen an, die bei all ihren Problemen noch die brauchbarsten Aussagen liefern. Es muss natürlich geprüft werden, wie »gut« das verwendete Programm und die ihm zugrunde liegenden Modelle sind. Und genau das ist der aktuelle Entwicklungsstand im baulichen Brandschutz.

Vor allem im Brandschutz und Feuerwehrwesen ist man wegen der Komplexität der Prozesse gut beraten, wenn man beide physikalische Arbeitsmethoden unvoreingenommen prüft. Die Zukunft liegt darin, dass beides zu nutzen ist, um eine möglichst gute Einschätzung zu erhalten. Natürlich sind Spezialkenntnisse dafür erforderlich, wofür im Folgenden zum besseren Verständnis einige Grundlagen erläutert werden sollen. Dies ist mühevoll, aber die Zeit ist auch in der Feuerwehr vorbei, wo man mit Papier und Bleistift und allein auf Erfahrung aufbauendem Wissen klargekommen ist. Die Stunde hat für die Spezialisten geschlagen.

2.2 Rolle der Mathematik in der Physik

In der Physik spielen Modelle eine große Rolle, die letztlich als Fernziel in einem Satz von Gleichungen münden (vgl. ▶ Kapitel 2.1). Die Grundannahmen beruhen auf Erfahrungen und sind nur indirekt durch Vergleich der Lösungen dieser Gleichungen mit experimentellen Ergebnissen zu beweisen. Stellt man Abweichungen fest, so ist es notwendig, die Grundvoraussetzungen zu korrigieren. Häufig entstehen dann durch die Lösung der neuen Beziehungen völlig andere Vorstellungen vom Verhalten. Ein sehr schönes Beispiel für dieses wissenschaftliche Vorgehen in der Physik ist der Übergang zu einer Bewegung von Körpern mit Geschwindigkeiten, die sich der Lichtgeschwindigkeit annähern. Das Ergebnis war die Relativitätstheorie mit völlig neuen Vorstellungen von Raum und Zeit.

Aber auch bei alltäglichen Fragestellungen erleben wir solche Veränderungen in den Auffassungen. Beispielsweise vermutete man im Zusammenhang mit der verbreiteten Nutzung von Wassernebeln zu Löschzwecken zunächst die intensivere Kühlung als das Wesentliche dieser Technologie. Erst später entdeckte man durch Vergleich von Experimenten mit Berechnungen, dass die lokale Sauerstoffverdrängung auf den brennenden Oberflächen durch den entstehenden Dampf für den Löscheffekt bedeutsam ist.

Der Umgang mit mathematischen Modellen für physikalische Probleme erfordert in der Regel, die Grundgleichungen für einen konkreten Anwendungsfall zu lösen. Diese Gleichungen sind jedoch häufig sehr kompliziert. Früher bemühte man sich, einfache Spezialfälle geschlossen zu lösen, d. h. man suchte eine formelmäßige Lösung. Es gab jedoch zahlreiche Probleme, für die keine mathematisch exakte Lösung gefunden wurde. Man muss sogar noch krasser feststellen, dass dies für viele praktische Probleme bis heute gilt.

Der Ausweg sind numerische Methoden, d. h. anstelle der exakten Lösung wird eine Näherungslösung gesucht. Dazu werden der Raum (d. h. die betrachteten Orte) und die Zeit »diskretisiert«, also in eine Art Raster unterteilt. An den Stützstellen, den Knotenpunkten dieser Raster, werden die Lösungen bestimmt, indem die Werte in einem Punkt von Ort und Zeit schrittweise aus den Werten von Nachbarpunkten berechnet werden. Dazu muss man sehr umfangreiche Gleichungssysteme mit vielen Unbekannten immer wieder aufs Neue lösen. Bedenkt man, dass für reale Probleme, z. B. die Rauchausbreitung in einem Gebäude, durchaus 500 000 Stützstellen (Knoten) benötigt werden, wird der Aufwand solcher Berechnungen verständlich. Zwar sind die mathematischen Methoden dieser Numerik seit vielen Jahrzehnten ausgearbeitet, einen Eingang in die Praxis haben sie jedoch erst mit der rasanten Entwicklung der Computertechnologie in unseren Tagen gefunden.

Obwohl es heute bereits geeignete Hardware und auch Software in Form kommerzieller, käuflich zu erwerbender Programmpakete gibt, ist das Ende der Entwicklung aber noch lange nicht erreicht. An dieser Stelle sei darauf hingewiesen, dass es unterschiedliche Lösungsalgorithmen (sogenannte »Löser«) gibt, die in solchen Codes gebräuchlich sind. Bei der Auswahl spielt die Frage der erreichbaren Genauigkeit in Verhältnis zum Zeitaufwand eine Rolle. Wichtig ist dabei das »Konvergenzverhalten«. Einfach ausgedrückt versteht man darunter die Frage, wie schnell sich der Lösungsalgorithmus dem tatsächlichen realen Verhalten nähert, oder er vielleicht sogar überhaupt keine stabile Lösung findet. All diese Fragen müssen bei einer praktischen Anwendung von Programmen bedacht werden. Dabei helfen Herstellerangaben der Softwareentwickler, die aber durchaus kritisch hinterfragt werden sollten.

Bisher wurde noch nicht betrachtet, welcher Art die Gleichungen in der Physik aus mathematischer Sicht sind. Dies soll im Folgenden nachgeholt werden, wobei sich die Betrachtungen auf die »klassischen« Gebiete der Physik beziehen, wie sie für physikalische Probleme beim Brandschutz, Feuerwehrwesen und anderen Fragen der Gefahrenabwehr typisch sind. Die Grundgleichungen führen häufig auf Differentialgleichungen. Darunter versteht man Beziehungen, in denen die gesuchte Funktion und ihre Ableitungen (im Sinne der Differentialrechnung) vorkommen. Dies soll an einem einfachen Beispiel erläutert werden.

Bei der Bewegung einer idealisiert als punktförmig angenommenen Masse (z. B. eines Wassertropfens) ergibt sich die Bahnkurve im Raum aus den Zeitfunktionen der drei kartesischen Koordinaten der Bewegung, den Ort-Zeit-Funktionen $x = f_1(t)$, $y = f_2(t)$, $z = f_3(t)$. Für jeden Zeitpunkt lässt sich die Lage der Punktmasse im Raum daraus berechnen, so dass punktweise die Bahnkurve entsteht (vgl. ▶ Bild 1).

2.2 Rolle der Mathematik in der Physik

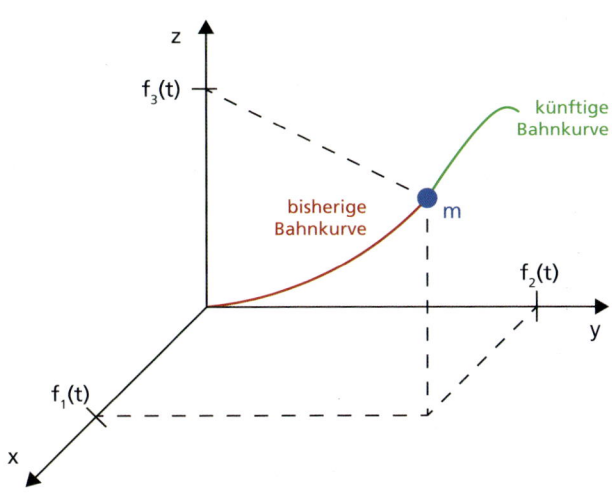

Bild 1: *Bahnkurve einer Punktmasse*

Um die Ort-Zeit-Funktionen für eine beliebige Bewegung zu ermitteln, benötigt man die Beschleunigungen. Das sind die zweiten Zeitableitungen

$$\ddot{x} = \frac{d^2 f_1(t)}{dt^2}, \ \ddot{y} = \frac{d^2 f_2(t)}{dt^2}, \ \ddot{z} = \frac{d^2 f_3(t)}{dt^2}. \tag{2.1}$$

(Hinweis: Ableitungen werden meist durch einen Strich gekennzeichnet. Eine Ausnahme bildet die Zeit. Die Ableitung nach der Zeit wird durch einen Punkt ausgedrückt.)

Die konkrete Bewegung der Punktmasse wird durch die angreifenden Kräfte bestimmt. Beispielsweise können an einer Punktmasse wirken:
- Schwerkraft (Gewichtskraft) $F = mg$, entgegen der z-Achse gerichtet,
- geschwindigkeitsquadratische Luftreibungskraft
  $F = m\gamma v^2 = m\gamma\left(\dot{x}^2 + \dot{y}^2 + \dot{z}^2\right)$, entgegen der Bewegungsrichtung gerichtet.

Hierbei sind m die Masse, g die Erdbeschleunigung und γ ein Reibungskoeffizient, der die Stärke des Reibungswiderstandes charakterisiert. Die Geschwindigkeiten sind dann analog zu (▶ 2.1) als die ersten Zeitableitungen definiert. Die Grundgleichung für die Punktmassenbewegung, aus der man die Bewegung unter Wirkung einer beliebigen Kraft erhält, ist das zweite Newtonsche Axiom, formuliert durch den folgenden Satz.

> **Merke:**
> Masse mal Beschleunigung ist gleich der Summe der angreifenden Kräfte.

Mit den oben ausgewählten Kräften erhält man bei gleichzeitiger Wirkung von Schwerkraft und Luftreibung als Bestimmungsgleichungen

$$m\ddot{x}(t) = -m\gamma\left(\dot{x}(t)^2 + \dot{y}(t)^2 + \dot{z}(t)^2\right), \tag{2.2}$$
$$m\ddot{y}(t) = -m\gamma\left(\dot{x}(t)^2 + \dot{y}(t)^2 + \dot{z}(t)^2\right),$$
$$m\ddot{z}(t) = -m\gamma\left(\dot{x}(t)^2 + \dot{y}(t)^2 + \dot{z}(t)^2\right) - mg.$$

Dies ist ein Differentialgleichungssystem für die drei gesuchten Zeitfunktionen $x(t)$, $y(t)$ und $z(t)$. Es soll noch angemerkt werden, dass es sich eigentlich um Größen mit einer Richtung handelt, die sich als Vektoren kompakter schreiben lassen. Hier sei jedoch zur Vereinfachung auf den Vektorbegriff bzw. die Vektorrechnung verzichtet.

Neben solchen »gewöhnlichen« gibt es in der Physik häufig noch »partielle« Differentialgleichungen, bei denen die gesuchte Funktion von mehreren Variablen abhängt. Auch dies soll nur an einem praktischen Beispiel gezeigt werden.

Gesucht sei die Temperatur (exakt: das Temperaturfeld) in einem Stoff, die eine Funktion des Ortes und der Zeit ist:

$$T = f(x,y,z,t) = T(x,y,z,t). \tag{2.3}$$

Hierfür verwendet man nun partielle Ableitungen, die so gebildet werden, als ob die übrigen Variablen konstante Parameter wären. Um diese Besonderheit deutlich zu machen, führt man »∂« als neues Symbol für die Differentiation ein. Die Grundgleichung für die Wärmeleitung in einem Stoff (z. B. durch die Wand eines Gebäudes oder durch die Einsatzkleidung) ergibt sich aus der Wärmebilanz in jedem Raumpunkt und zu jedem Zeitpunkt, d. h. zuströmende Wärme ist gleich der abgeleiteten. Dies liefert die Bestimmungsgleichung für die gesuchte Temperatur als Funktion von Ort und Zeit, die sogenannte Fouriersche Wärmeleitungsgleichung (vgl. auch ▶ Kapitel 8)

$$c_w \rho \frac{\partial T}{\partial t} = \lambda\left(\frac{\partial^2 T}{\partial x^2} + \frac{\partial^2 T}{\partial y^2} + \frac{\partial^2 T}{\partial z^2}\right). \tag{2.4}$$

Dabei sind ρ die Stoffdichte, c_w die spezifische Wärmekapazität bei konstantem Druck und λ der Wert der Wärmeleitfähigkeit. Mathematisch sind dies Konstanten, deren Werte beispielsweise Tabellenbüchern, z. B. Band 3 von Kohlrausch (1985), entnommen werden können.

2.3 Messung und Fehlerabschätzung

Will man einen physikalischen Sachverhalt durch Experimente aufklären, gilt es ebenfalls einiges zu beachten. Jede Messung ist auch bei noch so sorgfältigem Arbeiten immer mit Abweichungen vom tatsächlichen Wert behaftet, was üblicherweise als Messfehler bezeichnet wird. Aus diesem Grunde gehört eine Fehlerbetrachtung zu jeder Messung.

Ein Fehler ist im physikalischen Sinne keine einfache Unachtsamkeit, sondern eine Eigenschaft jeglicher Messung, die geeignet berücksichtigt werden muss. Die auftretende Abweichung vom tatsächlichen Wert wird dabei durch das Symbol Δ gekennzeichnet. »Grobe Fehler« durch Unachtsamkeit oder »konstante (sogenannte systematische) Fehler« durch feste Abweichungen z. B. infolge eines Gerätemangels lassen sich vom Prinzip her beheben. Dies könnten beispielsweise ein ungenaues Lineal zur Längenmessung oder eine zu langsam gehende Uhr zur Zeitmessung sein. Solche Beispiele kann der Leser leicht selbst für viele Messungen in der täglichen Praxis ergänzen.

Anders verhalten sich die »zufälligen Fehler«, die durch nicht beherrschbare äußere Einflüsse sowie durch die stets endliche Stellenzahl aller Messdaten unvermeidbar sind. Hier bleibt nur, durch mehrfache Wiederholung den Fehler zu minimieren. Voraussetzung dafür ist aber, dass die Messergebnisse statistisch unabhängig voneinander sein müssen, d. h. eine Messung darf nicht durch die vorherige beeinflusst werden. Der Mittelwert wird dann als »Schätzwert« anstelle des realen Wertes genommen. Zur Beurteilung der Qualität diese Schätzwertes wird die Schwankung der einzelnen Messungen herangezogen. Eine gute Schätzung für das Schwankungsmaß ist die »Standardabweichung«.

Durch Wiederholung ergibt sich für eine beliebige Messgröße X eine Messreihe, deren Messwerte formelmäßig

$$X_i \text{ mit } i = 1, 2, \ldots, n \text{ bzw. } X_1, X_2, \ldots, X_n \tag{2.5}$$

sind. Der Mittelwert, gekennzeichnet durch einen Strich über einer Größe, ist dafür

$$\bar{X} = \frac{1}{n} \sum_{i=1}^{n} X_i \tag{2.6}$$

und die Standardabweichung

$$S_x = \sqrt{\frac{1}{n-1} \sum_{i=1}^{n} (X_i - \bar{X})^2}. \tag{2.7}$$

Das Zeichen Σ steht dabei für die Summe der nachfolgenden Werte vom unteren bis zum oberen Wert des Laufindex. Der tatsächliche Wert X_{real} liegt dann mit einer Wahrscheinlichkeit von 68 % im Intervall

$$\bar{X} - \frac{S_x}{\sqrt{n}} \leq X_{real} \leq \bar{X} + \frac{S_x}{\sqrt{n}}. \tag{2.8}$$

Häufig gibt man ein Messergebnis auch in der Form

$$\bar{X} \pm S_x$$

an, da die Einzelmessung im Intervall

$$\bar{X} - S_x \leq X_i \leq \bar{X} + S_x$$

liegt. Aus diesen Beziehungen kann man ablesen, wie sicher der gemessene Wert, ermittelt aus einer Messreihe, ist. Ist die Genauigkeit unbefriedigend, muss eventuell die Messreihe erweitert werden.

Hilfreich zur Bewertung der Qualität von Messungen sind noch weitere Größen. So bestimmt man den »absoluten Fehler« einer Teilmessung X_i aus der Formel

$$\Delta X_i = |X_{real} - X_i|. \tag{2.9}$$

Hinweis:
Die senkrechten Striche bedeuten den Absolutwert der eingeschlossenen Größe, d. h. den Zahlenwert der Abweichung ohne Vorzeichen.

Aussagekräftiger und deshalb häufiger verwendet wird jedoch der »relative Fehler«

$$\Delta X_i^{relativ} = \frac{\Delta X_i}{|X_{real}|} \tag{2.10}$$

Schließlich sei darauf hingewiesen, dass der oben eingeführte »arithmetische Mittelwert« (▶ 2.6) nur ein Spezialfall der allgemeinen Formel für Mittelwerte

$$\bar{X}^{ab} = \left[\frac{\sum_{i=1}^{n} x_i^a}{\sum_{i=1}^{n} x_i^b} \right]^{\frac{1}{a-b}} \tag{2.11}$$

ist, und zwar für die Parameter a = 1 und b = 0. Für gewisse Probleme sind aber andere Mittelwertdefinitionen besser geeignet. Die Zusammenstellung in ▶ Tabelle 4 soll lediglich das breite Spektrum für spezielle Fälle verdeutlichen. Beispielsweise wird ein Tropfenschwarm, wie er im Sprühstrahl auftritt, meist durch seinen Sauter-Durchmesser charakterisiert, der sich durch Mittelung von Volumen zur Oberfläche ergibt.

2.4 Methode der kleinsten Quadrate

Dies bedeutet einen Mittelwert (▶ 2.11) für den Durchmesser mit den Parametern a = 3 und b = 2.

Tabelle 4: *Mittelwert – Definitionen für Durchmesser*

a	b	Symbol	Name des Mittelwertes	Anwendungsgebiet
1	0	D_{10}	Längen-Durchmesser	Vergleich
2	0	D_{20}	Oberflächen-Durchmesser	Oberflächensteuerung
3	0	D_{30}	Volumen-Durchmesser	Volumensteuerung, z. B. Hydrologie
2	1	D_{21}	Oberflächen-Längen-Durchmesser	Absorption
3	1	D_{31}	Volumen-Längen-Durchmesser	Verdampfung, molekulare Diffusion
3	2	D_{32}	Sauter-Durchmesser (SMD)	Massentransfer, Reaktion
4	3	D_{43}	De Brouckere- oder Herdan-Durchmesser	Verbrennungsgleichgewicht

> **Merke:**
> Bei einer physikalischen Messung lässt sich die Genauigkeit durch Versuchswiederholungen steigern. Der gemittelte Wert dient als Schätzung für die tatsächliche Größe, wobei sich auch das Intervall bestimmen lässt, in dem diese liegt.

Genaueres zur Fehlerbetrachtung findet man beispielsweise in Kohlrausch (1985), Stroppe (2012), Meschede (2002).

2.4 Methode der kleinsten Quadrate

Bisher hatten wir festgestellt, dass irgendeine Messreihe $X_1, X_2, ..., X_n$ einer beliebigen physikalischen Größe häufig durch deren Mittelwert (▶ 2.6) charakterisiert wird. Bei diesem Mittelwert ist die Summe der positiven gleich der Summe der negativen Abweichungen, d. h. es gilt

$$\sum_{i=1}^{n}(\bar{X}-X_i)=0. \tag{2.12}$$

Dies ist also nur eine andere Schreibweise für den Mittelwert, was man durch Umstellen zeigen kann.

Diese Größe ist folglich ungeeignet zur Charakterisierung der Streuung. Um diese zu ermitteln, kann man stattdessen die Abweichungen unabhängig vom Vorzeichen addieren. Gleichwertig, aber mathematisch einfacher, ist es, wenn man die (ja stets positiven) Quadrate der Abweichungen addiert. Stellt man die Forderung auf, dass diese Summe möglichst klein sein soll (Methode der kleinsten Quadrate), so erhält man die geringste Streuung aus der Bedingung

$$f(\bar{X}) = \sum_{i=1}^{n}(\bar{X}-X_i)^2 \Rightarrow \text{Minimum}. \tag{2.13}$$

Diese Funktion soll also einen Extremwert liefern. Dies bedeutet die Forderung:

Es ist $\bar{X}$ so zu bestimmen, dass die Funktion (▶ 2.13) für die Abweichung einen Extremwert annimmt.

Die sogenannte »notwendige Bedingung« dafür ist in der Mathematik, dass die erste Ableitung verschwindet, d. h. dass

$$\frac{df(\bar{X})}{d\bar{X}} = 0 \tag{2.14}$$

gilt. Führt man dies aus, so entsteht

$$2\sum_{i=1}^{n}(\bar{X}-X_i)=0,$$

was wie (▶ 2.12) die Mittelwertdefinition (▶ 2.6) liefert.

Die **»Methode der kleinsten Quadrate«** ist also zur Auswertung von Messungen gut geeignet. Dies soll nun auf eine andere in der Praxis häufig auftretende Fragestellung angewandt werden. Gesucht sei ein linearer Zusammenhang zwischen einer Messgröße Y_i und einer zweiten Größe X_i mit einer analogen Überlegung, die als Ausgleichsrechnung bzw. lineare Regression bezeichnet wird. Darunter versteht man, dass in einer Punktwolke der grafischen Darstellung der Messwerte ein linearer Zusammenhang vermutet wird und dieser bestimmt werden soll (▶ Bild 2 mit den grünen Kreuzchen für die einzelnen Messwerte).

In der Praxis wird man häufig durch die um eine Linie streuenden Punkte einfach mit dem Lineal eine Gerade ziehen, wofür man Augenmaß und Erfahrung benötigt, wenn die Abweichungen möglichst klein sein sollen. Hilfreich ist es aber, dass sich die

2.4 Methode der kleinsten Quadrate

Gerade auch finden lässt, indem man sie exakt mit der »Methode der kleinsten Quadrate« berechnet. Die Gerade wird dazu formelmäßig durch

$$Y = aX + b \qquad (2.15)$$

beschrieben, wobei die Parameter a und b dieser Gleichung so bestimmt werden sollen, dass die Summe der Abweichungen möglichst klein wird (vgl. ▶ Bild 2, wobei die gestrichelten Geraden die zu minimierenden Abstände charakterisieren).

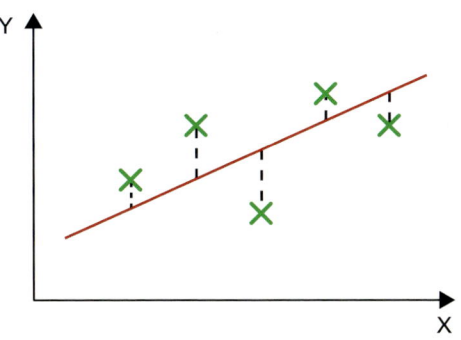

Bild 2: *Bestimmung einer Ausgleichsgeraden*

Formelmäßig bedeutet dies die Extremwertaufgabe analog zu (▶ 2.13) für die zwei Variablen a und b

$$f(a,b) = \sum_{i=1}^{n} (Y_i - aX_i - b)^2 \Rightarrow \text{Minimum}.$$

Die »notwendigen Bedingungen« zur Bestimmung von a und b lauten

$$\frac{\partial f}{\partial a} = 0, \quad \frac{\partial f}{\partial b} = 0.$$

Die Lösung dieses Gleichungssystems ergibt die gesuchten Parameter der Geradengleichung in der Form

$$a = \frac{\sum_{i=1}^{n} X_i Y_i - \frac{1}{n} \sum_{i=1}^{n} X_i \cdot \sum_{i=1}^{n} Y_i}{\sum_{i=1}^{n} X_i^2 - \frac{1}{n} \left(\sum_{i=1}^{n} X_i \right)^2}, \qquad (2.16)$$

$$b = \frac{1}{n} \sum_{i=1}^{n} Y_i - \frac{a}{n} \sum_{i=1}^{n} X_i.$$

Diese Formeln empfindet mancher vielleicht als kompliziert. Sie sind aber auf vielen Taschenrechnern bzw. in einfachen Apps bereits fertig programmiert, so dass man zur Anwendung nur noch die einzelnen Messwerte eingeben muss. Als Beispiele für die Anwendung seien an dieser Stelle lineare Verläufe der Temperatur in Stoffe oder lineare Zeitverläufe zur Charakterisierung von Entwicklungstrends erwähnt.

Auch manche nichtlineare Probleme lassen sich auf diesen Fall zurückführen. Hat man beispielsweise den vermuteten Zusammenhang in exponentieller Form

$$y = Be^{+Ax},$$

so erhält man durch Logarithmieren und Neubenennung der Variablen wieder das obig erläuterte lineare Problem. Nach dem Logarithmieren entsteht

$$\ln y = \ln B + Ax$$

und damit wieder ein linearer Zusammenhang mit den neuen Variablen und Parametern

$$Y = \ln y, \ X = x, \ a = A, \ b = \ln B.$$

3 Versuchsplanung in der Praxis

> Will man durch Experimente Erkenntnisse über einen Sachverhalt gewinnen, gilt es zunächst erst einmal, die Ausgangssituation zu analysieren. Was ist das Ziel der Untersuchungen und was steht mir dazu zur Verfügung? Das betrifft sowohl Geräte und Anlagen wie auch die Kenntnis wichtiger Parameter und Daten, der Umwelteinflüsse und der evtl. zu beachtenden gesetzlichen Vorschriften und Regeln. Auf dieser Grundlage legt man dann einen Plan für die Versuche und die erforderlichen vorbereitenden Arbeiten fest. Dabei sollte man prüfen, ob mit diesem Versuchsprogramm das gewünschte Ziel mit ausreichender Genauigkeit überhaupt erreicht werden kann. Versuche zu Brand- und Löschvorgängen erfordern meist physikalische Messungen und sollten sich deshalb auch an den in der Physik üblichen Anforderungen orientieren. Bei einer Messung im Rahmen der akuten Abwehr von Gefahren wird man gelegentlich aus praktischen Erwägungen Abstriche machen müssen.

3.1 Großversuche und ihre Skalierung

Es ist eine Frage der Wirtschaftlichkeit, wenn man anstelle von Großversuchen solche im verkleinerten Maßstab durchführen kann. Die Frage ist nur, ob die Ergebnisse übertragbar sind und damit ein solches Vorgehen überhaupt sinnvoll ist. Im Brandschutz gibt es zurzeit sehr unterschiedliche Auffassungen zu dieser Frage, so dass einige Überlegungen dazu aus physikalischer Sicht hilfreich erscheinen.

Wissenschaftlich wird dieses Problem der Übertragbarkeit vom Klein- zum Großversuch als Skalierung bezeichnet. Dies bedeutet, dass zur Untersuchung unterschiedlich große Versuchsaufbauten benutzt werden sollen. Die physikalischen Größen, die den Zustand dieser Systeme beschreiben (Zustandsgrößen), liegen dann in der Regel in unterschiedlichen Skalenbereichen (verschiedene Werte vom Minimal- und Maximalwert). Man spricht von »large scale« bei Versuchen im Originalmaßstab (häufig als Großversuche bezeichnet) und bei verkleinertem Maßstab von »small scale«. Man kann natürlich auch bei gleicher geometrischen Größe nur die Maßstäbe einzelne Zustandsgrößen verändern, wie z. B. für die Zeit bei Versuchen zu Alterungsprozessen.

Die Messergebnisse müssen übertragen werden können, damit aus einem skalierten Versuch Aussagen zum Verhalten des realen Systems (z. B. des tatsächlichen Ereignisses oder eines Großversuches) abgeleitet werden können. Dabei ist eine erste wichtige Erkenntnis zu berücksichtigen.

> **Merke:**
> Im Allgemeinen ist es unzulässig, nur den Längenmaßstab zu verändern. In einem solchen Fall sind die Ergebnisse meist nicht oder nur unzureichend übertragbar! Man muss also in der Regel noch andere Versuchsbedingungen ändern.

Es stellt sich damit natürlich die Frage, wie man prinzipiell vorgehen muss. Welche Bedingungen sind wie zu verändern? Die aufgeworfene Problemstellung wird in der Physik im Rahmen der Ähnlichkeitstheorie behandelt (Durst 2006). Ohne hier auf Details einzugehen, soll lediglich erwähnt werden, dass dazu alle Gleichungen eines mathematischen Modells durch Übergang zu neuen Variablen umzurechnen sind; man spricht von einer Transformation. Dabei treten in den Gleichungen dimensionslose Zahlen auf, die sich aus den Modellparametern ergeben. Solche bekannten Zahlen sind die Reynoldszahl oder die Machzahl. Verschieden skalierte Versuche sind dann ähnlich, wenn solche Ähnlichkeitskennzahlen für beide Versuche gleich sind. In diesem Falle lassen sich die Ergebnisse der unterschiedlich skalierte Versuche übertragen.

Ein anschauliches Beispiel ist der Schiffbau, bei dem man das Strömungsverhalten um den Schiffskörper an verkleinerten Modellen studieren kann. Leider ist die Situation bei einem Brand wesentlich komplizierter. Man müsste hier eine Vielzahl von Kennziffern konstant halten. Eine genaue Analyse würde eine umfassende Beschreibung durch mathematische Gleichungen voraussetzen. Hier ist noch Entwicklungsarbeit zu leisten, so dass man sich zurzeit mit Näherungen zufrieden geben muss. Häufig wird einfach die Konstanz der Rayleigh-Zahl

$$Ra = g\beta\rho^2 cd^3 \frac{\Delta T_o}{\eta\lambda} \tag{3.1}$$

gefordert. Zur Erläuterung des Vorgehens sowie der hier enthaltenen strömungsmechanischen Parameter sei auf weiterführende Literatur verwiesen (Hosser 2005; Quintiere 2006).

Zusammenfassen lässt sich das Ergebnis wie folgt.

> **Merke:**
> Die Skala eines physikalischen Problems lässt sich ändern, wenn die dafür gültigen physikalischen Ähnlichkeitskennzahlen übereinstimmen. In diesem Fall sind die Ergebnisse des Kleinversuches repräsentativ für den Originalvorgang.

Eine Skalierung der Versuche erfordert also die Auswahl solcher Kennzahlen, was eigentlich über ein geeignetes mathematisches Modell erfolgen muss.

3.2 Reproduzierbarkeit von Brand- und Löschversuchen

Brand- und Löschversuche sollten stets den Anforderungen an ein wissenschaftliches Experiment entsprechen. Das erfordert zunächst, dass die gewünschte Aussage ableitbar sein muss und das Untersuchungsergebnis reproduzierbar ist. Letzteres bedeutet, dass die wesentlichen äußeren Bedingungen des Versuches konstant gehalten werden müssen. Im Normalfall muss man dazu diese Bedingungen zumindest quantifizieren können, was aber bei Brand- und Löschversuchen häufig sehr schwer ist. Zu viele Faktoren beeinflussen das Ergebnis. Als Beispiel seien hier Versuche genannt, bei denen der Mensch selbst aktiv mit eingreift. Dies erfolgt, wenn beispielsweise das Löschen unter Mitwirkung von Einsatzkräften bewertet werden soll. Sogar wenn dies Erfahrungsträger oder geschulte Experimentatoren vornehmen, es bleibt eine subjektive Einflussnahme. Dies ist für vergleichende Betrachtungen oder Marketing-Aussagen vielleicht noch tauglich, wissenschaftlichen Ansprüchen wird man damit aber in der Regel nicht gerecht.

> **Merke:**
> Äußere Bedingungen bei Versuchen sollten möglichst konstant gehalten werden, so dass sich Versuche beliebig wiederholen lassen und dabei weitgehend gleiche Ergebnisse liefern.

Es stellt sich die Frage, was man tun kann. Wissenschaftliche Experimente erfordern eine genaue Analyse im Vorfeld, wobei jeder Einzelfall seine Spezifik hat. Ein denkbarer Ausweg ist es, wesentliche menschliche Abläufe nachzustellen und automatisiert ablaufen zu lassen. Ein solcher Ansatz ist der Automatic Fire Fighter (AFF), der die Hauptbewegungsabläufe einer Einsatzkraft nachstellen soll (vgl. ▶ Bild 3). Dies ist ein periodisches Schwenken um den Brand bei gleichzeitiger Auf- und Abbewegung. Alle Parameter lassen sich definiert einstellen.

3 Versuchsplanung in der Praxis

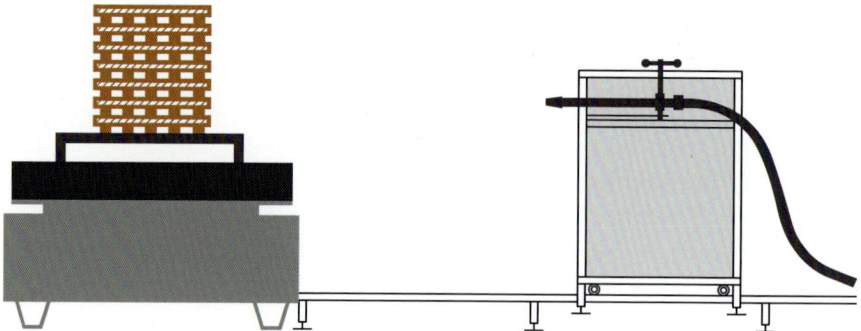

Bild 3: *Messaufbau für reproduzierbare Löschversuche (Starke et al. 1998): rechts: vertikal schwenkendes Strahlrohr; links: drehbare bzw. horizontal schwenkende Brandlast (hier: Holzkrippe).*

Ein Gegenargument für einen solchen Versuchsaufbau ist die Annahme, dass ein Mensch mit Erfahrung häufig den Löscheinsatz optimieren kann. Das ist möglicherweise im Einzelfall zwar richtig, geht aber am eigentlichen Problem vorbei. Das Ziel ist eben nicht der Nachweis eines irgendwie erreichbaren maximalen Löscheffektes, sondern man will charakteristische Zusammenhänge unterschiedlicher Faktoren auf das Löschen objektiviert auffinden. Das bedeutet:

- Die Wahl der äußeren Bedingungen ist der Fragestellung angemessen zu treffen, so dass das Untersuchungsergebnis aussagefähig für den untersuchten Sachverhalt ist.
- Die äußeren Bedingungen sind weitestgehend, zumindest in den wesentlichen Parametern konstant zu halten.

Bei Letzterem ist es eine Frage der Wirtschaftlichkeit (und häufig auch der Machbarkeit), das Wesentliche vom Unwesentlichen zu trennen. Beispielsweise braucht man sich bei Brandversuchen nicht um den äußeren Luftdruck zu kümmern und auch die Umgebungstemperatur spielt nur eine untergeordnete Rolle. Demgegenüber ist die Windstärke eine starke Einflussgröße und auch die Luftfeuchtigkeit kann von Fall zu Fall von Bedeutung sein.

Aber selbst wenn man beim Experiment alle Regeln des wissenschaftlichen Arbeitens beachtet, kommt es zu Schwankungen der Ergebnisse. Da diese unvermeidbar sind, gehören zu einer Untersuchung stets Aussagen zur Schwankung der Messwerte. Dafür ist es notwendig, das Experiment unter möglichst identischen Bedingungen zu wiederholen und die Ergebnisse entsprechend auszuwerten (vgl.

▶ Kapitel 2.3 und 2.4). Eine solche Versuchsserie erhöht natürlich den Aufwand und verteuert das Experiment.

Es gehört zu den komplizierten Problemen der Versuchsplanung, die Zahl der Versuche festzulegen. Mathematische Hilfen auf der Basis von statistischen Tests mit empirisch bestimmten Verteilungen der Ergebnisse sind aufwendig und werden deshalb in der Praxis selten angewandt. Es bleibt damit die Erfahrung und eine kritische Wertung der entstandenen Streuungen. Als Orientierung für den Praktiker im Brandschutz und Feuerwehrwesen lassen sich allerdings anzustrebende Richtwerte bei Brand- und Löschversuchen angeben.

Empfehlung:
- Großversuche: 3–5 Wiederholungen
- Klein- bzw. Laborversuche: 5–10 Wiederholungen.

Man kann die notwendigen physikalischen Kenngrößen unmittelbar, d. h. direkt, messen oder indirekt aus Messungen anderer Größen errechnen. Ermittelt man eine Flüssigkeitsmenge mit einem Messbecher, so ist dies ein direktes Messverfahren. Berechnet man die Geschwindigkeit, z. B. eines Fahrzeuges, aus der Zeit, in der eine definierte Entfernung zurückgelegt wird, so handelt es sich um ein indirektes Messverfahren. Anzumerken ist hier allerdings, dass es sich dann lediglich um einen gemittelten Wert über die Messstrecke handelt.

Indirekte Messungen sind häufig unausweichlich, weil für die direkte Bestimmung nicht immer geeignete Messverfahren vorliegen oder diese komplizierter sind. Allerdings erkauft man sich dies mit dem Nachteil, dass die Fehler jeder Teilmessung in das Ergebnis eingehen und damit eine umfangreichere Fehlerberechnung als bei direkter Messung erfordert (vgl. hierzu auch ▶ Kapitel 2.3).

3.3 Physikalische Messprinzipien im Feuerwehreinsatz

In der Brandschutzforschung sowie im praktischen Einsatz bei der Feuerwehr werden eine Vielzahl physikalischer Messverfahren genutzt. Hier können nur einige ausgewählte Messprinzipien von ihren Grundlagen her kurz erläutert werden, um das Verständnis für solche Messungen zu vertiefen. Insbesondere muss auf eine Darstellung der vielen chemischen Messungen (z. B. Gaschromatographie/Massenspektroskopie, Thermoanalyse, Infrarot-Spektroskopie wie z. B. FTIR) verzichtet werden, die von ihren Grundlagen eigentlich physikalischer Natur sind.

3 Versuchsplanung in der Praxis

Als Erstes sei die Temperaturmessung betrachtet. Jeder hat schon einmal mit einem Thermometer z. B. in einem Wohnraum die Temperatur bestimmt. Diese Methode ist aber für Brandversuche ungeeignet, und zwar wegen der hohen Temperaturen, aber auch wegen der zeitlichen Schwankungen im Zusammenhang mit Feuer und den Schwierigkeiten bei der Erfassung der sich schnell ändernden Messwerte. Mit Erfolg wird ein anderes Messprinzip angewandt, das als Thermoelement verwirklicht ist. Es beruht auf dem thermoelektrischen Effekt (Seebeck-Effekt) (vgl. ▶ Bilder 4 und 5).

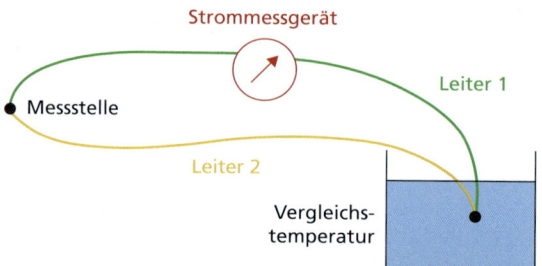

Bild 4: *Thermoelektrischer Effekt*

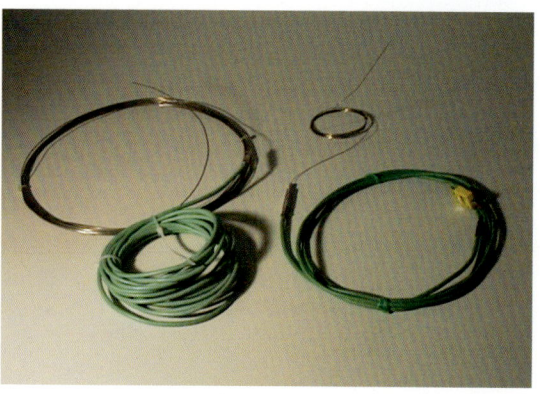

Bild 5: *Bauform eines Mantelthermoelementes*

Lötet man zwei unterschiedliche elektrische Leiter zusammen, so entsteht eine Kontaktspannung, die von der Temperatur abhängig ist. Verbindet man auch die anderen Enden und besteht eine Temperaturdifferenz zwischen beiden Lötstellen, so fließt ein messbarer elektrischer Thermostrom. Für Brandversuche verwendet man die Materialkombination Wolfram und Molybdän.

Ebenfalls elektrisch lässt sich auch der Druck messen, der sich bei explosionsartig ablaufenden Verbrennungen stark ändert. Zur Messung nutzt man den piezoelektrischen Effekt, den gewisse Kristalle (z. B. Quarz) zeigen. Beaufschlagt man solche Kristalle mit einem mechanischen Druck, so verschieben sich die Atome im Innern.

3.3 Physikalische Messprinzipien im Feuerwehreinsatz

Durch die Struktur dieser Kristalle kommt es zu einer Verschiebung der positiven und negativen Ladungen. Resultierend entsteht damit eine messbare Spannung, deren Wert von der Größe des Druckes abhängt.

Druckmessungen sind aber auch zur Charakterisierung von Strömungen von Bedeutung, wofür verschiedene Manometeranordnungen benutzt werden. Bei Bränden verwendet man das Prandtlsche Staurohr (vgl. ▶ Bilder 6 und 7), bei dem durch Verschieben einer Flüssigkeit in einem U-Rohr der Druck, und damit der Staudruck der Strömung, gemessen wird. Formelmäßig lässt sich der Staudruck aus der Gasdichte ρ und der Strömungsgeschwindigkeit v über

$$p = \frac{1}{2} \rho \cdot v^2 \qquad (3.2)$$

bestimmen. Ist die Dichte bekannt, was im Brandfall an vielen Orten bei Kenntnis der Temperatur hinreichend genau der Fall ist, so hat man damit eine Möglichkeit, die Strömungsgeschwindigkeiten an jeder Stelle des Strömungsfeldes zu messen. Es sei an dieser Stelle darauf verwiesen, dass die hier benutzten physikalischen Größen später noch genauer eingeführt werden (vgl. insbesondere ▶ Kapitel 6 und 7). Es kann aber vorausgesetzt werden, dass der Leser eine gewisse Vorstellung von den hier verwendeten Begriffen besitzt, so dass die Ausführungen zu den Messungen verstanden werden können.

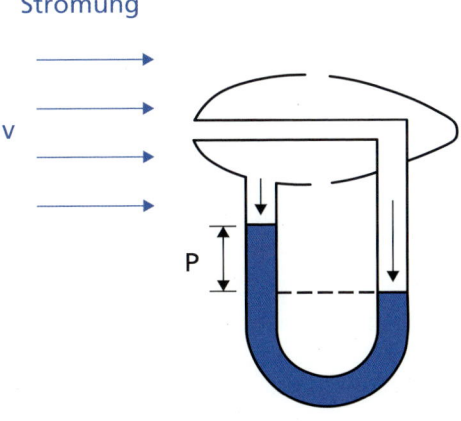

Bild 6: *Aufbau eines Prandtlschen Staurohres*

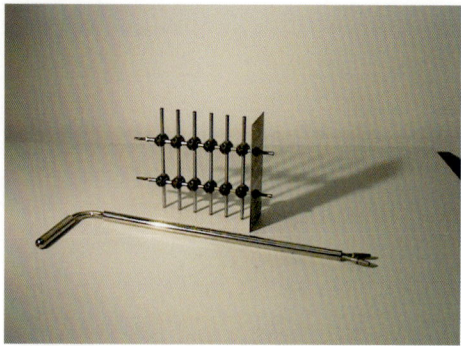

Bild 7: *Bauform eines Staurohres/ Staugitters*

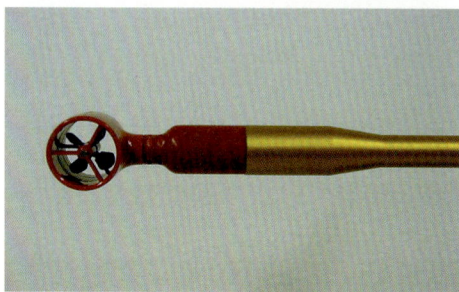

Bild 8: *Bauform eines Flügelradanemometers*

Die Strömungsgeschwindigkeit zu messen, ist für Brände, bei denen es sich ja stets auch um einen Strömungsvorgang handelt, ein wichtiges Problem. Zur direkten Messung verwendet man Anemometer, für die es zahlreiche Varianten gibt. Je nach Messaufgabe muss ein geeignetes Gerät ausgewählt werden. Beim Flügelradanemometer wird die Strömungsgeschwindigkeit in eine Drehung eines kleinen Propellers umgesetzt (vgl. ▶ Bild 8).

Komplizierter ist das Messprinzip beim Phasen-Doppler-Anemometer (PDA) (vgl. ▶ Bild 9). Hierbei handelt es sich um einen Partikelanalysator, der erfolgreich zur berührungslosen Vermessung von Wassertröpfchen in Sprühstrahlen, Nebel u. ä. verwendet wird. Die Messung erfolgt über kurzzeitige Lichtblitze eines sogenannten Lasers. Diese Blitze folgen so rasch aufeinander, dass der Betrachter den Eindruck eines dauerhaften Lichtstrahls hat (quasikontinuierlich). Die Lichtblitze werden an den Wassertröpfchen gestreut. Aus dem Streulicht kann man dann über den Doppler-Effekt die Information über die Geschwindigkeit des Tröpfchens ableiten. Unter dem Doppler-Effekt versteht man eine Änderung der Frequenz durch eine Bewegung (vgl. ▶ Kapitel 11.7). Die Auswertung erfordert einen speziellen elektronischen Analysator und komplizierte Algorithmen. Schließlich erhält man Aussagen

3.3 Physikalische Messprinzipien im Feuerwehreinsatz

über die Tropfengeschwindigkeit und den Tropfendurchmesser sowie deren Verteilungen in einem Schwarm und darüber hinaus auch Informationen zum Massenfluss. Diese Vielzahl von Messdaten gestattet es, Sprinkler- oder Nebeldüsen genauso gut wie Strahlrohre oder Hydroschilde objektiv zu charakterisieren. Diese Messung ist jedoch Spezialisten in entsprechenden Labors vorbehalten (vgl. ▶ Bild 9).

Bild 9: *Messlabor mit Phasen-Doppler-Anemometer am Institut für Brand- und Katastrophenschutz Heyrothsberge (IBK)*

Bei der in Gefahrenlagen häufig erforderlichen Überwachung von toxischen oder explosiven Gasen bzw. der Ermittlung der Sauerstoffkonzentration werden sowohl direkte wie indirekte Messmethoden eingesetzt. Da hier aus Gründen der Personensicherheit vor allem die momentanen Werte interessant sind, sind gemittelte Messwerte nicht so geeignet. Die Qualität eines Messverfahrens oder Messgerätes wird deshalb häufig durch die Zeit angegeben, die ein Sensor benötigt, um einen gewissen Prozentsatz des vorhandenen Gehaltes von der zu analysierenden Substanz anzuzeigen (Dräger 2021 a).

Zur Verdeutlichung indirekter Messungen in der Praxis seien katalytische Sensoren zur Messung bei explosionsgefährdeten Situationen erwähnt. In einem kleinen Keramikkügelchen befindet sich ein stromdurchflossener Platindraht, dessen Widerstand sich durch katalytische Reaktion mit den zu analysierenden Gasen ändert. Dies kann elektronisch erfasst werden. In Explosionswarngeräten wird dies nach entsprechender Zuordnung der Messwerte, d. h. durch eine Kalibrierung, zur Bewertung der »Unteren Explosionsgrenze« (UEG) in Prozent angewandt.

Prüfröhrchen realisieren dagegen ein direktes Messverfahren. Diese Glasröhrchen enthalten ein chemisches Präparat, welches mit dem zu messenden Stoff unter

Farbänderung reagiert. Diese Farbänderung wird mittels einer vorgegebenen Skala zur Ermittlung der vorliegenden Gaskonzentration genutzt.

Abschließend sei angemerkt, dass die physikalischen Größen zur Brandcharakterisierung häufig indirekt über andere Messgrößen ermittelt werden. Damit die so bestimmten Werte, die ein Messgerät liefert, die gesuchten Parameter bzw. Größen direkt darstellen, ist eine Justierung der Messgeräte erforderlich, was jedoch in der Regel bereits vom Hersteller durchgeführt wird. Dem Anwender bleibt jedoch, seine Messgeräte von Zeit zu Zeit zu kalibrieren. Darunter versteht man die Prüfung einer Messanordnung durch Vergleichsmessungen für einen Standardfall, durch Ringversuche mit anderen Labors oder ähnliches, ob die erforderliche Übereinstimmung der Ergebnisse gewährleistet ist. Nur so kann sichergestellt werden, dass die Messung genau genug und ohne einen systematischen Fehler erfolgt (vgl. auch ▶ Kapitel 2.3).

Merke:
Messgeräte müssen zur Sicherstellung einer ausreichenden Genauigkeit justiert und kalibriert sein.

Überlegungen zur Kalibrierung sind nicht immer einfach. Sie erfordern Erfahrung. Bei der Nutzung von Messergebnissen sollte man jedoch keinesfalls die Frage scheuen, wann und wie die Messanordnung kalibriert wurde. Ungeachtet dessen ist es auch erforderlich, die Messgeräte gelegentlich neu zu justieren, worunter die richtige Einstellung der Instrumente auf die Standardwerte verstanden wird. Zu entsprechenden Problemen für solche chemischen Messgeräte sei auf Rönnfeldt und König (2010) verwiesen.

3.4 Messungen im Einsatz und die messtechnische Ausrüstung

Um gesicherte Einsatzentscheidungen treffen zu können, sind wiederholte Messungen zu verschiedenen Zeiten und an unterschiedlichen Orten sehr hilfreich. Diese sollten planmäßig erfolgen, indem die Orte und Zeiten festgelegt werden. Ein solches Vorgehen bezeichnet man als Rastermessung. Sie sollten durchgeführt werden, wenn es sich um eine länger andauernde Lage handelt oder wenn ein größeres Gebiet betroffen ist, z. B. bei starker Rauchentwicklung oder einem großflächigen Gefahrstoffaustritt.

3.4 Messungen im Einsatz und die messtechnische Ausrüstung

Wenn Messungen in Rauchwolken oder bei Gefahrstoffaustritten vorgenommen werden sollen, sind in jedem Fall wichtige Umgebungsbedingungen zu beachten. Dies sind vor allem:
- Windgeschwindigkeit,
- Umgebungstemperatur,
- Luftfeuchte.

Dabei hat es sich als sinnvoll erwiesen, mehrere Messtrupps gleichzeitig einzusetzen.

Sowohl bei direkt in Echtzeit anzeigenden Messgeräten für Gase, besonders aber bei Messungen mit Röhrchen, beeinflusst die Windgeschwindigkeit entscheidend das Ergebnis. So legt z. B. ein Chlormolekül innerhalb einer Messzeit von 180 *s* bei einer Windgeschwindigkeit von 3 *m/s* einen Weg von ca. 500 *m* zurück (Rönnfeldt 1998). Das bedeutet, dass nur bei Windstille Prüfröhrchen ein relativ genaues Ergebnis über die tatsächlichen Konzentrationen der gemessenen Stoffe in der Umgebungsluft liefern. Bei entsprechenden Messungen sollten also immer die Windgeschwindigkeit und die Uhrzeit zusätzlich erfasst werden. Das gilt aber auch bei in Echtzeit anzeigenden Messgeräten, bei denen von Herstellern t_{50}- bzw. t_{90}-Zeiten angegeben werden, d. h. die Zeiten, die verstreichen, bis 50 % oder 90 % der tatsächlichen Konzentration angezeigt werden. Diese können je nach Art des Sensors im Bereich von mehreren 10 *s* liegen.

Für Prüfröhrchen geben die Hersteller als Maß für die Streubreite der Werte eines Merkmals um dessen Mittelwert die Standardabweichung an. Diese gilt aber nur unter definierten Umgebungsbedingungen, z. B. im Temperaturbereich von 10 °C bis 40 °C. Für die in Echtzeit anzeigenden Gasmessgeräte werden von den Herstellern ebenfalls Temperaturbereiche angegeben. Diese werden durch die elektrochemischen Reaktionen in den Sensoren sowie von der Leistungsfähigkeit der Batterie bestimmt.

Im Weiteren soll nur die einfach zu handhabende Messtechnik betrachtet werden, die von den Feuerwehren ohne Spezialausbildung benutzt wird. Auch für diese müssen, wenn das beabsichtigte Messziel erreicht werden soll, einige Grundsätze beachtet werden. So bedürfen kontinuierlich in Echtzeit messende Geräte einer regelmäßigen Wartung. Dafür ist in der Regel Spezialtechnik erforderlich, die sich für kleinere Feuerwehren nicht rentiert.

Auch wenn in einigen Feuerwehren der Trend in den letzten Jahren zugenommen hat, PID-Gasmessgeräte zu beschaffen, wird hier bewusst auf diese Gerätekategorie nicht eingegangen. Sie erfassen nämlich toxische Gefahrstoffe, wie etwa Benzol, Butadien und andere flüchtige organische Verbindungen im *ppm*- oder sogar *ppb*-Bereich (Teilchen pro Million bzw. Milliarde), was aber vorrangig für die Arbeitssicherheit und den Arbeitsschutz bedeutsam ist, da die genannten Substanzen im alltäglichen Arbeitsprozess bereits in diesen geringen Konzentrationen ohne Schutz Krebserkrankungen hervorrufen können.

Wenn man die Messungen im Feuerwehreinsatz und die dafür erforderliche Messtechnik betrachten will, muss man sich zunächst an die eigentlichen Aufgaben der Feuerwehren erinnern. Sie bestehen hauptsächlich in der unmittelbaren Abwehr von Gefahren für Menschen einschließlich der Einsatzkräfte selbst, für die Umwelt und für Sachwerte. Aus der Berücksichtigung dieser Aufgaben folgen Anforderungen an die entsprechende Messtechnik, aber auch Hinweise auf Grenzen ihres Einsatzes. Gefahren, die messtechnisch erfasst werden müssen, entstehen in erster Linie durch Brände und unkontrollierte Austritte und die Ausbreitung von Gefahrstoffen.

Geht man von der notwendigen Abwehr unmittelbar drohender Gefahren aus, so müssen die Messergebnisse möglichst sofort vorliegen. Allerdings gibt es auch große Störfälle, bei denen die Aufgaben der Feuerwehren sich nicht nur auf die unmittelbare Gefahrenabwehr beschränken. Hier ist es zur Lagefeststellung notwendig zu wissen, welcher Stoff bzw. welche Stoffe freigesetzt wurden und bei luftgetragenen Schadstoffen in welcher Konzentration sie vorliegen. Daraus müssen Schlussfolgerungen für die Gefährdung der Einsatzkräfte und die geeignete Schutzausrüstung sowie die Gefährdung für die Bevölkerung gezogen werden.

Generell muss bei der Beschaffung von Messtechnik berücksichtigt werden, ob der zu messende Stoff weitestgehend bekannt ist, wie z. B. bei Werkfeuerwehren, oder ob beim Einsatz die zu erwartende Situation völlig unbekannt ist, wie z. B. bei einem Gefahrstoffaustritt in einem Unternehmen, Krankenhaus, bei einem Unfall mit Gefahrgut auf der Straße, der Schiene oder auf dem Wasser. In diesen Fällen kommen vor allem öffentliche Feuerwehren zum Einsatz, deren Möglichkeiten begrenzt sind, sich mit breit aufgestellter Messtechnik auszurüsten und die Einsatzkräfte dahingehend auszubilden.

Das trifft insbesondere für Freiwillige Feuerwehren zu, bei denen bei Alarmauslösung in der Regel nicht einmal bekannt ist, welche Kräfte konkret verfügbar sind. Für solche Fälle halten die Landkreise Gefahrstoffzüge vor, die aber meist aus einzelnen Komponenten mehrerer Gemeinden bestehen. Bis eine solche Einheit tatsächlich arbeitsfähig ist, können durchaus 1 bis 1 ½ Stunden vergehen. Vor allem Freiwillige Feuerwehren, aber auch die Berufsfeuerwehren benötigen also vor allem Messtechnik, bei der die Ergebnisse sofort verfügbar sind.

Prinzipiell muss man im Einsatzgeschehen mit zu erwartenden schädigenden Gasen drei wichtige Gefahrenkategorien unterscheiden:

- Explosionsgefahr durch brennbare Gase,

3.4 Messungen im Einsatz und die messtechnische Ausrüstung

- Erstickungsgefahr durch Sauerstoffmangel oder erhöhte Brandgefahr durch Sauerstoffüberschuss,
- Vergiftungsgefahr durch toxische Gase.

An diesen Gefahrenkategorien sollte sich die Entscheidung bei der Beschaffung von Gasmessgeräten mit sofort verfügbaren Ergebnissen orientieren. Wenn nicht Informationen über Schwerpunktobjekte mit besonderen Gefahren vorliegen, sollten die Feuerwehren sich vor allem auf die unmittelbare Gefahrenabwehr konzentrieren. Es ist von der generellen Einsatztaktik auszugehen, in unbekannten Situationen grundsätzlich mit Atemschutzgeräten vorzugehen, wenn das Vorhandensein von Atemgiften, Sauerstoffmangel oder Explosionsgefahren nicht ausgeschlossen werden kann. Dafür sollte dann ein Explosionsgrenzen-Warngerät, wie ein Beispiel in ▶ Bild 10 gezeigt ist, einen Mindeststandard darstellen. Derartige Geräte erzeugen eine erste Alarmmeldung in der empfohlenen Grundeinstellung bei Erreichen von 10 % explosiver Bestandteile in der Umgebungsluft. Diese frühe Warnung ist deshalb notwendig, da eine Identifikation, welche Substanz die Explosionsgefahr erzeugt, mit diesen einfachen Messgeräten nicht möglich ist. Liegt doch die »Untere Explosionsgrenze« z. B. von Methan bei 4,4 *Vol.-%*, von Benzindämpfen aber schon bei 1,4 *Vol.-%*.

Bild 10: *Mehrgasmessgerät mit Erfassung der Explosionsgrenzen im Einsatz*

Bild 11: *Prüfröhrchen mit Handpumpe*

Vor Jahren waren vor allem einfache Explosionsgrenzen-Warngeräte und Prüfröhrchen in den Feuerwehren im Einsatz. ▶ Bild 11 zeigt ein einsatzbereites Prüfröhrchen, das schon in eine Handpumpe eingeführt ist. Neuere technische Entwicklungen haben es nunmehr ermöglicht, den Feuerwehren leicht handhabbare und preisgünstige Gasmessgeräte zur Verfügung zu stellen. Diese liefern gleichzeitig Ergebnisse für mehrere Gase in Echtzeit, was auch durch Weiterentwicklungen bei den Prüfröhrchen erreicht wird.

Bei der Auswahl der Geräte ist eine Lösung zu finden, die eine möglichst breite Palette von Stoffe messen kann, so dass viele verschiedene Einsätzen abdeckt werden können. Dabei ist nicht nur das Thema »Messen« zu berücksichtigen, sondern auch allgemeine einsatztaktische Grundsätze, wie z. B. die Hygiene während und nach dem Einsatz. So ist beispielsweise Blausäure ein toxisches Gas, das bei jedem Wohnungsbrand entstehen kann und auch über die Haut aufgenommen wird.

Weit verbreitet in den Feuerwehren sind Messgeräte, die neben der Warnung vor Explosionsgrenzen auch die Über- bzw. Unterschreitung der Grenzwerte einzelner Gase, wie Sauerstoff, Kohlenmonoxid, Kohlendioxid oder Schwefelwasserstoff signalisieren. Die Kenntnis dieser Gaskonzentrationen kann einen Mehrwert für die Einsatzhandlungen der Feuerwehren bieten. In den letzten Jahren ist bei Feuerwehren und Rettungsdiensten ein Trend zur Sensibilität gegenüber den Gefahren durch Kohlenmonoxid zu beobachten. Dafür reichen bereits einfache Eingasmessgeräte aus.

Drei Grundregeln beim Einsatz von Messgeräten für Gase mit Echtzeit-Anzeige des Messwertes sind zu berücksichtigen:

- Egal, mit wie vielen und welchen Sensoren das Gerät bestückt ist, es handelt sich immer um eine selektive Messung. Keine Anzeige bedeutet in keinem Fall, dass keine Schadstoffe vorhanden sind. Auch die Orientierung an einer eventuellen Reduzierung des Sauerstoffgehaltes bietet keine

absolute Sicherheit. Es gibt Schadstoffe, die ihre toxische Wirkung bereits in äußerst geringen Konzentrationen entfalten.
- Zu beachten sind die von den einzelnen Herstellern angegebenen t_{50}- bzw. t_{90}-Zeiten.
- Es sind Querempfindlichkeiten zu berücksichtigen. Das bedeutet, dass elektrochemische Sensoren auch fiktive Messwerte erzeugen, d. h. sie reagieren auch auf andere Gase als die beabsichtigten.

Für die Querempfindlichkeit des Kohlenmonoxid-Sensors XS R CO wird beispielsweise angegeben, dass bei einer Konzentration von 30 *ppm* Schwefelwasserstoff 120 *ppm* Kohlenmonoxid angezeigt werden (Dräger 2021). Hier sollten auf jeden Fall die von den Herstellern angebotenen Selektivfilter verwendet werden. Abhilfe kann bei Kenntnis der Querempfindlichkeiten auch eine Vergleichsmessung mit Prüfröhrchen bieten. Prüfröhrchen stellen ein sehr einfach zu handhabendes Messverfahren dar. Mit Prüfröhrchen lassen sich viele Gase in einem breiten Konzentrationsspektrum erfassen. Aber auch hier ist zu beachten, dass eine fehlende Anzeige nicht automatisch zur Folge hat, dass keinerlei toxische Gase vorhanden sind, da die Anwendung von Prüfröhrchen immer selektiv ist. Ein weiterer Grund für eine fehlende Anzeige kann sein, dass aus dem breiten Konzentrationsspektrum der falsche Messbereich ausgewählt wurde.

Für die Erfassung der von Brandrauch ausgehenden Gefahren sind auch Systeme vorhanden, die gleichzeitig wichtige Leitsubstanzen (saure Gase, Blausäure, Kohlenstoffmonoxid, basische Gase, nitrose Gase sowie Schwefeldioxid, Chlor, Schwefelwasserstoff, Phosphorwasserstoff, Phosgen) erfassen.

Als Pumpen werden sowohl einfache Balgpumpen, als auch automatische Pumpensysteme angeboten. Bei der Auswahl automatischer Pumpensysteme sollten die Feuerwehren darauf achten, dass diese Systeme auch für explosionsgefährdete Atmosphären zugelassen sind. Zu berücksichtigen sind auch die relativ langen Messzeiten, vor allem bei geringen Gaskonzentrationen, bevor ein Ergebnis vorliegt (▶ Tabelle 5).

Tabelle 5: *Zeiten (Auswahl) für eine Schadstoffmessung (Dräger 2021 b)*

Stoff	Messbereich in *ppm*	Zeit für die Messung in *min*
Benzol	0,25 – 3	5
Chlor	0,2 – 3	3
Kohlendioxid	100 – 3 000	4
Kohlenmonoxid	2 – 60	4
Schwefelwasserstoff	0,2 – 5	5

4 Feuer und Flamme aus physikalischer Sicht

> Ein Brand sowie das Löschen sind neben chemischen vor allem durch physikalische Vorgänge geprägt. Viele Phänomene greifen dabei ineinander. Ihre Besonderheiten müssen vor einer komplexen Betrachtung zunächst einzeln verstanden werden. Außerdem gibt es eine Reihe von Erscheinungen im Zusammenhang mit Bränden, deren Eigenschaften für ein sicheres Handeln der Einsatzkräfte bei der Gefahrenabwehr Beachtung finden sollten. Dies motiviert auch, sich für ein genaueres Verständnis mit wichtigen physikalischen Grundlagen auseinanderzusetzen, was in den nachfolgenden Kapiteln erfolgt. Komplexe Vorgänge, zu denen man auch das Feuer rechnen muss, zeigen gelegentlich ein zunächst unerwartetes Verhalten, wenn sie durch nichtlineare Gleichungen beschrieben werden müssen.

4.1 Grundlagen des Brandes

Die Physik teilt man grob in »klassische« und »nichtklassische« Gebiete ein. Die klassische Physik umfasst die Gebiete, die sich mehr oder minder unserer alltäglichen Erfahrungen erschließen. Dies sind die Phänomene der makroskopischen Welt. Ihre Grundmodelle sind das Teilchen in seinen herkömmlichen Bewegungen und das Feld, das sowohl die Kontinuumsmechanik wie die elektromagnetischen Erscheinungen umfasst. Der Brand als physikalisches Grundphänomen des Feuerwehrwesens ist hier einzuordnen.

Zu den nichtklassischen Gebieten, die im Rahmen dieses Büchleins allerdings nicht dargestellt werden, gehören vor allem die atomaren Erscheinungen, die zu dem neuen Modell »Quant« führten (Quantenphysik). Aber auch die Physik der superschnellen Bewegungen und der großen Gravitationsmassen (Relativitätstheorie) werden in der Regel dort eingeordnet.

In diesem Buch befassen wir uns also ausschließlich mit der klassischen Physik und den Eigenschaften ihrer Modelle. Im Folgenden wird aus dieser Sicht ein erster Überblick über einige bedeutsame Erscheinungen gegeben, wie sie bei gefahrgeneigten Situationen auftreten können. Diese Phänomene werden erläutert, ohne dass dabei zunächst die physikalischen Begriffe ausführlich dargelegt werden. Dies erfolgt im Detail in den anschließenden Kapiteln, so dass der Leser die Bedeutung der einzelnen physikalischen Begriffe für die Gefahrenabwehr leichter einordnen kann.

Zunächst hat man es bei einem Brand mit einer exothermen chemischen Reaktion zu tun, bei der Wärmeenergie in einer Reaktionszone freigesetzt wird. Die Folge sind Änderungen der thermodynamischen Zustandsgrößen, insbesondere der Temperatur. Da dies lokal unterschiedlich erfolgt, treten Gefälle bei den Zustandsgrößen (sogenannte Gradienten) auf. Diese bewirken ihrerseits Massenströme. Solche Strömungen sind in der Regel turbulent. Eng damit verbunden sind auch andere Ausgleichsvorgänge, wie die Diffusion für Stoffkonzentrationen oder die Wärmeleitung für die Temperatur.

Will man einen Brand physikalisch beschreiben, so muss man folgende Disziplinen berücksichtigen:
- Reaktionskinetik,
- Strömungsmechanik (turbulent oder laminar),
- Ausgleichsvorgänge (Diffusion, Wärmeleitung).

Hier sind abhängig von der konkreten Situation Idealisierungen vorzunehmen und auf dieser Grundlage muss schließlich eine mathematische Formulierung erfolgen. Die Strömungsmechanik erfordert eine Bilanzierung von Energie, Masse, Impuls und eventuell weiteren Größen. Die Kompliziertheit dieser Fragestellung zeigt sich in der mathematischen Struktur. Gasströmungen und Thermodiffusion werden durch partielle Differentialgleichungen beschrieben. Darunter versteht man Bestimmungsgleichungen für Funktionen (wie der Temperatur), die von mehreren Veränderlichen (hier: Ort mit den Koordinaten x, y und z sowie Zeit t) abhängen. Sie enthalten auch die Ableitungen nach den einzelnen Variablen (als partielle Differentiation der Differentialrechnung). Geschlossene Lösungen existieren dafür nur in einfachen Spezialfällen.

Außerdem sind diese Gleichungen bei Brandphänomenen meist kompliziert, da allein die reaktionskinetischen Beziehungen selbst im einfachsten Fall nichtlinear sind. Die Situation erscheint ziemlich aussichtslos, denn allein durch die Nichtlinearität, bei der die gesuchten Funktionen (z. B. Temperatur oder Strömungsgeschwindigkeit) in höheren Potenzen (T^2, T^3, ...), in anderen Funktionen oder als Produkte miteinander vorkommen, gibt es kaum Methoden zur expliziten Lösung. Zum Glück bleibt als Ausweg, mit Hilfe von Computern durch Anwendung der Methoden der numerischen Mathematik brauchbare Näherungslösungen zu berechnen.

Ein allgemeingültiges Modell für einen Brand lässt sich gegenwärtig allerdings nicht angeben. Zurzeit wird intensiv versucht, durch sinnvolle Vereinfachungen den Aufwand bei den Berechnungen zu reduzieren. Man muss stets mit einem Kompromiss zwischen Aufwand und Genauigkeit leben. Auch hier gilt die alte Handwerker-Weisheit: *Nicht so genau wie möglich, sondern nur so genau wie nötig!*

4.1 Grundlagen des Brandes

Im Folgenden wird die Verbrennung aus physikalischer Sicht für ein tieferes Verständnis analysiert. Dazu werden die Energieströme in Abhängigkeit von der Temperatur betrachtet, die im ▶ Bild 12 qualitativ veranschaulicht sind. Zunächst erkennt man den nichtlinearen Verlauf der Wärmeproduktion, wie er durch die Reaktionskinetik bestimmt ist. Die Nichtlinearität ist für die weitere Betrachtung wichtig. Demgegenüber ist die Wärmeabführung im einfachsten Modell eine Gerade, also linear. Beide Kurven schneiden sich in Punkten, in denen die zugeführte Energie gleich der abgeführten ist. Erhöht man von außen die Temperatur bis zum unteren Schnittpunkt, so reicht bereits eine winzig kleine Überschreitung (wie sie stets vorkommt) aus, dass immer mehr Wärme produziert wird und damit die Temperatur weiter steigt. Dieser Punkt beschreibt die Zündtemperatur, bei der sich das System in einem labilen Gleichgewicht befindet. Das Aufschaukeln endet in einem Stabilitätspunkt, der die Verbrennungstemperatur charakterisiert. Dieser Schnittpunkt ist dadurch gekennzeichnet, dass bei einer zufälligen Überschreitung die Wärmeabfuhr höher als die zugeführte Wärme ist. Im Gegensatz dazu wird bei einer zufälligen Unterschreitung mehr Wärme produziert als abgeführt. In beiden Fällen stellt sich wieder die stabile Verbrennungstemperatur ein (stabiles Gleichgewicht). Dieses Verhalten kann man anhand der Grafik gut erkennen. Auf der Grundlage dieser Wärmeflüsse kann man auch das Löschen durch Kühlung verstehen.

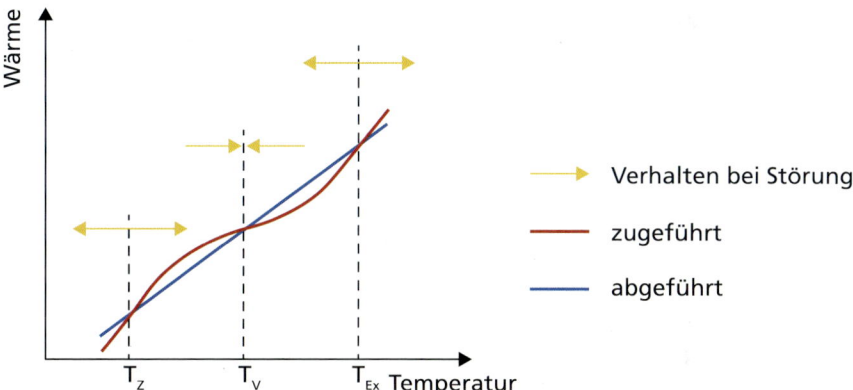

Bild 12: *Schematisches Verhalten der Energie bei der Verbrennung*

Andererseits kann es durch Zuführung von weiterer Energie dazu kommen, dass ein neuer Stabilitätspunkt rechts erreicht wird. Dieser ist wieder instabil und kennzeichnet eine Reaktion, die rasant anwächst (bezeichnet als Theorie der Wärmeexplosion von Semenov, ▶ Kapitel 4.3) (Warnatz, Maas und Dibble 2001; Warnatz und Maas 1993; Bussenius 1996).

4.2 Grundlagen des Löschens

Auch das Löschen besitzt viele physikalische Aspekte. Die einzelnen Löschmittel und -verfahren wirken auf sehr unterschiedliche Art und Weise. Häufig ist der eigentliche Wirkmechanismus gar nicht bekannt oder es gibt nur Vermutungen. Wissenschaftlich bedürfen derartige Hypothesen eines soliden Nachweises, was aber in der Regel Grundlagenuntersuchungen erfordert. In der Praxis interessiert im Brandschutz oder Feuerwehrwesen häufig nur, ob eine Methode wirksam löscht. Das »Warum« ist dann meist nur noch eine Frage des Marketings, wofür kaum Forschungsaufwand betrieben wird. So bleiben häufig Spekulationen, noch zumal nicht selten mehrere Löscheffekte gleichzeitig wirken.

Will man in das Problem des Löschens eindringen, so ist der empirische Einstieg recht einfach. Jeder Brandschützer und jeder Einsteiger bei der Feuerwehr lernt als Erstes die Bedingungen für einen Brand, die anschaulich im Feuerdreieck dargestellt werden. Neuerdings wird dieses Schema zum Feuertetraeder erweitert, indem eine vierte, auch sehr wichtige Komponente als weitere Bedingung hinzugefügt wird (vgl. ▶ Bild 13). Das Löschen lässt sich auf dieser Grundlage einfach definieren, indem die äußeren Bedingungen so gestaltet werden, dass eine oder mehrere Elemente des Feuertetraeders nicht mehr erfüllt sind.

Merke:
Löschen ist die Gesamtheit von Maßnahmen zur zielgerichteten Störung des Bedingungsgefüges für einen Brand. Dabei wird mindestens eine der notwendigen Voraussetzungen für Feuer weitestgehend ausgeschaltet.

4.2 Grundlagen des Löschens

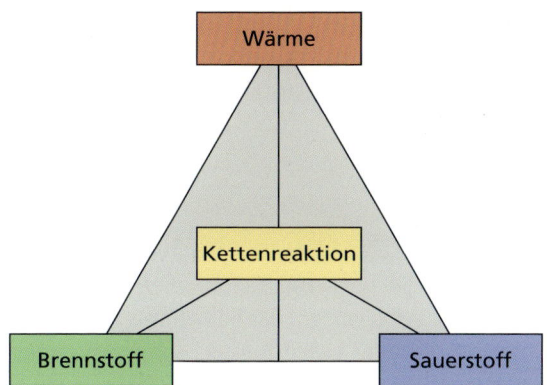

Bild 13: *Feuertetraeder*

Will man einen Löschprozess physikalisch untersuchen, muss man sich zuerst der Analyse der Wirkmechanismen zuwenden. Als wichtige Effekte sind möglich:
- Kühlung,
- Inhibition durch (lokale) Sauerstoffverdrängung,
- Erstickung durch Sauerstoffreduzierung,
- Antikatalyse durch Kettenabbruch über Radikalfänger,
- Trennung des Brandstoffes von der Reaktionszone.

Hat man die vermeintliche Ursache für das Verlöschen gefunden, so kann man dies in entsprechende physikalische Modelle einbauen. Damit lässt sich zielgerichtet untersuchen, wie der Löschvorgang gestaltet werden muss, um das Löschverfahren zu optimieren. In den bisherigen Darlegungen wurden bereits die Schwierigkeiten für die Modellierung eines Brandes erläutert. Der zusätzliche Einbau der Wechselwirkung mit einem Löschmittel verkompliziert die Situation. Gegenwärtig gibt es deshalb noch keine umfassende wissenschaftliche Behandlung des Problems.

Ungeachtet aller Schwierigkeiten lässt sich aber einiges aus einer physikalischen Betrachtung heraus gut verstehen. Untersucht man beispielsweise die Kühlung aus energetischer Sicht, so muss zum Löschen mehr Wärme abgeführt werden, als durch die Verbrennung entsteht. Die Reaktion bricht zusammen, wenn die Zündtemperatur unterschritten wird. Die durch die Verbrennung entstehende Wärmestromdichte (Wärme pro Zeit und Fläche) ergibt sich aus der Bildungsenthalpie H und der Verbrennungsgeschwindigkeit u zu

$$\dot{q}_{zugeführt} = H \cdot u. \tag{4.1}$$

Die einzelnen physikalischen Größen in dieser und den folgenden Formeln sind zunächst nur insoweit von Interesse, als sie als bekannt für eine spezielle Situation

4 Feuer und Flamme aus physikalischer Sicht

vorausgesetzt werden können. Die durch Kühlung abgeführte Wärmestromdichte ergibt sich aus dem spezifischen (auf das Volumen bezogenen) Energieaufnahmevermögen des Löschmittels W_L (spezifische Löschenergie) durch

$$\dot{q}_{\text{abgeführt}} = W_L \cdot i \cdot c_o. \qquad (4.2)$$

Hierbei bedeuten

$$i = \frac{\Delta V}{\Delta A \cdot \Delta t} \qquad (4.3)$$

die Löschmittelintensität (im Englischen: application rate), d. h. der Löschmittelvolumenanteil ΔV, der in der Zeiteinheit Δt auf das betrachtete Brandflächenelement ΔA fällt. c_o ist ein empirischer Faktor, der angibt, welcher Löschmittelanteil überhaupt wirksam wird. Bekanntlich fließt beispielsweise der größte Teil des Löschwassers ungenutzt ab. Durch Gleichsetzen der beiden Energiestromdichten enthält man die Gleichung

$$H \cdot u = W_L \cdot i \cdot c_o. \qquad (4.4)$$

Allein diese Gleichung gestattet es bereits, viele Denkansätze bei der Entwicklung von Löschverfahren zu verstehen, denn die theoretisch benötigte Löschmittelintensität aus (▶ 4.4) muss durch die in der Praxis tatsächlich eingesetzte Rate überschritten werden, d. h.

$$i_{\text{praktisch}} \geq i = \frac{H \cdot u}{c_o \cdot W_L}. \qquad (4.5)$$

Diese Beziehung könnte man auch als »Grundgleichung für das Löschen durch Kühlung« bezeichnen. Folgende Interpretation ist aus dieser Ungleichung ableitbar:

- Für das Löschen ist es günstig, wenn die Verbrennungsgeschwindigkeit oder/und die Verbrennungswärme möglichst klein gehalten werden. (Der Zähler der rechten Seite sollte möglichst klein sein!)
- Das Löschverfahren sollte ein Löschmittel mit möglichst großer spezifischer Löschenergie verwenden, das möglichst vollständig ausgenutzt wird. (Der Nenner der rechten Seite sollte möglichst groß sein!)
- Es sollte möglichst viel Löschmittelvolumen in kurzen Zeiten in die Reaktion gebracht werden. (Die linke Seite wird möglichst groß!)

Der Leser kann sich selbst überlegen, wie hier moderne Löschverfahren (CAFS, Spreng- und Impulslöschen, Wassernebel) wirken.

Es sei noch einmal darauf hingewiesen, dass die dargestellte Überlegung nicht im Widerspruch zu den Darlegungen zum ▶ Bild 12 im vorigen Kapitel steht. Beziehung (▶ 4.5) lässt sich nämlich auch so interpretieren, dass ein Verlöschen sicher auftritt, wenn das Löschmittel alle entstehende Wärme aufnimmt. Dabei ist eine Wärmeableitung beispielsweise in den Brennstoff hinein noch unberücksichtigt (konservative Betrachtung der Kühlung, d. h. man befindet sich fürs Verlöschen auf der sicheren Seite).

4.3 Risiko von Explosionen und anderen schnellen Vorgängen

Die mit Bränden verbundene Verbrennung kann unterschiedlich schnell verlaufen. So kann es beispielsweise zu einer **Verpuffung** kommen. Physikalisch bedeutet dies eine anwachsende Verbrennungsgeschwindigkeit, die auch mit einer geringen Erhöhung des Druckes und Geräuschen verbunden ist.

Eine Erscheinung, bei der es zu einer sehr raschen Gasausbreitung kommt, bezeichnet man als **Explosion**. Hierbei wird eine große Menge an gespeicherter Energie in kurzer Zeit, d. h. schlagartig frei und kann dabei mechanische Arbeit, beispielsweise als Zerstörung von Fenstern u. ä. leisten. Eine Explosion kann durch eine sich selbst beschleunigende chemische Reaktion erfolgen. Sie kann aber auch rein physikalische Ursachen haben, wie beispielsweise das Bersten eines Druckbehälters. Bekannt als **BLEVE** (aus der englischen Wortkombination: boiling liquid expanding vapour explosion) ist das Bersten eines Behälters mit verflüssigtem Gas infolge einer thermischen Aufheizung, beispielsweise durch ein äußeres Feuer. Dies bewirkt eine hydraulische Druckerhöhung durch Ausdehnung der Flüssigkeit, die bis zum Bersten führen kann (Quintiere 2006).

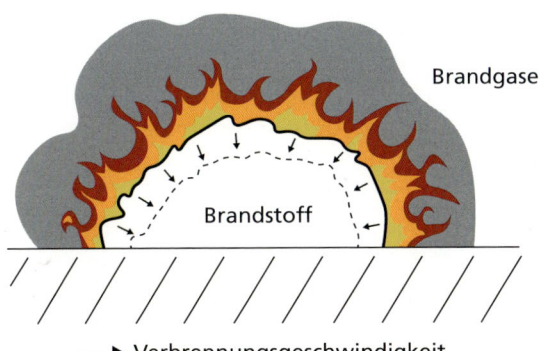

Bild 14: *Flammenfront auf der Oberfläche eines fiktiv angenommenen kompakten Brennstoffs anstelle einer realen Brandlast*

Im Folgenden wird eine chemische Reaktion auf der Brennstoffoberfläche betrachtet (▶ Bild 14). In der Reaktionszone wird Wärmeenergie erzeugt, die sowohl über die Flamme und Rauchgase an die Umgebung abgegeben als auch in den Brennstoff abgeleitet wird. Dadurch schreitet die Flammenfront normal zur Oberfläche mit der Reaktionsgeschwindigkeit u fort. In der Zeit Δt verschiebt sich die Front um

$$\Delta s = u \cdot \Delta t, \tag{4.6}$$

wobei das Brennstoffvolumen

$$\Delta V = A \cdot u \cdot \Delta t. \tag{4.7}$$

umgesetzt wird. Dabei steht A für die gesamte Brennstoffoberfläche zum betrachteten Zeitpunkt. Das Symbol Δ kennzeichnet, dass es sich um ein sehr kleines Intervall handelt, das im Grenzübergang zu dem Differential (Symbol d) aus der Differentialrechnung übergeht.

Durch energetische Betrachtungen der chemischen Reaktion lässt sich aus (▶ 4.7) die freigesetzte Rauchgasmenge bestimmen. Hier soll darauf nicht weiter eingegangen werden, sondern auf weiterführende Literatur verwiesen werden, wie beispielsweise die zwei vfdb-Leitfäden (Hosser 2005; Steinbach et al. 2013) sowie Quintiere (2006). Man kann jedoch aus (▶ 4.7) bereits ablesen, dass bei sehr großer Brandstoffoberfläche oder durch anwachsende Verbrennungsgeschwindigkeit das entstehende Gasvolumen unter Umständen sehr hoch wird, was schließlich auch zu rasant verlaufenden Brandphänomenen führen kann.

In der Realität sind die Verhältnisse bei einer Verbrennung jedoch viel komplizierter. So hängt der konkrete Verlauf beispielsweise davon ab, ob Brennstoff und Sauerstoff vorgemischt sind oder nicht und ob die auftretenden Strömungen laminar oder turbulent sind. Eine Verbrennung erfolgt mit mehr oder minder starken Lichterscheinungen, die als Flamme bezeichnet werden, sowie ohne nennenswerten Druckaufbau. Für bestimmte Stoffe und unter den geeigneten Bedingungen kann die Verbrennung dann schneller und mit einem gewissen Druckaufbau erfolgen. Die so entstehende Verpuffung wird auch als **Deflagration** bezeichnet.

Für ein erstes Verständnis reicht die Erkenntnis, dass bei gewöhnlichen Bränden neben der Wärme auch die Verbrennungsprodukte (Rauchgase) meist ungehindert von der Oberfläche abströmen. Allerdings ändert sich die Verbrennungsgeschwindigkeit drastisch, wenn das Abströmen behindert ist, wie beispielsweise bei einer Einhausung von Brennstoff und Sauerstoff. Bei der Verpuffung erfolgt die Verbrennung zwar schneller als bei einem gewöhnlichen Brand, trotzdem aber langsam im Vergleich zu einer Explosion.

Bei einer thermischen Verbrennungsexplosion kommt es zu einer erheblichen Druckerhöhung, die mit einer raschen Gasausbreitung verbunden ist. Dies verläuft

4.3 Risiko von Explosionen und anderen schnellen Vorgängen

unter Knall und Lichterscheinung und kann durch die schlagartige Freisetzung der gespeicherten Energie mit einer mechanischer Zerstörung verbunden sein.

Ein interessantes Phänomen ist in diesem Zusammenhang die **Staubexplosion**. Infolge der sehr großen Gesamtoberfläche von Stäuben kann es nach (▶ 4.7) für organisches, brennbares Material beim Vorhandensein eines Zündimpulses (Zündquelle) zur Auslösung einer thermischen Explosion kommen. Dies ist aus der Sicht der Gefahrenabwehr stets zu beachten.

Ein Phänomen mit einer sehr schnellen Ausbreitungsgeschwindigkeit der chemischen Reaktionszone ist die **Detonation**. Im Unterschied zur thermischen Explosion kommt es zu einer Druckwelle im reaktionsfähigen Stoff, die sich schließlich zu einer Stoßwelle »aufsteilt«. Dies ist ein Drucksprung, der mit hoher Geschwindigkeit durch den Stoff läuft und dabei an dem Ort, wo er sich gerade befindet, die Reaktion auslöst. Durch die extrem kurzzeitige Umsetzung des gesamten Stoffs kommt es zu einer sehr hohen Energiekonzentration, die mit einer erheblichen zerstörenden Wirkung verbunden ist. Explosive Materialien (d. h. Explosivstoffe), die auf diese Art chemisch reagieren können, bezeichnet man als Sprengstoffe. Die Auslösung einer Detonation bedarf einer geeigneten Initialzündung.

Angemerkt werden soll, dass unter bestimmten Bedingungen die Deflagration in eine Detonation übergehen kann. Dieser Übergang wird als DDT bezeichnet, was aus der englischen Wortkombination »Deflagration to Detonation Transition« folgt. Er verläuft allerdings niemals allmählich. Vielmehr setzt dieser Umschlag stets schlagartig ein, was sich thermodynamisch verstehen lässt. Dies ergibt sich daraus, dass die physikalischen Endzustände bei der Deflagration und der Detonation infolge der Erhaltung von Strömungsgrößen an der Grenzfläche (d. h. der Reaktionszone) auf einer speziellen Kurve in einem Druck-Zeit-Diagramm liegen. Auf dieser Detonationsadiabaten sind die Zustände für die beiden Erscheinungen durch einen verbotenen Bereich getrennt. Dieser kann nur schlagartig, also nicht allmählich überwunden werden.

Zusammenfassend lässt sich für schnell ablaufende chemische Reaktionen die folgende physikalische Charakterisierung vornehmen (Klingsohr 2002).

Merke:

- Verpuffung – Reaktion ausgelöst durch Wärmeleitung mit Reaktionsgeschwindigkeiten von größenordnungsmäßig einigen cm/s,
- Explosion – Reaktion ausgelöst durch Wärmeleitung mit Reaktionsgeschwindigkeiten von größenordnungsmäßig einigen m/s,
- Detonation – Reaktion ausgelöst durch Stoßwelle mit Reaktionsgeschwindigkeiten von größenordnungsmäßig einigen km/s.

4.4 Außergewöhnliche Brandphänomene (Backdraft, Flashover u. a.)

Bei Bränden treten gelegentlich besonders gefährliche Situationen auf, deren Verständnis für die praktische Gefahrenabwehr bedeutsam ist (Hall und Adams 1998; Kunkelmann 2003; Hartl 2022). Im Erscheinungsbild bzw. für die Gefährdung erinnert dabei einiges an Explosionen, so dass gelegentlich verschiedene Phänomene unpräzise benannt werden. Da jedoch unterschiedliche Abläufe zugrunde liegen, ist eine genauere Betrachtung sinnvoll, was auch das richtige Verhalten von Einsatzkräften unterstützt. Auch hierfür sind die in den folgenden Kapiteln dargestellten physikalischen Grundlagen hilfreich, deren Nutzen sich somit unmittelbar erschließt.

Eine zentrale Erscheinung bei Raumbränden ist der **Flashover**, im Deutschen gelegentlich früher auch als Feuersprung bezeichnet. Bei einem Brand in einer Umhausung mit Zu- und Abluftöffnungen (Compartment) treten verschiedene typische Phasen auf (▶ Bild 15). Nach der primären Entzündung werden in einer Brandentstehungsphase (abhängig vom Sauerstoffangebot auch über einen Schwelbrand) die Brennstoffe thermisch aufbereitet, indem organische Stoffe in brennbare Bestandteile zerlegt werden, ohne dass diese durch die noch zu niedrige Temperatur sowie in der Regel wegen lokalem Sauerstoffmangel sofort entzündet werden. Dieser Vorgang wird als **Pyrolyse** bezeichnet. Die dabei entstehenden Gase, die Pyrolysegase, heizen sich allmählich auf und sammeln sich wegen ihrer geringeren Dichte infolge der Erwärmung an der Decke. Auch bei ausreichend vorhandenem Sauerstoff kommt es noch nicht zur chemischen Reaktion. Erst wenn durch das Aufheizen im Deckenbereich Temperaturen von ca. 500 bis 600 °C herrschen, kann es zu einer schlagartigen Durchzündung der gesamten Pyrolysegase kommen. Durch diesen Flashover erfolgt der Übergang zum Vollbrand im Raum, d. h. der gesamte Brennstoff befindet sich nunmehr in Brand. Ob dieses Verhalten tatsächlich schlagartig erfolgt, hängt neben der Lüftung und den Temperaturen der Umhausung auch deutlich von der Art der Brennstoffe ab. Moderne Einrichtungsgegenstände mit hohem Kunststoffanteil neigen verstärkt zur Pyrolyse und folglich zu so einem Flashover.

4.4 Außergewöhnliche Brandphänomene (Backdraft, Flashover u. a.)

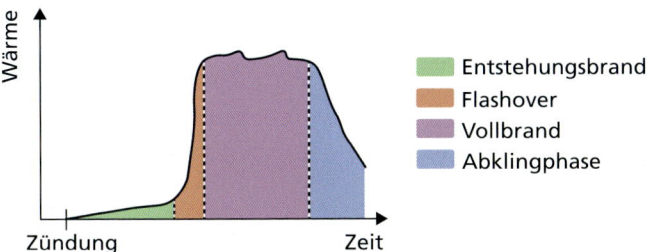

Bild 15: *Realbrandkurve in einer Umhausung (prinzipieller Verlauf)*

Die unmittelbar bevorstehende Durchzündung kündigt sich häufig dadurch an, dass unter der Decke kleine Flämmchen entstehen. In der Praxis spricht man anschaulich von »tanzenden Engeln« bzw. wegen des unruhigen Flammenbildes davon, dass die Flamme »atmet«. Abhängig von der konkreten Temperaturschichtung und ihre Beeinflussung durch kühlere Wandungen kann dieser Zustand auch stabiler sein und die Flammen laufen an der Decke als **Rollover** (auch als Flameover bezeichnet) entlang.

Ein anderes Phänomen ist der sogenannte **Backdraft**, im Deutschen auch als Rauchgasdurchzündung bzw. Rauchgasexplosion bezeichnet. Er tritt auf, wenn es in einem geschlossenen, relativ dichten Raum zu einem Schwelbrand mit ausgeprägtem Sauerstoffmangel kommt. Die heißen Pyrolysegase sammeln sich an der Decke, können sich aber als Folge des fehlenden Sauerstoffs nicht entzünden. Durch lokale Abkühlung an den kälteren Wänden kann es zu einem Unterdruck kommen, der sich dadurch zeigen kann, dass aus kleinen Undichtheiten ausgetretene Rauchgase wieder nach innen gezogen werden. Der eigentliche Backdraft entsteht dann, wenn Zuluftöffnungen beispielsweise durch Öffnen einer Tür geschaffen werden. Durch die damit verbundene Sauerstoffeinmischung kommt es wegen der beim Schwelbrand stets vorhandenen Zündquellen (z. B. infolge Glutnester) zu einer schlagartigen, explosionsartig verlaufenden Durchzündung der gesamten Rauchgase im Raum. Dadurch entsteht nach außen eine sehr heiße Stichflamme mit den typischen Geschwindigkeiten einer Explosion und sehr hohen Temperaturen von bis zu 850 °C.

Ein letztes kritisches Brandphänomen sei noch erwähnt, der **Feuersturm**. Hierbei handelt es sich um das typische Verhalten großflächiger Brände. Die hierbei auftretende große Hitze auf ausgedehnten Flächen führt zu einer starken Aufwärtsströmung, da infolge der Wärme Rauchgase und Luft eine geringere Dichte haben und deshalb nach oben steigen. Dadurch wird frische Luft bodennah seitlich in den

Brand gesaugt, was mit hohen Geschwindigkeiten in Orkanstärke erfolgen kann. Dies intensiviert wiederum die Brände.

Löschmaßnahmen sind in dieser Phase wenig wirksam. Das Phänomen bricht erst zusammen, wenn die Brennstoffe im Innern aufgebraucht sind. Solche Brände kann man bei großen Feuern in Wäldern beobachten. Historisch erlangten sie besonders im Zweiten Weltkrieg infolge der Flächenbombardements Bedeutung, am bekanntesten sind sicher die Feuerstürme in Hamburg (1943), Dresden (1945) und Tokio (1945) (Russell 1998).

Merke:
Brände können sich abhängig von einer Reihe äußerer Bedingungen sehr unterschiedlich entwickeln. Es gilt, die jeweils herrschende Situation möglichst präzise zu analysieren und auf dieser naturwissenschaftlichen Grundlage zu verstehen. Physikalische Gesetzmäßigkeiten spielen dabei eine große Rolle.

In der Literatur werden die oben diskutierten Erscheinungen detailliert behandelt und weiterführend untersucht (siehe z. B. Quintiere 2006). Aber bereits die hier besprochene Analyse macht deutlich, dass solche Begriffe wie Wärme und ihr Transport, Masse und die wirkenden Kräfte sowie die auftretenden Strömungserscheinungen für das Verständnis große Bedeutung besitzen. Aus diesem Grunde werden in den folgenden Kapiteln diese Grundlagen näher erläutert, insbesondere in den ▶ Kapiteln 5 bis 9. Damit lässt sich auch weiterführende Fachliteratur für die Gefahrenabwehr besser verstehen.

4.5 Deterministisches Chaos

Eine Wissenschaft ist niemals in sich erschöpft und abgeschlossen und liefert stets neue Erkenntnisse. Das gilt natürlich auch für die Physik. Um nicht den Eindruck zu erwecken, dass alle in der Praxis benötigten physikalischen Erkenntnisse bereits parat stehen, soll nun noch ein kurzer Hinweis auf eine neuartige physikalische Betrachtungsweise erfolgen. Dieses neu aufgedeckte Verhalten bestimmter physikalischer Systeme wird möglicherweise in der Zukunft auch Bedeutung für das Verständnis von einigen Brandphänomenen erlangen.

Dieses neue Gebiet in der Physik, das gerade dazu führt, eine Reihe klassischer Auffassungen neu zu überdenken, ist das »deterministische Chaos«. Schon dieser Begriff erscheint auf den ersten Blick in sich widersprüchlich. Er deutet an, dass sich manche Systeme, die eigentlich zwar durch Gleichungen in ihrem Verhalten vor-

4.5 Deterministisches Chaos

bestimmt (d. h. determiniert) sind, trotzdem ein unregelmäßiges (chaotisches) Verhalten zeigen können. Auch Brände könnten ein typischer Anwendungsfall für diese Chaostheorie sein, so dass hier wenigstens ein erster Denkanstoß für den interessierten Leser gegeben werden soll. Ein solches Chaos ist generell ein charakteristisches Verhalten sehr komplexer Systeme, die nichtlinear sind. In der Regel werden hierbei Phänomene untersucht, die durch nichtlineare partielle Differentialgleichungen beschrieben werden. Und dies gilt für Brände in besonderem Maße. Bei einigen Grundphänomenen, wie der nichtlinearen Reaktionskinetik oder bei speziellen Strömungserscheinungen, wurde dieses neuartige Verhalten auch bereits experimentell nachgewiesen.

Es stellt sich damit die Frage, was Chaos und Unordnung in diesem Zusammenhang bedeuten und wie Struktur und Ordnung in unsere so gesetzmäßige Welt kommen. Wir wollen uns nur auf ein Problem beschränken, dass das charakteristische Verhalten verdeutlicht. Will man ein beliebiges Differentialgleichungssystem lösen, so muss man den Ausgangszustand (so genannte Anfangs- und Randbedingungen) vorgeben. Wir sind gewohnt, dass es dann eine eindeutige Lösung gibt, die die Zustände für alle Zeiten vorauszuberechnen gestattet. »Chaotische« Systeme verhalten sich aber anders. Hier kann es sein, dass winzige Unterschiede im Ausgangszustand zu ganz anderen Zuständen im weiteren zeitlichen Verlauf führen. Bedenkt man, dass der Ausgangszustand aber stets gemessen ist und mit jeder Messung nur eine endliche Stellenzahl bestimmt wird, so können winzigste (vielleicht unter der Messgenauigkeit liegende) Abweichungen zu einem völlig unterschiedlichen Verhalten führen. Ein solches System verhält sich bei einer Beobachtung also scheinbar »chaotisch«.

Das chaotische Verhalten hat man zunächst bei Wettermodellen gefunden. Anschaulich hat man das Ergebnis folgendermaßen zusammengefasst. Wenn irgendwo auf der Welt ein Schmetterling mit den Flügeln schlägt, so ändern sich die Strömungsverhältnisse und damit möglicherweise das Wetter in Europa (Schmetterlingseffekt).

Es ist nicht auszuschließen, dass bei Bränden unter bestimmten Bedingungen mit ähnlichen Effekten zu rechnen ist. Interessant ist bei der Untersuchung des deterministischen Chaos auch, dass ein solches chaotisches Verhalten von selbst in Ordnung übergehen und dabei regelmäßige Strukturen bilden kann (Selbstorganisation). Solche Muster wurden bereits auf den Fronten von Detonationswellen beobachtet.

Dem Interessierten sei spezielle Fachliteratur zu diesem neuartigen Denkansatz empfohlen, die es für unterschiedliche Ansprüche gibt. Derartige Überlegungen werden jedoch in absehbaren Zeiträumen noch keine praktische Bedeutung für die

4 Feuer und Flamme aus physikalischer Sicht

Gefahrenabwehr erlangen und werden deshalb hier nicht weiter verfolgt. In den folgenden Kapiteln werden vielmehr diejenigen physikalischen Sachverhalte einzeln erläutert, die als gesicherte Erkenntnisse aus der Physik für die Anwendung im Rahmen der Gefahrenabwehr bereitstehen. Die dargestellten Sachverhalte sind ausschließlich aus der Sicht der Nützlichkeit für den Praktiker bei der Gefahrenabwehr im Feuerwehrbereich ausgewählt worden, ein Anspruch auf Vollständigkeit wird ausdrücklich nicht erhoben.

5 Mechanik von Punktmassen und starren Körpern

> Die Mechanik bildet die Grundlage für das Verständnis der physikalischen Denkweise. Mechanische Probleme durchdringen unseren Alltag, sie sind auch in unzähligen feuerwehrtechnischen Fragestellungen und im Brandschutz zu finden. Wichtige Grundmodelle sind die Punktmasse und der starre Körper. Bei diesen Modellen werden vereinfachend nur die für die Bewegung bedeutsamen Eigenschaften berücksichtigt. An diesen Modellen werden grundlegende physikalische Größen definiert, die die gesamte Physik und darüber hinaus unser ganzes naturwissenschaftliches Weltbild prägen. Zugleich ermöglicht die Mechanik den Übergang zu weiterführenden physikalischen Gebieten, die im Anschluss behandelt werden.

5.1 Grundmodelle und ihre Beschreibung

Den Ausgangspunkt für die Mechanik bildet das Verhalten der Körper unserer Umgebung (makroskopische Welt). Dabei unterscheidet man in folgende Gebiete:
- Statik – Lehre vom Verhalten ruhender Körper,
- Kinematik – Lehre von der Bewegung der Körper, ohne deren Ursachen und ihre Auswirkungen auf andere Körper zu betrachten (Beschreibung der Bewegung),
- Dynamik – Lehre von der Bewegung der Körper als Folge ihrer Ursachen (der Kräfte).

Es ist eine Grunderfahrung, dass in unserer unmittelbaren Umwelt Raum und Zeit existieren. Die Mechanik beschreibt darin das Verhalten von Körpern. Die Gesetzmäßigkeiten lassen sich durch Messungen nachweisen, wofür allgemein anerkannte wissenschaftliche Regeln angewandt werden (vgl. auch ▶ Kapitel 2 und 3).

Die hier im Fokus stehende Bewegung wird für unterschiedliche Modellkörper betrachtet, die es genau so in der Realität gar nicht gibt. Da sie aber die wesentlichen Eigenschaften für die Bewegung besitzen, sind sie als physikalisches Modell geeignet. Zwei wichtige Grundmodelle sind die Punktmasse und der starre Körper.

Unter einer Punktmasse versteht man einen mathematischen Punkt, der die Eigenschaft »Masse« (Symbol: m) besitzt. Reale Körper, die mit diesem Modell beschrieben werden, müssen nicht klein sein – beispielsweise fasst man Planeten bei

5 Mechanik von Punktmassen und starren Körpern

der Untersuchung ihrer Bahnbewegung als Punktmassen auf! Fügt man mehrere Punktmassen gedanklich zusammen und legt fest, dass alle Abstände untereinander konstant sind, so gelangt man zum Modell »starrer Körper« – beispielsweise ist eine Scheibe oder ein Rad in guter Näherung ein starrer Körper!

Eine Punktmasse legt beim zeitlichen Ablauf einer Bewegung einen beliebig gekrümmten Weg s im dreidimensionalen Raum zurück. Eine erste Beschreibung erfolgt dann als Punktfolge abhängig von der Zeit t in einem Koordinatensystem, das im allgemeinen dreidimensionalen Raum aus x, y und z gebildet werden kann. Dies wurde bereits mit dem ▶ Bild 1 erläutert. Mathematisch sind Bewegungen also die Zeitfunktionen

$\quad x(t), y(t), z(t)$ bzw. $s(t)$. $\hfill$ (5.1)

Das Typische erkennt man aber schon im einfachen eindimensionalen Fall, der durch eine einzelne Koordinate beschrieben wird (vgl. ▶ Bild 16). Die Bahnkurve ergibt sich nach der Anfangszeit (Index Null) aus der Lage der Punktmasse zu allen späteren Zeiten. Zu einer beliebigen Zeit greift an der Punktmasse tangential die Geschwindigkeit an, während die angreifende Beschleunigung neben der tangentialen Richtung auch einen dazu senkrechten Anteil besitzt. Geschwindigkeit und Beschleunigung besitzen also neben einem Zahlenwert, dem Betrag, auch eine Richtung.

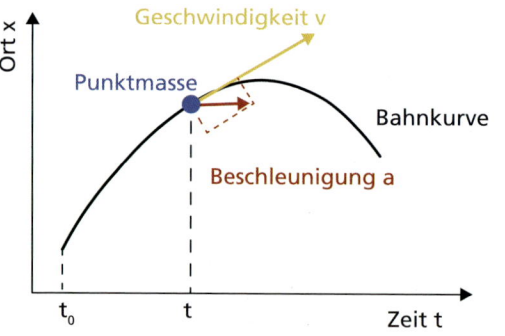

Bild 16: *Bewegungsablauf im Raum*

Aus den Zeitfunktionen (▶ 5.1) lassen sich nun diese neuen physikalischen Größen über die Differentialrechnung durch Differenzieren nach der Zeit definieren, d. h. Geschwindigkeit

$\quad v = \dfrac{ds}{dt} = \sqrt{\left(\dfrac{dx}{dt}\right)^2 + \left(\dfrac{dy}{dt}\right)^2 + \left(\dfrac{dz}{dt}\right)^2}$ $\hfill$ (5.2)

5.1 Grundmodelle und ihre Beschreibung

Beschleunigung

$$a = \frac{dv}{dt} = \frac{d^2s}{dt^2} = \sqrt{\left(\frac{d^2x}{dt^2}\right)^2 + \left(\frac{d^2y}{dt^2}\right)^2 + \left(\frac{d^2z}{dt^2}\right)^2}. \tag{5.3}$$

Hinweis: In einigen Fällen lassen sich die Differentiale d … durch kleine endliche Differenzen Δ … ersetzen. Dies ermöglicht dann eine Berechnung auch ohne Differentialrechnung. Exakt gilt dies im einfachen Spezialfall der gleichförmig geradlinigen Bewegung, die durch eine konstante Geschwindigkeit gekennzeichnet ist.

Geschwindigkeit und Beschleunigung sind gerichtete Größen, die neben dem Betrag (▶ 5.2) bzw. (▶ 5.3) auch noch durch ihre Richtung im Raum gekennzeichnet sind. Solche Größen sind mathematisch betrachtet Vektoren, die mit einem Pfeil über dem Symbol gekennzeichnet werden ($\vec{v}, \vec{a}$). Die Geschwindigkeit ist bei einer Bewegung stets tangential zur Bahnkurve gerichtet. (Bemerkung: Vektoren werden in der gedruckten Literatur aus Gründen der Vereinfachung in neuerer Zeit auch fett und ohne Pfeil geschrieben. Anschaulicher ist aber nach Meinung des Autors zur Kennzeichnung der Pfeil, da es sich um Größen mit einer Richtung handelt.)

Der Vektorcharakter führt dazu, dass sich diese Größen bei zusammengesetzten Bewegungen nach einem Parallelogramm zu einer Resultierenden überlagern (vgl. ▶ Bild 17). Man spricht von einer Superposition. Speziell für die Geschwindigkeit bezeichnet man diesen Sachverhalt auch als Additionstheorem. Die Konstruktion einer Resultierenden über ein Parallelogramm lässt sich auch umgekehrt zur Zerlegung in Komponenten verwenden. Besonders häufig ist dabei die Zerlegung in zueinander senkrechte Komponenten. Diese Eigenschaften gelten natürlich für alle Vektoren. So lässt sich beispielsweise die Beschleunigung in die zueinander senkrechte Tangential- und Normalkomponente zerlegen (vgl. ▶ Bild 16).

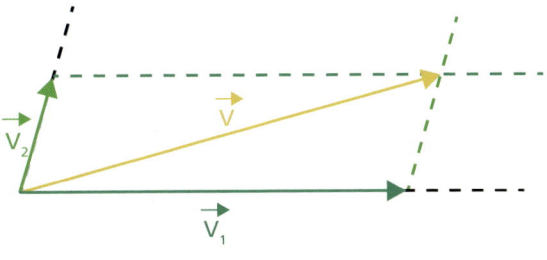

Bild 17: *Vektoraddition der Geschwindigkeiten*

Für die Drehbewegung lassen sich analoge Überlegungen anstellen. Der Weg wird hier durch den Drehwinkel φ ersetzt (vgl. ▶ Bild 18). Damit lässt sich die Winkelgeschwindigkeit als

$$\omega = \frac{d\varphi}{dt} \qquad (5.4)$$

einführen. Bei konstanter Drehung (ω = konstant) ergibt sich die wichtige Winkelbeziehung

$$\varphi = \omega \cdot t. \qquad (5.5)$$

Für einen vollen Umlauf ($\varphi = 2\pi$) mit der bekannten Zahl $\pi = 3{,}14\ldots$ gilt $t = T$ (Perioden- oder Schwingungsdauer) und man erhält aus (▶ 5.5) die Winkelgeschwindigkeit

$$\omega = \frac{2\pi}{T}, \qquad (5.6)$$

wobei der Reziprokwert der Periodendauer auch als Drehzahl

$$n = \frac{1}{T} \qquad (5.7)$$

bezeichnet wird. Die Winkelgeschwindigkeit bestimmt auch den Zusammenhang zur Bahngeschwindigkeit, weil für das Kreisbogenstück mit dem Radius r

$$ds = r \cdot d\varphi \qquad (5.8)$$

gilt. Dies folgt aus geometrischen Überlegungen! Mit (▶ 5.2) und (▶ 5.4) ergibt sich daraus für den Betrag der Geschwindigkeit bei der Drehung

$$v = \omega \cdot r. \qquad (5.9)$$

Die Richtung folgt aus dem Vektorcharakter, wobei sich die einzelnen Vektoren mit ihren Richtungen aus ▶ Bild 18 ergeben. Unter Nutzung der Vektorrechnung lässt sich (▶ 5.9) mit dem vektoriellen Produkt zu

$$\vec{v} = \vec{\omega} \times \vec{r} \qquad (5.10)$$

verallgemeinern.

Anschaulich lassen sich die Richtungen einiger Vektoren mit der rechten Hand leicht merken. Zeigen die Finger der rechten Hand in Drehrichtung, so zeigt der Daumen in Richtung des Vektors der Winkelgeschwindigkeit. Das Kreuz zwischen zwei Vektoren kennzeichnet das sogenannte Vektorprodukt, dessen Richtung sich aus den senkrecht abgewinkelten Daumen, Zeigefinger und Mittelfinger der rechten Hand ergibt. Zeigt der Daumen in Richtung von $\vec{\omega}$ und der dazu senkrechte Zeigefinger in Richtung von $\vec{r}$, so weist der dazu senkrecht nach vorn gestreckte Mittelfinger die Richtung der Bahngeschwindigkeit $\vec{v}$ (vgl. die Darstellung in ▶ Bild 18).

5.2 Impuls und Kraft

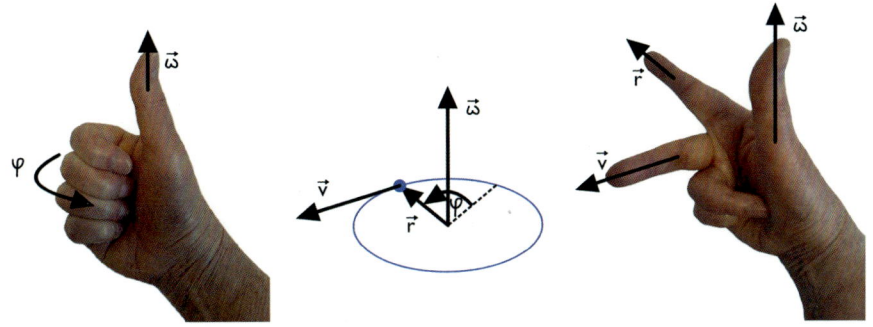

Bild 18: *Drehbewegung*

5.2 Impuls und Kraft

Betrachtet man die Ursachen der Bewegung, so kommt man zum Begriff der Kraft (Symbol: *F*). Kräfte lassen sich an ihren Wirkungen erkennen und darüber messen. Sie sind ebenfalls Vektorgrößen, so dass auch hierfür die Superposition bzw. das Zerlegen in Komponenten gilt (Kräfteparallelogramm). Die Größe einer Kraft lässt sich beispielsweise mit Kraftmessdosen ermitteln. In der Dynamik wird untersucht, welche Bewegung sich einstellt, wenn eine als bekannt vorausgesetzte Kraft (bzw. die Resultierende der angreifenden Kräfte) auf eine Masse wirkt. Dieses Problem wurde auf der Basis weniger Grundgesetze (Newtonsche Axiome) gelöst. Im Folgenden sind einige Beispiele für Kräfte zusammengestellt:

- Gewichtskraft

$$F = m \cdot g \tag{5.11}$$

(m – Masse, $g = 9{,}81$ m/s² als Fallbeschleunigung)

- Federkraft

$$F = c \cdot x \tag{5.12}$$

(Richtung entgegen der Auslenkung x, c – Federkonstante)

- Luftreibungskraft (Luftwiderstand)

$$F = \frac{1}{2} \cdot \rho \cdot A \cdot c_w \cdot v^2 \tag{5.13}$$

(Richtung entgegen der Geschwindigkeit, v – Betrag der Geschwindigkeit, ρ – Dichte, A – Querschnittsfläche, c_w – Widerstandsbeiwert)

- Gravitationskraft

$$F = \gamma \cdot \frac{m \cdot M}{r^2} \tag{5.14}$$

(Richtung radial zum Zentrum der Zentralmasse M, r – radialer Abstand der Massenzentren von M und m, γ – Gravitationskonstante.)

Die an eine Punktmasse angreifende Kraft $\vec{F}$ (Kraftvektor) ist in allen 3 Komponenten F_x, F_y, F_z im Allgemeinen eine Funktion von Zeit, Ort und den Geschwindigkeiten $\dot{x}, \dot{y}, \dot{z}$:

$$\vec{F} = \vec{F}(t, x, y, z, \dot{x}, \dot{y}, \dot{z}) \tag{5.15}$$

(Hinweis: Zur kompakteren Schreibweise werden die Ableitungen nach der Zeit üblicherweise durch einen Punkt über der Variablen gekennzeichnet, während ein Strich Ableitungen nach anderen Variablen, wie z. B. nach den Ortskoordinaten, bedeutet.) Die Bewegung folgt dann aus dem 2. Newtonschen Axiom (eine Kraft bewirkt eine Beschleunigung der Masse), was sich als einfache Merkformel in der Form

$$F = m \cdot a \tag{5.16}$$

schreiben lässt. Diese Beziehung muss wieder auf Vektoren verallgemeinert werden, was sich natürlich auch für die einzelnen Komponenten formulieren lässt:

$$\begin{aligned} m\ddot{x} &= F_x, \\ m\ddot{y} &= F_y, \\ m\ddot{z} &= F_z. \end{aligned} \tag{5.17}$$

Diese sogenannten Bewegungsgleichungen sind im Allgemeinen ein gekoppeltes Differentialgleichungssystem für die gesuchten Ort-Zeit-Funktionen.

Merke:

Die Aufgabe in der Dynamik besteht darin, die wirkenden Kräfte zu analysieren, diese in die Bewegungsgleichungen einzusetzen und die Gleichungen mathematisch zu lösen. Damit ergibt sich die konkrete Bewegung als Ort-Zeit-Funktion.

Zahlreiche praktische Fälle können auf diese Weise gelöst werden (z. B. Tropfenbewegung, Rußniederschlag, die Bewegung von Federn u. a.).

Beim starren Körper lässt sich die allgemeine Bewegung stets in zwei Teilbewegungen zerlegen, und zwar in eine Bewegung des Schwerpunktes als Punktmasse und in eine Rotation des Körpers um den Schwerpunkt. Der Schwerpunkt ist der

5.2 Impuls und Kraft

Massenmittelpunkt und wird im ▶ Kapitel 5.5 näher erläutert. Die Schwerpunktbewegung lässt sich wieder als Bewegung einer Punktmasse bestimmen.

Häufig reicht bei einem starren Körper allein seine Rotation, um den Schwerpunkt zu untersuchen, was für viele praktische Probleme von Bedeutung ist (z. B. für Schwungräder). Analog zu (▶ 5.16) bzw. (▶ 5.17) ergibt sich hierfür als Gleichung für den Drehwinkel φ

$$\theta \cdot \ddot{\varphi} = M. \tag{5.18}$$

Dabei übernimmt das sogenannte Trägheitsmoment θ die Funktion der Masse. Trägheitsmomente starrer Körper sind in technischen Tabellenbüchern (siehe z. B. Band 3 von Kohlrausch (1985)) zusammengestellt. Die Rolle der Kraft übernimmt bei der Rotation das Drehmoment

$$M = F \cdot r, \tag{5.19}$$

gebildet aus der Kraft F und dem senkrechten Abstand r zur Drehachse. Auch das Drehmoment lässt sich als Vektor verallgemeinern.

Ein weiterer fundamentaler physikalischer Begriff ist der Impuls, der auch als Bewegungsgröße bezeichnet wird. Er wird als vektorielle Größe mit einer Richtung definiert über

$$\vec{p} = m \cdot \vec{v}. \tag{5.20}$$

Manchmal wird diese Größe auch als Kraftstoß verstanden, was aus der Grundbeziehung (▶ 5.16) verständlich wird. Diese lässt sich nämlich mit (▶ 5.20) umschreiben in eine vektorielle Form der Bewegungsgleichung

$$\dot{\vec{p}} = \frac{d\vec{p}}{dt} = \vec{F}. \tag{5.21}$$

Die formale Integration über die Zeit liefert

$$\vec{p} = \int \vec{F} \cdot dt \tag{5.22}$$

als sogenannten Kraftstoß, der die Richtung der angreifenden Kraft besitzt.

Physikalische Größen können unter bestimmten Voraussetzungen konstant bleiben. Diese vielleicht zunächst trivial erscheinende Aussage hat eine große Bedeutung, und zwar sowohl für das physikalische Verständnis als auch bei der Berechnung von Zusammenhängen. Dies sei an dieser Stelle erstmals demonstriert. Physikalisch spricht man von **Erhaltungsgrößen** bzw. von Erhaltungssätzen, wenn daraus eine Formel für mehrere Größen entsteht. Da eine Erhaltungsgröße im Zeitablauf konstant ist, muss ihre Zeitableitung null werden. Dies ist die allgemeine Definition einer Erhaltungsgröße.

Unter welchen Bedingungen ist beispielsweise der Impuls eine Erhaltungsgröße, d. h. wann gilt

$$\frac{d\vec{p}}{dt} = 0? \tag{5.23}$$

Der Vergleich mit (▶ 5.21) zeigt, dass dies der Fall ist, wenn die Summe aller angreifenden Kräfte verschwindet ($\vec{F} = 0$). Dies liefert zusammenfassend das folgende Ergebnis, wenn man zwei unterschiedliche Zustände zu verschiedenen Zeiten (Index »vor« und »nach« einem Ereignis) miteinander vergleicht.

Merke:
Wenn die Summe der resultierenden Kräfte auf ein System für alle Zeiten verschwindet, gilt der Impulserhaltungssatz (kurz: Impulssatz).

Als Formel ergibt sich

$$\vec{p}_{\text{vor}} = \vec{p}_{\text{nach}}. \tag{5.24}$$

Ein praktisches Anwendungsbeispiel ist der Stoß zweier Massen, die sich auf derselben Geraden bewegen (zentraler Stoß vgl. ▶ Bild 19). Da Ausgangs- und Endzustand kräftefrei sind, gilt nach (▶ 5.24)

$$m_1 \cdot v_{1,\text{vor}} + m_2 \cdot v_{2,\text{vor}} = m_1 \cdot v_{1,\text{nach}} + m_2 \cdot v_{2,\text{nach}}, \tag{5.25}$$

wobei die Richtung der Geschwindigkeiten durch das Vorzeichen zu berücksichtigen ist.

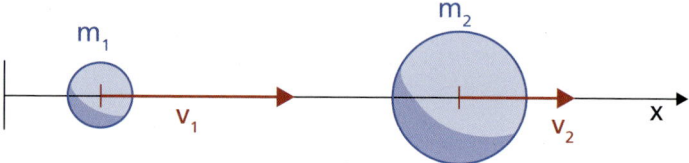

Bild 19: *Zentraler Stoß*

Die Beziehungen (▶ 5.25) bzw. bei beliebiger Richtung (▶ 5.24) gelten für verschiedene Arten von Stößen, die sich darin unterscheiden, ob Energie erhalten bleibt oder für die Bewegung verloren geht (vgl. ▶ Kapitel 5.3). Explizit lassen sich einige Spezialfälle berechnen:

- der elastische Stoß (Es gilt ein weiterer Erhaltungssatz, u. zw. für die Energie.)

- der vollkommen unelastische Stoß mit der Bedingung

$$v_{1,\text{nach}} = v_{2,\text{nach}} = v_{\text{nach}}, \tag{5.26}$$

bei dem die Massen beim Stoß quasi verschmelzen.

Die gemeinsame Geschwindigkeit nach einem vollkommen unelastischen Stoß ergibt sich leicht durch Spezialisierung von (▶ 5.25) mit (▶ 5.26).

5.3 Energie und ihre Erhaltung

Ein weiterer zentraler Begriff der Physik ist die Energie. Er lässt sich bereits in der Mechanik einführen und ist für die Analyse von Bewegungszuständen äußerst nützlich. Da diese aber durch die angreifenden Kräfte bestimmt sind, ist hierfür ein Zusammenhang von Energie und Kraft zu vermuten, was im Folgenden dargelegt wird.

Andererseits treten Kräfte sehr unterschiedlicher physikalischer Natur in den verschiedenen Teilgebieten der Physik auf. Über die Energie lässt sich ein übergeordnetes Prinzip formulieren. Zunächst erfolgt eine erste, noch sehr allgemeine Definition der Energie.

> **Merke:**
> Die Energie eines Systems (z. B. einer einzelnen Masse) ist das Vermögen, Arbeit zu leisten.

Natürlich erfordert eine detailliertere Analyse nunmehr, den Begriff »Arbeit« physikalisch präzise zu fassen. Aber zunächst hat der Leser dafür eine ausreichende Vorstellung, die uns eine sehr allgemeingültige Erkenntnis formulieren lässt. Es entspricht nämlich unserer allgemein akzeptierten Erfahrung, dass Energie in unserer Welt niemals verschwindet oder erzeugt werden kann. Vielmehr sind viele Prozesse lediglich mit der Umwandlung von einer Energieform in eine andere verbunden. Wenn man also etwa bei Kraftwerken von Energieerzeugung spricht, so ist man physikalisch nicht korrekt. Exakt müsste man von der Umwandlung in eine bestimmte Energieform (z. B. die Elektroenergie) sprechen. Auch beim Löschen wird deshalb die Energie des Feuers nicht vernichtet, sondern lediglich dem Verbrennungsprozess durch Umwandlung entzogen.

An solchen Beispielen erkennt man, dass es häufig auf die Betrachtung kleinerer Bereiche (Systeme) ankommt. Energie kann im Innern eines Systems umgewandelt werden, aber auch mit der Umgebung oder anderen Systemen ausgetauscht werden.

Nur wenn ein System »abgeschlossen« ist, d. h. kein Austausch mit der Umgebung stattfindet, bleibt die Gesamtenergie im System konstant. Nach diesen allgemeinen Überlegungen wollen wir uns nun der Energie bei mechanischen Bewegungen zuwenden. Betrachtet man ein mechanisches System, so kann bei konstanter Gesamtenergie eine Umwandlung von kinetischer und potentieller Energie erfolgen, d. h. es gilt der **Energieerhaltungssatz** (kurz: Energiesatz)

$$E = E_{kin} + E_{pot} = \text{konstant} \tag{5.27}$$

mit

$$\frac{dE}{dt} = 0. \tag{5.28}$$

> **Merke:**
> Wenn in der Mechanik die Energieerhaltung gilt, bleibt die Summe aus kinetischer und potentieller Energie konstant.

Exakter müsste man vom Erhaltungssatz der mechanischen Energie sprechen. Dabei lautet die kinetische Energie

$$E_{kin} = \frac{m}{2} \cdot v^2 = \frac{m}{2} \cdot \left(\dot{x}^2 + \dot{y}^2 + \dot{z}^2\right) \tag{5.29}$$

und die potentielle Energie ist mit

$$E_{pot} = U(x, y, z) \tag{5.30}$$

als reine Ortsfunktion definiert. Um den Zusammenhang zur Kraft zu finden, wird nun als einfacher Spezialfall die eindimensionale Bewegung untersucht. Beispiele dafür sind etwa das Fallen eines einzelnen Tropfens oder die Schwingung einer Feder. Aus dem Energiesatz (▶ 5.27) ergibt sich mit (▶ 5.28)

$$\frac{d}{dt}\left(\frac{m}{2} \cdot \dot{x}^2 + U(x)\right) = 0. \tag{5.31}$$

Die Berechnung liefert unter Nutzung der Kettenregel der Differentialrechnung

$$\frac{m}{2} \cdot 2 \cdot \dot{x} \cdot \ddot{x} + \frac{dU(x)}{dx} \cdot \dot{x} = 0. \tag{5.32}$$

Nach Division durch die Geschwindigkeit $\dot{x}$ und einfachem Kürzen zeigt der Vergleich mit der Bewegungsgleichung nach dem 2. Newtonschen Axiom (▶ 5.17), dass

$$F_x = -\frac{dU(x)}{dx} \tag{5.33}$$

5.3 Energie und ihre Erhaltung

gilt. Damit ist der Zusammenhang zur Kraft gefunden. Die Kraft ist also die Ortsableitung der potentiellen Energie, entgegen dem Zuwachs gerichtet (Minuszeichen!). Die Umkehrung liefert zugleich die Berechnungsvorschrift für die potentielle Energie

$$U = - \int F_x(x) \cdot dx. \tag{5.34}$$

Man erkennt, dass die Kraft nur vom Ort abhängen darf, wenn Energieerhaltung für ein betrachtetes System gelten soll. Damit wird auch klar, dass beispielsweise bei Bewegung einer Punktmasse, auf die eine (geschwindigkeitsabhängige) Reibungskraft (▶ 5.13) wirkt, keine Erhaltung der mechanischen Energie besteht. Ergänzend sei angemerkt, dass das Integral in (▶ 5.34) als Arbeit bezeichnet wird. Dieser Begriff lässt sich dann verallgemeinern und so auf Wirkungen beliebiger Kräfte anwenden.

Die Beziehung (▶ 5.34) zeigt, dass nicht bei allen Kräften Energieerhaltung gilt. Nur bei einer bestimmten Klasse, den konservativen Kräften, lässt sich ein abgeschlossenes System realisieren. Konservative Kräfte hängen nur vom Ort ab (nicht von Geschwindigkeit und Zeit) und müssen darüber hinaus noch eine weitere Bedingung erfüllen. Allerdings sind eindimensionale Kräfte der Form

$F_x(x)$ oder $F_y(y)$ oder $F_z(z)$

stets konservativ und es gilt für diese sehr einfachen und häufig auftretenden Kräfte der Erhaltungssatz der mechanischen Energie. Für Probleme mit solchen Kräften lässt sich dieser Erhaltungssatz zur Beschreibung der Bewegung benutzen.

Ein einfacher Anwendungsfall ist der elastische Stoß. Da diese Bewegung kräftefrei (und damit als Spezialfall konservativ) ist (vgl. ▶ Kapitel 5.2), gilt als Energieerhaltungssatz

$$\frac{1}{2} m_1 \cdot v_{1,vor}^2 + \frac{1}{2} m_2 \cdot v_{2,vor}^2 = \frac{1}{2} m_1 \cdot v_{1,nach}^2 + \frac{1}{2} m_2 \cdot v_{2,nach}^2. \tag{5.35}$$

Beide Seiten dieser Beziehung sind gleich groß, da die Energie im Zeitablauf konstant ist. Gemeinsam mit dem Impulssatz (▶ 5.25) hat man nun zwei Bestimmungsgleichungen für die beiden unbekannten Geschwindigkeiten nach dem Stoß (Index »nach«) und kann diese Geschwindigkeiten nach dem Stoß ausrechnen.

Schließlich soll noch die Verallgemeinerung auf die Bewegung eines starren Körpers vorgenommen werden. Hierfür setzt sich die kinetische Energie aus der Translationsenergie des Schwerpunktes und der Rotationsenergie um den Schwerpunkt zusammen, d. h. es gilt:

$$E_{kin} = \frac{m}{2} \cdot \dot{s}^2 + \frac{\theta_s}{2} \cdot \dot{\varphi}^2 \tag{5.36}$$

5 Mechanik von Punktmassen und starren Körpern

für den praktisch bedeutsamen Fall der Rotation um eine Achse konstanter Raumorientierung. Dabei bedeuten θ_s das Trägheitsmoment bei Rotation um den Schwerpunkt und s die Schwerpunktkoordinate. Als wichtige Anwendungen erhält man:

- Schwungräder (gelagerte Achse) mit $\dot{s} = 0$,
- rollende Räder mit dem Radius R (vgl. ▶ Bild 20).

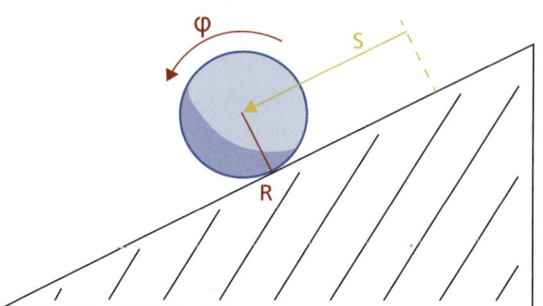

Bild 20: *Rollendes Rad auf der geneigten Ebene*

Drehwinkel und abgerollte Länge des Mantels hängen nach (▶ 5.8) zusammen. Setzt man dies in (▶ 5.36) ein, ergibt sich die kinetische Energie in der Form

$$E_{\text{kin}} = \frac{m}{2} \cdot R^2 \cdot \dot{\varphi}^2 + \frac{\theta_s}{2} \cdot \dot{\varphi}^2 = \frac{1}{2} \theta \cdot \dot{\varphi}^2. \tag{5.37}$$

Diese Beziehung gestattet zwei Aussagen. Zunächst zeigt sich, dass sich die Rollbewegung als momentane Drehung (Abkippen) um den Berührungspunkt mit der Unterlage auffassen lässt. Andererseits erhält man das Trägheitsmoment um diese zur eigentlichen Drehachse parallelen Achse zu

$$\theta = \theta_s + m \cdot R^2, \tag{5.38}$$

was als Steinerscher Satz bezeichnet wird. Mit dieser Beziehung lässt sich ein Trägheitsmoment in einfacher Weise auf eine beliebige parallele Achse umrechnen.

Schließlich sei angemerkt, dass die allgemeine Bewegung eines starren Körpers viel komplizierter ist. Der Praktiker kennt die Probleme mit Unwuchten oder das Trudeln von Flugkörpern. Bereits der Kinderkreisel zeigt die Vielfalt und Komplexität dieser Bewegung, weshalb die mathematische Beschreibung auch die Bezeichnung »Kreiseltheorie« erhalten hat.

Abschließend sei noch ein Begriff von großer praktischer Bedeutung eingeführt, der eng mit der Energie und der Arbeit bei einer Kraftwirkung im Zusammenhang steht. Unter der Leistung

$$P = \frac{dE}{dt} \tag{5.39}$$

versteht man den auf die Zeiteinheit bezogenen Energieumsatz oder Arbeitsaufwand. Diese Definition lässt erkennen, dass ein mechanisches System, bei dem die Energieerhaltung nicht gilt, Leistung bezogen auf die Umgebung umsetzt. Ein solches System leistet Arbeit bzw. an einem solchen System wird Arbeit geleistet.

5.4 Drehimpuls

Eine weitere Grundgröße, deren Erhaltung unter bestimmten Bedingungen für die Lösung von Bewegungsproblemen äußerst nützlich ist, ist der Drehimpuls (auch als Drall bezeichnet). Beispielsweise erlangt diese Größe bei der Beschreibung der Zustände im Atom (Quantenphysik) eine zentrale Bedeutung. Definiert ist der Drehimpuls einer umlaufenden Punktmasse über

$$\vec{L} = \vec{r} \times \vec{p} = m\vec{r} \times \dot{\vec{r}} = m\vec{r} \times \vec{v}, \tag{5.40}$$

wobei als Verknüpfung der vektoriellen Größen das vektorielle Produkt mit dem Produktzeichen × benutzt wird. Hierin beschreibt der so bezeichnete Ortsvektor $\vec{r}$ die Lage der Punktmasse. Die Richtung des Drehimpulses als Vektor ergibt sich nach den Regeln des Vektorproduktes wieder als Rechtsschraube analog zu ▶ Bild 18.

Für den häufigen Spezialfall einer Kreisbewegung, bei der also Ortsvektor und Geschwindigkeit senkrecht zueinander stehen, ergibt sich für den Betrag die einfache Berechnungsformel

$$L = m \cdot r \cdot v. \tag{5.41}$$

Für bestimmte Kräfte, die Zentralkräfte, ist der Drehimpuls eine Erhaltungsgröße. Diese Kräfte sind während der Bewegung stets auf ein festes Zentrum gerichtet. Bekannte Vertreter sind die Gravitationskraft und die elektrostatische Kraft zwischen geladenen Teilchen. Für derartige Zentralkräfte gilt die folgende Aussage.

Merke:
Die Verbindungslinie der Punktmasse zum Zentrum (Leitstrahl) überstreicht für Zentralkräfte in gleichen Zeiten gleichgroße Flächen. Dieser Flächensatz ist eine direkte Folge der Drehimpulserhaltung.

Bei einer beliebigen Kraft wird für eine Punktmasse aus (▶ 5.40) durch Differenzieren nach der Zeit unter Anwendung der Produktregel und Einsetzen von (▶ 5.16) bzw. (▶ 5.17)

$$\vec{\dot{L}} = m\dot{\vec{r}} \times \dot{\vec{r}} + \vec{r} \times m\ddot{\vec{r}} = 0 + \vec{r} \times \vec{F}. \tag{5.42}$$

Hierbei ist berücksichtigt, dass das Skalarprodukt eines Vektors mit sich selbst identisch null ist. Führt man in Verallgemeinerung von (▶ 5.19) das vektorielle Drehmoment

$$\vec{M} = \vec{r} \times \vec{F}. \tag{5.43}$$

ein, wobei die Richtung wieder entsprechend einer Rechtsschraube bestimmt ist, so ergibt sich damit für die Drehimpulsänderung

$$\vec{\dot{L}} = \vec{M}. \tag{5.44}$$

Diese Beziehung ist auch für starre Körper anwendbar. Für sogenannte abgeschlossene Systeme ($\vec{M} = 0$), bei denen keine Wechselwirkung mit der Umgebung besteht, gilt dann Drehimpulserhaltung, da in diesem Falle die Zeitableitung verschwindet.

Die Darstellung des Drehimpulses für starre Körper soll aus der Definition (▶ 5.41) anschaulich abgeleitet werden. Betrachtet man die Rotation um eine feste Achse, so lässt sich mit (▶ 5.9) formal schreiben

$$L = m \cdot r \cdot \omega \cdot r. \tag{5.45}$$

Führt man hier das Trägheitsmoment einer Punktmasse

$$\theta = m \cdot r^2 \tag{5.46}$$

ein, so erhält man die allgemeingültige Berechnungsformel

$$L = \theta \cdot \omega, \tag{5.47}$$

die eine analoge Struktur zum Impuls für die einfachen Bewegung (▶ 5.20) aufweist. Diese Beziehung lässt sich auf beliebige starre Körper verallgemeinern, wenn das entsprechende Trägheitsmoment eingesetzt wird. Wie bereits erwähnt, findet man diese Trägheitsmomente in Tabellenbüchern.

5.5 Schwerpunkt und Gleichgewicht

Kräfte können, wie die tägliche Erfahrung zeigt, nicht nur den Bewegungszustand ändern. Sie können auch eine Verformung von Körpern bzw. eine Änderung der inneren Struktur von Körpern hervorrufen. Greifen mehrere Kräfte an einem gemeinsamen Punkt an, so lassen sich diese zu einer Resultierenden zusammenfassen. Diese ergibt sich durch wiederholte Anwendung des Kräfteparallelogramms.

5.5 Schwerpunkt und Gleichgewicht

Dabei werden zunächst zwei der Kräfte zusammengefasst. Mit der daraus Resultierende und einer beliebig anderen der übrigen Kräfte wird wieder eine neue Resultierende konstruiert und schrittweise so weiter, bis alle angreifenden Kräfte berücksichtigt sind (vgl. ▶ Bild 21).

Als Spezialfall können angreifende Kräfte auch zu einer verschwindenden Resultierenden führen. Der einfachste Fall dafür sind zwei gleich große Kräfte, die in entgegengesetzte Richtung wirken. Er tritt beispielsweise auf, wenn man einen Körper der Masse m auf der Erdoberfläche heben will (d. h. beim Wirken der Gewichtskraft (▶ 5.11)). Da sich der Bewegungszustand nicht ändern soll, bewirken die angreifenden Kräfte einen Druck oder Zug im Innern des Körpers. Der Hebende muss also eine Kraft gleich der Gewichtskraft aufbringen (vgl. ▶ Bild 22). Aus Gründen der Bequemlichkeit lässt sich die Zugrichtung mit Hilfe einer festen Rolle umlenken, wobei sich aber die aufzubringende Kraft nicht ändert.

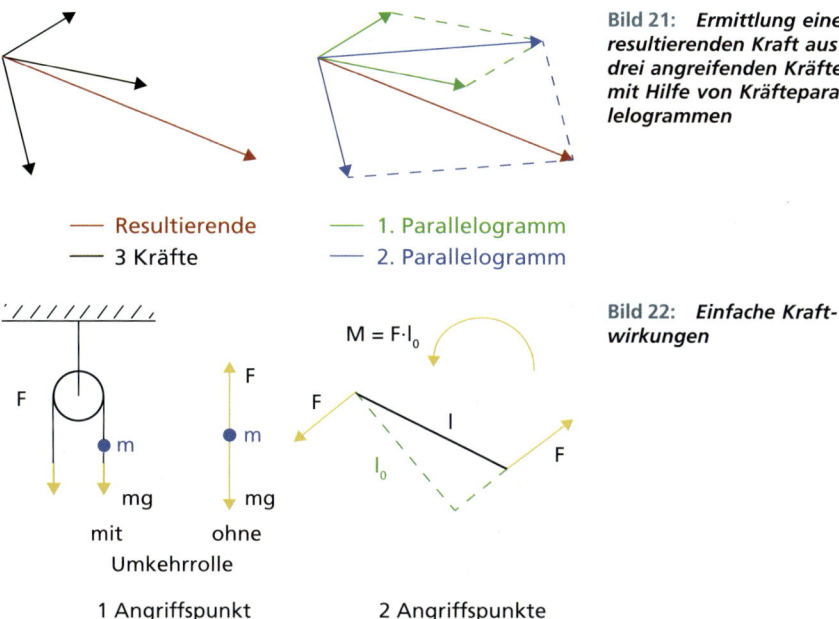

Bild 21: *Ermittlung einer resultierenden Kraft aus drei angreifenden Kräften mit Hilfe von Kräfteparallelogrammen*

Bild 22: *Einfache Kraftwirkungen*

Anders verhält es sich, wenn gleichgroße, entgegengesetzt gerichtete Kräfte an verschiedenen Punkten angreifen. Dies ist beispielsweise der Fall, wenn die zwei Kräfte an den Enden eines masselosen Stabs angreifen (vgl. ▶ Bild 22). Auch hierbei verschwindet zwar die resultierende Kraft, es entsteht aber ein Drehmoment, dessen Betrag nach (▶ 5.43) den Wert

$$M = F \cdot l_0 \tag{5.48}$$

hat. Befinden sich an den Stabenden jeweils eine Masse (analog wie bei einer Hantel) und ist kein Drehpunkt künstlich vorgegeben, so bewirkt dieses Drehmoment eine Drehung um den Massenmittelpunkt, bis das Drehmoment verschwindet. Dann liegen die Kräfte und die Massen auf einer Geraden, so dass der senkrechte Abstand l_0 zwischen den beiden Wirkungslinien der Kraft verschwindet.

In der Praxis muss man häufig schwere Lasten heben. Dabei sind einige einfache Regeln der Mechanik nützlich, um die erforderliche Kraft zu reduzieren. Eine Möglichkeit besteht in der Verwendung einer losen Rolle (▶ Bild 23 links). Die zu hebende Masse hängt dabei an der Drehachse. Die aufzuwendende Kraft halbiert sich, da die restliche Kraft durch die Wandaufhängung des Seils aufgenommen wird. Aus Gründen der Bequemlichkeit lässt sich wieder eine feste Rolle nach der losen Rolle verwenden, sodass die aufzuwendende Kraft zwar die Richtung nicht aber ihren Betrag ändert. Diese Konstruktion wird als Flaschenzug bezeichnet. Will man die aufzuwendende Kraft weiter reduzieren, kann man zusätzliche lose und feste Rollen benutzen. Bei n losen Rollen ergibt sich dann ein erforderlicher Kraftaufwand zum Heben der Last von

$$F = \frac{1}{2n} \cdot mg. \tag{5.49}$$

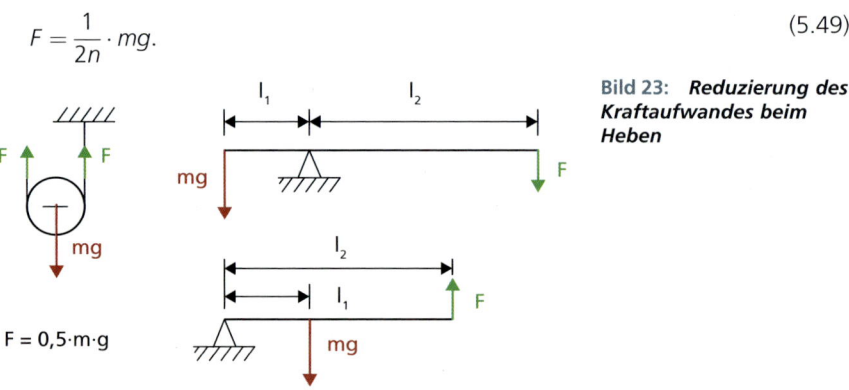

Bild 23: *Reduzierung des Kraftaufwandes beim Heben*

Ein anderes sehr einfaches Gesetz zur Reduzierung des Kraftaufwandes ergibt sich aus der Nutzung einer Stange als Hebel, wofür ein geeigneter Drehpunkt festzulegen ist. Dieser kann sowohl am Ende als auch an einem anderen Ort auf der Stange liegen (▶ Bild 23 rechts). Betrachtet man eine Stange mit vernachlässigbarer Masse im Vergleich zum zu hebenden Körper (d. h. einen »masselosen Stab«), so muss nach (▶ 5.18) das resultierende Drehmoment verschwinden, wenn keine selbstständige Drehbewegung auftreten soll. Es gilt dann für die aufzubringende Kraft

5.5 Schwerpunkt und Gleichgewicht

$$F = \frac{l_1}{l_2} \cdot mg \tag{5.50}$$

das einfache Hebelgesetz. Der Stab befindet sich dafür im Gleichgewicht.

Um den Begriff »Gleichgewicht« physikalisch genauer zu erfassen, wird eine Punktmasse in der aus der Kraft entstehenden potentiellen Energie in ihrer Umgebung betrachtet. Die verschiedenen Möglichkeiten lassen sich durch Anwendung des Energieerhaltungssatzes (▶ 5.27) mit (▶ 5.29) und (▶ 5.30) untersuchen. Das Verhalten lässt sich jedoch auch anschaulicher erklären, wenn man eine Punktmasse auf einer Unterlage unter Wirkung der Gewichtskraft betrachtet (vgl. ▶ Bild 24).

stabil

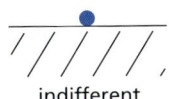
indifferent

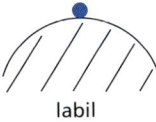
labil

Bild 24: *Verschiedene Möglichkeiten von Gleichgewicht (am Beispiel einer Punktmasse im Schwerefeld)*

Abhängig von der Krümmung der potentiellen Energie treten drei prinzipiell unterschiedliche Situationen auf.

Merke:

Man unterscheidet drei Arten von Gleichgewicht:
- stabiles Gleichgewicht,
- indifferentes Gleichgewicht,
- labiles Gleichgewicht.

Zur Erläuterung betrachtet man eine kleine Auslenkung aus der Gleichgewichtslage, auch als Störung des Gleichgewichtszustandes bezeichnet. Beim stabilen Gleichgewicht kehrt der Körper wieder in den Gleichgewichtszustand zurück. Im Falle des indifferenten Gleichgewichts bleibt die neue Lage nach der Auslenkung erhalten und beim labilen Gleichgewicht bewegt sich der Körper aus dem Gleichgewichtszustand weg und sucht, wenn vorhanden, eine stabile Position auf.

Es soll nunmehr erläutert werden, was unter dem Schwerpunkt eines starren Körpers zu verstehen ist.

Merke:

Der Schwerpunkt eines Punktmassensystems, das auch ein starrer Körper sein kann, ist der Massenmittelpunkt.

5 Mechanik von Punktmassen und starren Körpern

Hängt man einen starren Körper beispielsweise unter Wirkung der Gewichtskraft an einem Faden auf und lässt ihn zur Ruhe kommen, so könnte sich dieser Drehpunkt prinzipiell entsprechend der drei Gleichgewichtszustände oberhalb, genau auf oder unterhalb des Schwerpunktes befinden.

Im stabilen Zustand hängt der Körper so, dass der Schwerpunkt des Körpers unter dem Drehpunkt liegt. Er befindet sich dann auf der Senkrechten zur Erdoberfläche. Wiederholt man dies mit unterschiedlichen Aufhängepunkten, so ergibt sich eine Schar von Linien, die sich alle im Schwerpunkt schneiden.

Hinweis:

Auf diese Art lässt sich der Schwerpunkt eines Körpers einfach experimentell bestimmen.

Zur Definition eines Schwerpunktes kann man anschaulich einen einfachen Sachverhalt feststellen.

Merke:

Ein im Schwerpunkt gehaltener ruhender Körper bleibt ohne weitere äußere Kräfte in einem Schwerefeld (z. B. auf der Erde) in Ruhe.

Daraus ergeben sich die Formeln zur Berechnung der Schwerpunktkoordinaten. Dies wird anschaulicher, wenn man sich den starren Körper aus vielen kleinen Massen m_i aufgebaut denkt, die jeweils unterschiedliche Abstände x_i, y_i, z_i von einem Koordinatenursprung besitzen. Bei n Massen ergibt sich als Formel beispielsweise für die x-Koordinate des Schwerpunktes

$$x_s = \frac{m_1 \cdot x_1 + m_2 \cdot x_2 + \ldots + m_n \cdot x_n}{m_1 + m_2 + \ldots + m_n}. \tag{5.51}$$

Betrachtet man sehr kleine Massenelemente, so entstehen aus den Summen schließlich Integrale. (Hinweis: Mathematisch ist dies der typische Grenzübergang der Integralrechnung!) Ohne hier genauer darauf einzugehen, da es für das weitere Verständnis unnötig ist, sei nur das Ergebnis gleich für alle drei Koordinaten des Schwerpunktes gezeigt:

$$x_s = \frac{1}{m}\int x \cdot dm,$$
$$y_s = \frac{1}{m}\int y \cdot dm,$$
$$z_s = \frac{1}{m}\int z \cdot dm. \tag{5.52}$$

Für eine explizite Berechnung der Integrale benötigt man das Massenelement dm, das sich bei gegebener Dichte ρ (die auf das Volumen bezogene Masse) ergibt zu

$$dm = \rho \cdot dx \cdot dy \cdot dz. \tag{5.53}$$

In (▶ 5.52) sind also jeweils im allgemeinen Fall alle drei Ortsintegrationen auszuführen. Übersichtlicher und damit leichter zu verstehen ist der eindimensionale Fall, bei dem in (▶ 5.52) mit (▶ 5.53) nur noch eine Integration übrig bleibt.

Abschließend sei noch darauf verwiesen, dass die Lage von Schwerpunkt und Drehpunkt das Kippverhalten von Körpern bestimmt. Das Umkippen eines Körpers ist die Folge eines dadurch auftretenden Drehmomentes, wobei die Richtung in Bezug zum Auflagepunkt zu berücksichtigen ist. Einfache Beispiele sind eine angelegte Leiter oder das Umkippen eines schweren Gegenstandes (z. B. eines Autos). Dies alles ist Inhalt der Alltagserfahrung und soll deshalb nicht detaillierter erläutert werden. Im nächsten Abschnitt werden lediglich einige dafür bei der Gefahrenabwehr eingesetzte Hilfsmittel betrachtet.

5.6 Hilfsgeräte zur Kraftverstärkung im Feuerwehreinsatz

Die vorgenannten physikalischen Gesetzmäßigkeiten finden im Einsatz der Feuerwehr vielfältige Anwendungen, insbesondere bei der Technischen Hilfeleistung. Auch wenn sich keine Einsatzkraft der Feuerwehr während des Einsatzes, zum Beispiel bei der Rettung einer nach einem Verkehrsunfall eingeklemmten Person, Gedanken über physikalische Gesetze machen wird, so wendet man doch bereits bei der simplen Handhabung eines Hebel- und Brechwerkzeuges, des sogenannten Halligan-Tools, oder eines Feuerwehrbeils zur Öffnung einer Tür das in ▶ Kapitel 5.5 beschriebene Hebelgesetz (▶ 5.50) an. Eine Vielzahl von Gerätschaften setzen die besprochenen Gesetzmäßigkeiten mit dem Ziel um, die erforderliche Kraft durch die Einsatzkräfte realisieren zu können.

So dient auch der Einsatz von Hebekissen der Kraftverstärkung. Hier wird die im System Druckluftflasche – Steuereinheit – Kissen vorhandene Energie genutzt, um die erforderliche Arbeit zu leisten (vgl. ▶ Kapitel 5.3). Mit dieser Energie wird eine Masse, zum Beispiel ein verunfalltes Fahrzeug, angehoben. Es gilt dabei der Energieerhaltungssatz. Gespeicherte Energie wird erst dann aus dem beschriebenen System in die Umgebung abgegeben, wenn nach der Befreiung von z. B. eingeklemmten Personen die im Hebekissen vorhandene Druckluft beim Absenken des zuvor angehobenen Fahrzeuges in die Umgebung abgelassen wird.

In den Feuerwehren werden häufig Seilwinden zum Ziehen schwerer Lasten eingesetzt, z. B. beim Herausziehen eines Fahrzeuges aus einem Graben. Sie arbeiten ebenfalls nach den in ▶ Kapitel 5 beschriebenen Gesetzen (vgl. auch ▶ Bild 23).

Bei der Rettung von Personen aus großen Höhen werden von den Feuerwehren häufig Sprungpolster verwendet. Sie sind ein Beispiel für den im ▶ Kapitel 5.2 beschriebenen unelastischen Stoß, bei dem keine Energieerhaltung vorliegt. Diese Sprungpolster werden mittels Blasebälgen oder Drucklüftern aufgeblasen. Beim Sturz einer Masse, z. B. einer zu rettenden Person, in das Polster öffnen sich Druckentlastungsventile und verhindern so, dass die Person auf dem Boden aufschlägt. Rettungshöhen bis zu 60 *m* sind möglich.

Weitere Hilfsgeräte zur Kraftverstärkung sind die umfangreich genutzten hydraulischen Rettungsgeräte. Diese bestehen aus Rettungsschere und -spreizer sowie mehreren Rettungszylindern. Hydraulische Rettungssätze werden von einer elektrischen Hydraulikpumpe mit einem Betriebsdruck von ca. 700 *bar* angetrieben, bei einzelnen Modellen auch mit höherem Druck. Der hydraulische Rettungssatz arbeitet mit einem doppelt wirkenden Hydraulikzylinder. Ein Ventil steuert den Ölstrom aus der Hydraulikpumpe in zwei Richtungen, so dass die Geräte sowohl Druck als auch Zug ausüben können.

Da ideale Fluide nicht zusammengedrückt werden können, d. h. sie sind inkompressibel (vgl. die folgenden Kapitel, insbesondere ▶ Kapitel 6.3), können mit dem in den Geräten je nach Ausführung enthaltenen ca. 2–6 *l* Hydrauliköl hohe Kräfte erzeugt werden. So werden z. B. mit hydraulischen Spreizern Spreizkräfte im Arbeitsbereich von 40 bis über 800 *kN* erzeugt und bei hydraulischen Rettungszylindern Druckkräfte von 35 bis 270 *kN*.

6 Fluidmechanik

> Eine erste Verallgemeinerung zur Mechanik sind die deformierbaren Medien und deren Bewegung. Grundsätzlich haben wir es mit herkömmlichen mechanischen Systemen zu tun, die sich jedoch wegen der extrem hohen Teilchenzahlen der üblichen Beschreibung entziehen. Den Ausweg liefert die Einführung von Strömungsfeldern, womit man auf die Analyse der Bewegung einzelner Teilchen verzichtet. Dabei handelt es sich nicht um »echte« physikalische Felder, sondern »nur« um eine feldtheoretische Beschreibung. Der grundsätzliche Unterschied besteht darin, dass hier ein Träger für die Felder existiert, nämlich die sich bewegenden diskreten Teilchen. Dies ist jedoch ohne Belang für die formale mathematische Beschreibung, die von kontinuierlich verteilter Masse ausgeht.

6.1 Flüssigkeiten und Gase

Die uns umgebende Materie ist durch verschiedene Aggregatzustände (fest, flüssig, gasförmig) gekennzeichnet. Diese sind durch verschieden starke Bindung der (atomaren bzw. molekularen) Bestandteile charakterisiert, was zu deren unterschiedlicher Beweglichkeit führt. Für das Verhalten ist von Bedeutung, dass Flüssigkeiten und Gase im Gegensatz zu Festkörpern keine feste Form besitzen und sich deshalb deren Teilchen frei im Rahmen äußerer Begrenzungen und beeinflusst durch die Schwerkraft bewegen können. Flüssigkeiten und Gase zeigen bei einfachen Strömungsverhältnissen ein ähnliches Verhalten, das sich mit analogen Grundmodellen verstehen lässt. Flüssigkeiten unterscheiden sich dabei von Gasen dadurch, dass ihr Volumen weitestgehend erhalten bleibt. Gase füllen den zur Verfügung stehenden Raum aus. Sie lassen sich deshalb leichter zusammendrücken, d. h. sie sind kompressibler.

Will man die Gemeinsamkeiten von Flüssigkeiten und Gasen betonen, spricht man gemeinhin von Fluiden. Das entsprechende Teilgebiet der Strömungsmechanik bezeichnet man als Hydrodynamik. Für diesen Fall ist es wichtig, dass unter bestimmten äußeren Bedingungen Gase wie Flüssigkeiten strömen können. Sie verhalten sich dann inkompressibel, d. h. sie lassen sich nicht (exakter formuliert nur vernachlässigbar) zusammendrücken. Dies legt dann die Verwendung des einheitlichen Begriffes Fluid nahe, der als Modell für die Strömung die typischen Eigenschaften von Gasen und Flüssigkeiten beschreibt. Gelegentlich werden solche Gase

6 Fluidmechanik

bei ihrer Bewegung einfach auch als Flüssigkeit bezeichnet. Im Unterschied dazu zeigen Gasen in der Gasdynamik ein deutlich komplizierteres Verhalten, d. h. wenn sie kompressibel (also zusammendrückbar) sind.

Für die Feuerwehr bzw. die Abwehr von Gefahren ist aber das Verhalten der Fluide von besonderer praktischer Bedeutung. Schließlich ist die Verbrennung bei Bränden als chemische Reaktion umfassend mit solchen vergleichsweise einfachen Strömungserscheinungen verbunden. Viele Eigenheiten lassen sich aus der Strömung heraus erklären, für die das eigentliche Feuer lediglich eine Wärmequelle darstellt. Eine komplexe Betrachtung von Bränden erfordert jedoch die Berücksichtigung von Transportphänomenen, wie Wärmeleitung und Diffusion, die später behandelt werden. Außerdem sind typische Brände meist turbulent, was das Strömungsverhalten noch komplizierter macht. So kommt es darauf an, zumindest die Grundphänomene richtig zu verstehen.

Die Strömungsmechanik ist die Lehre von den Massenströmen, die sich durch Druckdifferenzen, äußeren Kräften sowie der zwischenmolekularen Reibung ergeben. Dabei dominiert eine geordnete Bewegung gegenüber der thermischen Bewegung, die statistisch (ungeordnet) erfolgt und mit der Thermodynamik beschrieben wird. Flüssigkeiten und Gase, deren Strömungsgeschwindigkeit 30 % der Schallgeschwindigkeit nicht übersteigt, verhalten sich nahezu als inkompressibel. Sie lassen sich also kaum zusammendrücken. Die Kompressibilität auch der Gase ist bei der Betrachtung der gerichteten Bewegung vernachlässigbar. Bei einer Analyse der Situation ist stets zu beachten, dass die Schallgeschwindigkeit stark temperaturabhängig ist. Heiße Gase verhalten sich also bei vergleichbaren Strömungsgeschwindigkeiten vollständig anders als solche bei Normaltemperatur.

Wasser ist das am universellsten einsetzbare Löschmittel. Bei seiner Verwendung treten Strömungen auf. Aber auch Löschgase strömen, bis sie sich gleichmäßig verteilt haben. Viele Fragen ergeben sich beim Einsatz und der Handhabung solcher Löschmittel. Im Folgenden werden einige ausgewählte Grundlagen dargestellt, um das Verständnis der technischen Anwendung zu vertiefen.

6.2 Ruhende Fluide und Oberflächenspannung

In der Praxis sind auch Fluide in Ruhe als ein wichtiger Spezialfall von Bedeutung. Man unterscheidet bei technischen Anwendungen in Hydraulik und Pneumatik, abhängig davon, welches Medium betrachtet wird. Im engeren Sinne handelt es sich im ersten Fall um Wasser, Öle u. ä. und im zweiten Fall um Luft. Betrachtet werden jetzt Eigenschaften ruhender Fluide. Presst man von außen auf diese, so werden sie in

6.2 Ruhende Fluide und Oberflächenspannung

einen Zustand versetzt, der sich nach allen Seiten gleich stark durch eine Kraftwirkung auf die Begrenzungsflächen des Fluids äußert. Dies wird beispielsweise genutzt, um über Kolben in Pumpen einen Widerstand zu überwinden und letztlich den Transport des Fluids zu bewerkstelligen. Physikalisch äußert sich diese Wirkung als Druck

$$p = \frac{F}{A} \text{ bzw. } p = \frac{dF}{dA}, \tag{6.1}$$

d. h. die auf die Fläche bezogene senkrechte Kraftwirkung. Die rechte Formel stellt dabei in Verallgemeinerung eine Betrachtung sehr kleiner Flächenelemente dar, u. zw. als Grenzübergang zum Differentialquotienten. Diese Beschreibung kann erforderlich sein, wenn sich auf Grenzflächen auch die Kräfte von Punkt zu Punkt ändern. Es ist zu beachten, dass für den Druck üblicherweise dasselbe Symbol wie für den Impuls (vgl. ▶ Kapitel 5.2) genutzt wird. Da diese Größen in der Regel nicht zusammen auftreten, ist eine Verwechslung trotzdem auszuschließen. Über den Druck lässt sich nach (▶ 6.1) also eine Kraftwirkung aufbauen. Dies wurde bereits für Hebekissen und hydraulische Rettungsgeräte in ▶ Kapitel 5.6 besprochen, was anschauliche Anwendungsbeispiele dafür sind.

Bei einer Flüssigkeit wird dieser Druck durch die zwischenmolekulare Kraftwirkung aufgebaut. Bei Gasen ist er hingegen eine Folge der Stöße der frei beweglichen Gasteilchen. Die Druckerhöhung erfolgt hierbei durch Änderung des inneren Zustandes, wie er in der Thermodynamik betrachtet wird. Bei einer Flüssigkeit ist der Druck auf jedem gleich großen Flächenelement ΔA bzw. im Grenzwert dA im Innern oder auf der Gefäßwand unabhängig von deren Neigung gleich groß. Hierauf beruht die Verwendung von Fluiden zur Kraftübertragung. Wegen der Druckgleichheit kann man durch unterschiedlich große Kolbenflächen A_1 und A_2 die Kraftwirkung verändern:

$$\frac{F_1}{A_1} = \frac{F_2}{A_2}. \tag{6.2}$$

Damit lässt sich ein schwerer Körper mit einer kleineren Kraft im Gleichgewicht halten und folglich einfacher anheben (vgl. ▶ Bild 25). Dies wird als hydraulische Presse bezeichnet.

6 Fluidmechanik

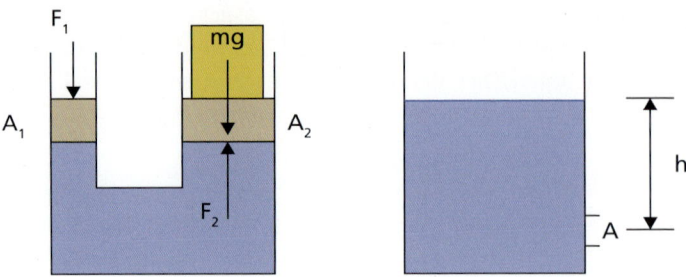

Bild 25: *Demonstration des Flüssigkeitsdruckes (links: hydraulische Presse, rechts: Schweredruck)*

Bei dieser Betrachtung wurde jedoch der Schweredruck vernachlässigt. Darunter versteht man denjenigen Druck, der allein durch das Gewicht der Flüssigkeitssäule infolge der Gewichtskraft entsteht. Für eine Säule der Höhe h über der Fläche A entsteht

$$p = \frac{m \cdot g}{A} = \frac{\rho \cdot V \cdot g}{A} = \frac{\rho \cdot A \cdot h \cdot g}{A},$$

wobei die Dichte ρ der Flüssigkeit und das Zylindervolumen V sowie die Fallbeschleunigung g (auch als Schwerebeschleunigung bezeichnet) eingeführt werden (vgl. auch ▶ Kapitel 5.2). Die Dichte ist die auf das Volumenelement bezogene Masse, die sich im Fluid von Raumpunkt zu Raumpunkt ändern kann. Formelmäßig ergibt sich für kleine Raumelemente, gekennzeichnet durch das Symbol Δ

$$\rho = \frac{\Delta m}{\Delta V} \text{ bzw. im Grenzübergang } \rho = \frac{dm}{dV}. \tag{6.3}$$

Der Grenzübergang entspricht dabei dem der Differentialrechnung. Falls die Dichte im Spezialfall räumlich konstant ist, vereinfacht sich (▶ 6.3), indem hier einfach die Masse eines Körpers auf sein Volumen bezogen wird.

Damit ergibt sich schließlich der Schweredruck

$$p = \rho \cdot g \cdot h, \tag{6.4}$$

der wegen der Allseitigkeit des Druckes auch auf ein Flächenelement des Behälters wirkt, das sich von der Oberfläche im Abstand h befindet (vgl. ▶ Bild 25).

Betrachtet man nun einen eingetauchten Zylinder mit dem Volumen aus Grundfläche und Höhendifferenz (unter Verwendung des Symbols Δ für die Differenz)

$$V_z = A \cdot \Delta h,$$

6.2 Ruhende Fluide und Oberflächenspannung

so bewirkt der Schweredruck an der oberen und unteren Stirnfläche eine Druckdifferenz, die eine aufwärts gerichtete Kraft, den Auftrieb, zur Folge hat. Dieser berechnet sich damit aus (▶ 6.4) zu

$$F_A = \rho \cdot g \cdot A \cdot \Delta h = \rho \cdot g \cdot V_z. \tag{6.5}$$

Führt man hier die Gewichtskraft $F_{G,fl}$ der Flüssigkeit über (▶ 5.11) sowie die Definition der Dichte (▶ 6.3) als auf das Volumen bezogene Masse für eine Flüssigkeit

$$\rho = \frac{m_{fl}}{V_z} \tag{6.6}$$

ein, ergibt sich

$$F_A = F_{G,fl}. \tag{6.7}$$

Diese Gleichung lässt sich als Satz formulieren.

Merke:

Der Auftrieb ist gleich dem Gewicht der verdrängten Flüssigkeit (Archimedisches Prinzip).

Die Auftriebskraft ist für das Schwimmen von Körpern verantwortlich. Sie tritt auch in Gasen auf, was z. B. an fliegenden Ballons zu beobachten ist.

Ruhende Flüssigkeiten haben die interessante Eigenschaft, dass ihre Oberfläche eine Art dünnes Häutchen bildet. Dies ist unter anderem dafür verantwortlich, dass sich Tropfen ausbilden und Schäume aufrechterhalten werden können. Für die Feuerwehr braucht man die Bedeutung dieser Tatsachen wohl kaum zu unterstreichen. Erinnert werden soll nur an die verschiedenen Wasserlöschverfahren bis hin zu den Nebeln, die sich in ihrer Wirkung ja primär durch verschiedene Tropfengrößen unterscheiden. Aber auch die Löschschäume, charakterisiert durch die verschiedenen Verschäumungszahlen, sind von großer praktischer Bedeutung bei der Brandbekämpfung. Schließlich gehört auch die Filmbildung (auch als AFFF-Effekt bezeichnet) zu den löschwirksamen Phänomenen, die hier einzuordnen sind.

Generell geht es hierbei um die Grenzflächen, die sich zwischen verschiedenen, stofflich homogenen Untersystemen, den Phasen, bilden. Diese Phasengrenzen werden beim Übergang von Flüssigkeiten zu Gasen auch als Oberflächen bezeichnet. Deren Ausbildung wird durch zwei Arten zwischenmolekularer Kräfte bestimmt:

- Kohäsionskräfte als Anziehungskräfte zwischen den Molekülen innerhalb der Phase,
- Adhäsionskräfte als Anziehungskräfte von Molekülen verschiedener Phasen.

6 Fluidmechanik

Die Kohäsion bewirkt die Phänomene an freien Oberflächen. Hierbei ist die Adhäsion gegenüber dem Gas vernachlässigbar (vgl. ▶ Bild 26). Bei einem Molekül im Innern einer flüssigen Phase hebt sich die Kraftwirkung auf (Reichweite ca. 10^{-9} m). An der Oberfläche bleibt jedoch eine resultierende Kraft nach innen, die die Ursache für die sogenannte Oberflächenspannung ist.

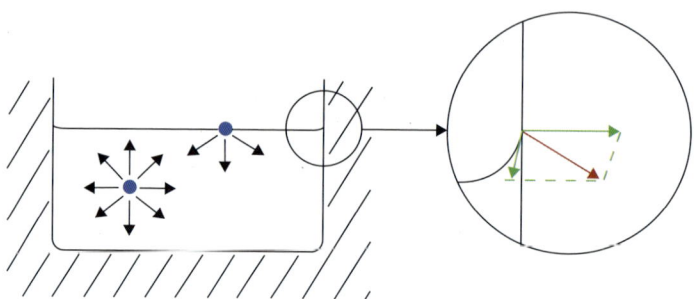

Bild 26: *Kräfte an Phasengrenzen (links: molekulare Kräfte, rechts: Meniskus)*

Betrachtet man eine Flüssigkeitsoberfläche in einem Gefäß genauer, so stellt man fest, dass die Ränder nicht senkrecht zur Wandung sind. Dieser Effekt, der als Meniskus bezeichnet wird, ist eine Folge der Adhäsion zum Gefäßmaterial. Die Art des Materials bestimmt, ob die Oberfläche nach oben oder unten gekrümmt ist. Dieser Effekt ist zwar klein, muss aber beim genauen Ablesen eines Füllstandes bei engen Öffnungen berücksichtigt werden.

Die Adhäsion ist auch die Ursache für die Benetzung fester Stoffe durch Flüssigkeiten. Sie hängt von den Stoffeigenschaften dieser beiden Phasen ab. Bei schlechter Benetzung bilden sich Tropfen auf der Phasenoberfläche, die abperlen. Eine entsprechende Kombination Löschmittel zu Brandgut (z. B. Wasser auf Autoreifen) wäre ungeeignet. Die Situation lässt sich durch Netzmittel verbessern. Analoge Erscheinungen treten auch bei zwei Flüssigkeiten auf. Durch oberflächenaktive Stoffe lässt sich eine Filmbildung erreichen, die eine brennbare Flüssigkeit vom Luftsauerstoff trennt und so einen Brand verhindert oder unterbindet.

Merke:

Adhäsion und Kohäsion bestimmen die Effekte an den Phasengrenzen.

6.2 Ruhende Fluide und Oberflächenspannung

Bei einer Veränderung der Oberfläche muss gegen die Kohäsionskräfte Arbeit geleistet werden. In der Oberfläche steckt also eine gewisse Energie, die zu ihrer Bildung aufgebracht werden muss. Diese Energie berechnet sich über

$$\Delta E = \sigma \cdot \Delta A, \tag{6.8}$$

wobei σ als spezifische Oberflächenenergie (Oberflächenspannung) eine Stoffkonstante ist (vgl. ▶ Tabelle 6). Das Symbol Δ kennzeichnet wieder kleine Änderungen, die im Grenzübergang der Differentialrechnung zu Differentiale werden. Mit Hilfe der Oberflächenspannung lässt sich die Benetzung quantitativ beurteilen.

Tabelle 6: *Oberflächenspannung bei 10 °C (Meschede 2002)*

Stoff	σ in N/m
Wasser	0,072 9
Benzol	0,029 0

Systeme sind in der Natur stets so strukturiert, dass sie einen stabilen Gleichgewichtszustand mit minimaler (potentieller) Energie anstreben. Die Flüssigkeitsoberflächen sind deshalb Minimalflächen. Bei einer ungestörten Oberfläche bilden sich Tropfen deshalb als Kugel aus, deren Oberfläche um die Gleichgewichtslage schwingen kann (vgl. auch ▶ Kapitel 5.5 und 11).

Bei sehr kleinen Flüssigkeitsmengen nehmen die Oberflächeneffekte zu und es kommt unter Umständen zur Ausbildung von Bläschen, die nur noch aus einer dünnen »Oberflächen«-Schicht bestehen. Kommen Bläschen in Kontakt, so verformen sich ihre Flächen in komplexer Weise, wobei sich die Energie wieder minimiert. Auf diese Art entsteht das bekannte Erscheinungsbild der Schäume. Schließlich herrscht im Innern eines Bläschens mit dem Radius r ein Überdruck, der durch die Druckdifferenz von innen nach außen

$$\Delta p = \frac{4\sigma}{r} \tag{6.9}$$

gegeben ist. Je kleiner eine Blase ist, umso größer ist der Überdruck wegen der Abhängigkeit vom Radius. Verbindet man die Innenräume zweier Blasen, so bläst deshalb überraschenderweise die kleinere Blase die größere auf. Für quantitative Betrachtungen von Tropfen (d. h. mit der Flüssigkeit ausgefüllte »Blasen«) ist zu berücksichtigen, dass in ihrem Innern lediglich der halbe Überdruck von (▶ 6.9) herrscht, da hierbei an der Grenzfläche nur noch eine Kugelfläche vorhanden ist.

6.3 Strömungen von Fluiden

Brände sind stets mit fluiden Strömungen verbunden. Beispielsweise strömen die heißen Verbrennungsgase (Rauch) vom Brandherd weg, während Frischluft zuströmt. Löschmittel werden durch Strömungen in Rohren oder Schläuchen herangeführt und als Freistrahlströmung verteilt. Die Vielzahl der Phänomene und technischen Anwendungen lassen sich nur durch entsprechende, auf das Problem abgestimmte Modelle beschreiben, die auf unterschiedlichen Näherungen beruhen. Gemeinsam ist ihnen dabei die Vorstellung, das strömende Fluid als ein physikalisches Feld aufzufassen (Feldmodell). Dies bedeutet, dass die Zustandsgrößen zur Beschreibung der Strömung Funktionen von Ort und Zeit sind, d. h. es gelten beispielsweise für den Vektor der Strömungsgeschwindigkeit und die Fluiddichte

$$\vec{v} = \vec{v}(x,y,z,t), \quad \rho = \rho(x,y,z,t). \tag{6.10}$$

Die Feldgrößen, d. h. alle physikalischen Größen, die das Feld (hier die Strömung) beschreiben, sind damit kontinuierliche Funktionen im Raum und in der Zeit.

Für die Darstellung einer Strömung benutzt man das Geschwindigkeitsfeld, bei dem in jedem Raumpunkt ein Geschwindigkeitsvektor quasi angeheftet ist. Trägt man diese Vektorpfeile für ausgewählte Punkte auf, erhält man einen ersten Eindruck von der Strömung (Vektordarstellung des Feldes). Eine andere sehr anschauliche Darstellung entsteht, wenn man die Vektorpfeile so durch Linien verbindet, dass die einzelnen Vektoren tangential zu diesen Linien sind. Diese Linien bezeichnet man als Stromlinien. Die Strömung lässt sich dann durch ein Büschel von Stromlinien charakterisieren (Stromliniendarstellung). Zur anschaulichen Analyse wird gelegentlich nur ein röhrenförmiger, der Strömung angepasster (sehr kleiner) Ausschnitt betrachtet, den man als Stromfaden bezeichnet (▶ Bild 27). Da dieses Volumenelement sehr klein ist, sind seine Deckflächen annähernd gleich. Natürlich werden die realen Strömungen immer durch ihre äußeren Umhüllungen beeinflusst, wie z. B. Rohre oder umschließende Räume (Compartments).

Ein beliebiges Strömungsfeld ist durch zwei Grundphänomene gekennzeichnet:
- Quellen (Orte, an denen strömendes Fluid für das Strömungsfeld entsteht oder verschwindet),
- Wirbel (in sich geschlossene Stromlinien).

Diese lassen sich in einer mathematischen Feldtheorie durch geeignete »Dichten« berücksichtigen. Sie bestimmen durch ihre konkrete Art in Verbindung mit der Berandung das jeweilige Strömungsgeschehen.

6.3 Strömungen von Fluiden

Reale Fluide sind durch zwischenmolekulare Kräfte charakterisiert, die sich als innere Reibung äußern. In vielen Fällen lässt sich diese jedoch vernachlässigen.

> **Merke:**
> **Ideale Fluide sind reibungsfrei und nicht zusammendrückbar (inkompressibel).**

Bei idealen Gasen verschwindet die innere Reibung, weil sich als Modell die Wechselwirkung zwischen den Bestandteilen (Atome, Moleküle) auf elastische Stöße beschränkt und außerdem ihr Eigenvolumen vernachlässigt werden kann. Bei Flüssigkeiten ist Reibungsfreiheit bei deutlich über den Schmelzpunkt liegenden Temperaturen erfüllt. Schließlich bezeichnet man zeitlich gleichbleibende Strömungen als stationär, im Gegensatz zu dem allgemeinen Fall der instationären Strömungen.

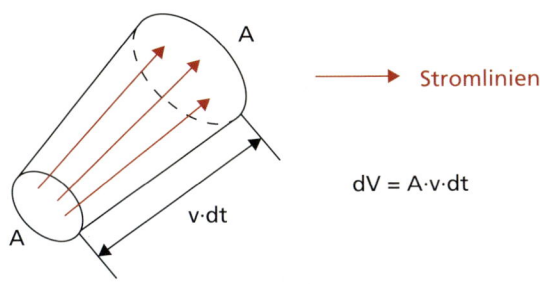

Bild 27: *Stromfaden als Volumenelement der Strömung*

Für die Beschreibung einer Strömung definiert man nun für einen Stromfaden wichtige Kenngrößen. Mit der Strömungsgeschwindigkeit *v* ergibt sich dafür die Volumenstromstärke

$$I = \frac{dV}{dt} = v \cdot A \tag{6.11}$$

bzw. die Massenstromstärke

$$I_m = \frac{dm}{dt} = \rho \cdot \frac{dV}{dt} = \rho \cdot v \cdot A. \tag{6.12}$$

Bei der Strömung durch den Stromfaden legt das strömende Medium durch die Fläche *A* im Zeitelement den Weg $v \cdot dt$ (Höhe des Volumens) zurück (vgl. ▶ Bild 27). Der Stromfaden lässt sich dann näherungsweise als Zylinder auffassen, wodurch sich sein Volumen einfach berechnen lässt. Als auf die Fläche bezogene Massenstromdichte erhält man

$$j_m = \frac{dI_m}{dA} = \rho \cdot v, \qquad (6.13)$$

wobei der Stromfaden im Übergang zu einer sehr kleine (d. h. differentiellen) Fläche gilt.

Da die Strömungsgeschwindigkeit ein Vektor ist, gilt dies auch für die Massenstromdichte, die die Richtung der Geschwindigkeit besitzt. Greift man sich ein beliebiges Teilvolumen heraus, so ist im Falle der Massenerhaltung der gesamte Massenstrom null, d. h.

$$I_m = 0. \qquad (6.14)$$

Betrachtet man als Beispiel eine Röhre, deren Durchmesser sich auf der Länge ändern kann, so muss der hinein- und hinausströmende Anteil gleich sein. Damit erhält man die wichtige Arbeitsformel (Kontinuitätsgleichung)

$$\rho_1 \cdot v_1 \cdot A_1 = \rho_2 \cdot v_2 \cdot A_2. \qquad (6.15)$$

Für ideale Flüssigkeiten vereinfacht sich dies wegen der Inkompressibilität ($\rho_1 = \rho_2$) weiter. Ein Rohr oder ein Schlauch stellt eine praktische Realisierung dar, so dass diese Beziehungen auch technisch bedeutsam sind. Aus (▶ 6.15) folgt, dass bei verjüngtem Querschnitt die Strömungsgeschwindigkeit zunimmt. Für ideale Flüssigkeiten gilt mit $v = s/t$ aus (▶ 6.15)

$$\frac{V_1}{t} = \frac{V_2}{t} \text{ bzw. } V_1 = V_2. \qquad (6.16)$$

Merke:

Für ideale Flüssigkeiten werden in gleichen Zeiten alle Querschnitte durch gleich große Volumina durchströmt.

Verallgemeinert man die Massenerhaltung auf einen dreidimensionalen Fall, bei dem sich die Dichte zeitlich ändern kann, gelangt man unter Nutzung der einzelnen Geschwindigkeitskomponenten zur allgemeinen Kontinuitätsgleichung

$$\frac{\partial \rho}{\partial t} + \frac{\partial (\rho \cdot v_x)}{\partial x} + \frac{\partial (\rho \cdot v_y)}{\partial y} + \frac{\partial (\rho \cdot v_z)}{\partial z} = 0. \qquad (6.17)$$

Diese Beziehung ist wegen der partiellen Ableitungen für einfache Abschätzungen erheblich komplizierter zu benutzen. Sie wird allerdings in Programmcodes zur Strömungsberechnung benötigt (vgl. ▶ Kapitel 2, 6.5 und 9).

Kehren wir wieder zu einfachen Situationen zurück. Besteht in einem Rohr eine Druckdifferenz, beispielsweise durch eine Pumpe und bei einem offenen Ende, so kommt es als Folge zu einer Strömung. Betrachtet man die damit verbundene Energieumwandlung, so bewirkt diese, dass sich aus der Volumenarbeit die kinetische Energie der Strömung und die potentielle Energie des Fluids im Schwerefeld abspalten. Dadurch ändert sich der Druck. Bezogen auf das Volumen ergibt sich für ideale Fluide die Bernoullische Gleichung

$$p + \frac{\rho}{2} \cdot v^2 + \rho \cdot g \cdot h = p_g = \text{konstant}, \tag{6.18}$$

wobei der Gesamtdruck p_g eine Erhaltungsgröße ist. Der Gesamtdruck besteht folglich aus drei Summanden.

> **Merksatz:**
> Der Gesamtdruck setzt sich aus dem statischen Druck, dem dynamischen Druck (Staudruck) und dem Schweredruck zusammen.

Über (▶ 6.18) wird auch die Strömungsmessung realisiert (vgl. ▶ Kapitel 3). Außerdem stellt sie einen wichtigen Zusammenhang zwischen Pumpendruck, Förderhöhe und Strömungsgeschwindigkeit dar, was für die so wichtige Wasserförderung bei der Feuerwehr bedeutsam ist.

Schließlich lässt sich damit auch das Grundverhalten bei Bauteilen mit Querschnittsverengung, den Düsen, erklären. Betrachtet man zwei Zustände mit unterschiedlichem Querschnitt, aber bei gleicher Höhe und verknüpft man (▶ 6.12) mit (▶ 6.18), ergibt sich die für Düsen nützliche Beziehung

$$\Delta p = p_1 - p_2 = \frac{\rho}{2} \cdot \left(v_2^2 - v_1^2\right) = \frac{I_m^2}{2\rho} \cdot \left(\frac{1}{A_2^2} - \frac{1}{A_1^2}\right). \tag{6.19}$$

Man erkennt für konstanten Massenstrom beispielsweise die Zunahme der Strömungsgeschwindigkeit mit der Verkleinerung der Querschnittsfläche, was für die Tröpfchenbildung und damit für die Erzeugung von Wassernebeln wichtig ist. In dieser Form gilt (▶ 6.19) jedoch nur für nicht zu hohe Geschwindigkeiten.

6.4 Reibung und Turbulenz

Die zwischenmolekularen Kräfte im Fluid äußern sich als innere Reibung. Sie bewirkt eine Zähflüssigkeit der Fluide, die Viskosität. Wenn derartige Effekte nicht vernachlässigt werden können, spricht man von realen Fluiden. Charakterisiert wird das Verhalten durch eine Stoffkonstante als Materialparameter, die Viskosität η, die auch

6 Fluidmechanik

als dynamische Zähigkeit bezeichnet wird (vgl. ▶ Tabelle 7). Unter Verwendung der Dichte lässt sich daraus die kinematische Zähigkeit

$$\nu = \frac{\eta}{\rho} \tag{6.20}$$

berechnen, die zur Charakterisierung ebenfalls verwendet werden kann.

Tabelle 7: *Viskosität ausgewählter Stoffe (Meschede 2002)*

Stoff	η in Ns/m^2
Wasser bei 0 °C	0,001 82
Wasser bei 20 °C	0,001 025
Glyzerin bei 20 °C	1,528
Luft bei 1 bar und 0 °C	0,000 017 4
Wasserstoff bei 1 bar und 0 °C	0,000 008 6

Im ▶ Kapitel 3.1 wurde die Rolle von Ähnlichkeitskennzahlen bei der Skalierung von Versuchen betrachtet. Derartige dimensionslose Zahlen besitzen in der Fluidmechanik generell eine große Bedeutung. Eine solche, besonders wichtige Zahl zur Charakterisierung von unterschiedlichen Strömungseigenschaften ist die Reynolds-Zahl

$$Re = \frac{\rho \cdot v \cdot l}{\eta}. \tag{6.21}$$

Neben der kinematischen Zähigkeit geht hier die Strömungsgeschwindigkeit v und eine charakteristische geometrische Abmessung l des Problems ein. Es existiert ein kritischer Wert der Reynolds-Zahl Re_{krit}, der zwei grundverschiedene Strömungsmuster trennt. Der Zahlenwert dieser Grenze ist jedoch vom betrachteten Strömungsproblem abhängig und kann deshalb nicht allgemeingültig angegeben werden. (Beispielsweise gilt für Rohrströmungen Re_{krit} = 1 000 ... 2 000.)

Für $Re < Re_{krit}$ spricht man von einer laminaren (oder auch schlichten) Strömung, bei der verschiedene Fluidschichten mit unterschiedlicher Geschwindigkeit aufeinander gleiten, ohne sich zu durchmischen. Im Gegensatz dazu ist die Strömung für $Re > Re_{krit}$ turbulent. Hierfür ist die Verwirbelung durch eine ungeordnete Bewegung der Fluidteilchen charakteristisch, was zu einem erheblich stärkeren Strömungswiderstand im Vergleich zum laminaren Fall führt. Es ist sicher über-

6.4 Reibung und Turbulenz

raschend, dass die Turbulenz als klassisches, experimentell gut zugängliches Phänomen auch heute noch nicht vollständig verstanden ist.

Für laminare Strömungen gleiten also die einzelnen Fluidschichten aufeinander und erzeugen dabei eine Widerstandskraft. In einem Rohr mit kreisförmigem Querschnitt gleiten Zylinderflächen aufeinander. Sie erzeugen im Innern ein Geschwindigkeitsprofil in Form eines Paraboloids, d. h. einer rotierenden Parabel mit der maximalen Geschwindigkeit auf der Mittelachse. Die Reibungskraft lässt sich aus dem Volumenstrom im Rohr (Radius R, Länge l) bestimmen, der sich aus dem Gesetz von Hagen-Poiseuille

$$I = \frac{\pi \cdot R^4 \cdot (p_1 - p_2)}{8 \cdot \eta \cdot l} \quad (6.22)$$

als Folge der Druckdifferenz $p_1 - p_2$ an den Rohrenden ergibt. Hier tritt die aus der Mathematik bekannte Zahl $\pi = 3{,}14\ldots$ auf. Die Beziehung (▶ 6.22) lässt sich verwenden, wenn man das durch einen Schlauch strömende Wasservolumen bestimmen will. Für die Rohrströmung lässt sich die Reibungskraft in der Form

$$F_R = 8\pi \cdot \eta \cdot l \cdot \bar{v} \quad (6.23)$$

ableiten, wobei die mittlere Strömungsgeschwindigkeit $\bar{v}$ über den Rohrquerschnitt eingeführt wurde. Hierbei ist zu unterstreichen, dass die Reibung geschwindigkeitsproportional ist und als Materialparameter die Viskosität auftritt.

Für eine laminar umströmte Kugel (Radius R) gilt eine sehr ähnlich aussehende Beziehung, das Stokessche Reibungsgesetz. Die resultierende Reibungskraft ergibt sich danach zu

$$F_R = 6\pi \cdot \eta \cdot R \cdot v. \quad (6.24)$$

Auch hier ist die Reibung proportional zur Geschwindigkeit und die Viskosität ist der Materialparameter.

Im turbulenten Fall besteht der Widerstand nicht nur aus der einfachen Reibung von Molekülschichten. Vielmehr bildet sich hinter einem umströmten Körper eine Wirbelschleppe aus, wodurch der Strömungswiderstand stärker (und zwar quadratisch) geschwindigkeitsabhängig wird. Man erhält resultierend die Widerstandskraft in der Form

$$F_W = c_W \cdot A \cdot \frac{\rho}{2} \cdot v^2, \quad (6.25)$$

die durch den Staudruck $\frac{\rho}{2} v^2$ und die Stirnfläche A des umströmten Körpers bestimmt wird. Der Proportionalitätsfaktor c_w ist der Widerstandsbeiwert. Dieser Zahlenwert wird vor allem durch die Form des umströmten Körpers bestimmt, womit die »Windschlüpfrigkeit« der Körper in der Technik charakterisiert wird (vgl. ▶ Tabelle 8). Für sehr hohe Strömungsgeschwindigkeiten (oberhalb von 70 % der Schallgeschwindigkeit) wird der c_w-Wert jedoch selbst geschwindigkeitsabhängig. Eine Beschreibung ist dann nur noch numerisch möglich. (Hinweis: Streng genommen gilt dann (▶ 6.25) im eigentlichen Sinn nicht mehr, da die Geschwindigkeitsabhängigkeit nicht mehr quadratisch ist.)

Tabelle 8: **Widerstandsbeiwerte einiger Körper (Stroppe 2012)**

Körper	c_w-Widerstandsbeiwert
senkrechte Platte	1,11
Kugel	0,2 … 0,4
Pkw Kabriolet (Kastenform)	1,0
Pkw (Stromlinienform)	0,2
Stromlinienkörper (Tropfenform)	0,055

Das Problem ähnlicher Strömungen ist aber nicht nur bei der Skalierung von Brandversuchen wichtig (vgl. ▶ Kapitel 3.1). Für reine Strömungsvorgänge ohne chemische Reaktionen ist diese Problematik wesentlich einfacher. Das Ziel besteht hier darin, das Strömungsverhalten an verkleinerten, aber geometrisch ähnlichen Modellen im Wind- oder Strömungskanal experimentell zu untersuchen (z. B. für den Schiffs- oder Flugzeugbau). Die reine geometrische Ähnlichkeit des Modells, im Folgenden durch den Index M gekennzeichnet, reicht jedoch nicht aus. Aus den Strömungsgleichungen folgt für ähnliche Strömungen, dass hier zusätzlich die Reynolds-Zahl (▶ 6.21) übereinstimmen muss, d. h. die Modellparameter müssen entsprechend der Gleichung

$$\frac{\rho \cdot l \cdot v}{\eta} = \frac{\rho_M \cdot l_M \cdot v_M}{\eta_M} \qquad (6.26)$$

gewählt werden. Der Wert l_M ist durch die geometrische Ähnlichkeit bestimmt. Wenn man dasselbe strömende Medium ($\rho = \rho_M, \eta = \eta_M$) wählt, ist (▶ 6.26) eine einfache Bestimmungsgleichung für die Modellgeschwindigkeit.

6.5 Strömungssimulation im Computer

Eine moderne Methode, Strömungsprobleme zu lösen, besteht in der numerischen Simulation im Computer. Die rasante Entwicklung der Hardware insbesondere das immer günstigere Preis-Leistungs-Verhältnis hat dazu geführt, dass derartige Methoden immer stärker auch von Praktikern genutzt werden. Die zugrunde liegende Mathematik ist zwar sehr kompliziert, inzwischen gibt es aber Programmsysteme (Codes), die sich wie ein Werkzeug benutzen lassen. Dabei ist es zunächst gar nicht erforderlich, alle Details des Computerprogramms zu verstehen. Man hat lediglich die Eingangssituation rechnergerecht zu beschreiben und die Eingangsparameter festzulegen.

Aber, gerade hier liegt auch das Problem. Eine kritiklose Anwendung vorgegebener Algorithmen birgt die große Gefahr, dass die Ergebnisse falsch interpretiert werden oder selbst grobe numerische Fehler, die zu Abweichungen von der Realität führen, unter Umständen nicht erkannt werden. Es ist also hierbei besonders wichtig, Fachverständnis und Sachkenntnis anzumahnen. Expertenwissen, wie beispielsweise für den Brandschutz von Hosser (2005) zusammengestellt, und eine solide Ausbildung, sind unverzichtbar. Rechner liefern grafisch exzellent aufbereitete Ergebnisse. Ob diese aber die Realität ausreichend genau beschreiben, ist nicht automatisch klar, sondern erfordert die Prüfung durch den Anwender. In diesem Zusammenhang sei noch einmal auf das Problem der Validierung und Verifizierung hingewiesen, das bereits im ▶ Kapitel 2.1 erläutert wurde.

Es werden nun einige Überlegungen wiedergegeben, die das Verständnis solcher Simulationen vertiefen sollen. Dafür ist es zunächst hilfreich, die verschiedenen existierenden Codes zu klassifizieren. Dies unterstützt den Praktiker bei der Auswahl eines für seine Zwecke geeigneten Programms. Dabei spielt auch der Kostenaspekt eine wichtige Rolle, und zwar sowohl bezüglich der Beschaffung als auch der benötigten Rechentechnik sowie der erforderlichen Rechenzeiten. Hier gibt es gravierende Unterschiede.

Bereits im Vorfeld einer Simulation muss man sich mit dem verwendeten Modell, seinen Näherungen sowie dem numerischen Löser auseinandersetzen. Darunter versteht man den mathematischen Algorithmus, der die Lösung der Gleichungen im Computer näherungsweise von Punkt zu Punkt umsetzt. Die Grundaufgabe bei der eigentlichen Simulation besteht dann darin, ein gegebenes Szenario, z. B. einen Brand, in der spezifischen Form des Computerprogramms zu beschreiben, die Schrittweiten für die Diskretisierung festzulegen und den vollständigen Satz von Eingangsdaten zu formulieren. Die Diskretisierung bedeutet, Raum und Zeit in

Gitterzellen zu unterteilen, auf denen die interessierenden Zustandsgrößen, wie beispielsweise die Strömungsgeschwindigkeit, berechnet werden. Im Allgemeinen benötigt man sowohl ein Raumgitter als auch verschiedene Zeitpunkte.

Häufig sind die Eingangsdaten allerdings nicht oder nur unzureichend bekannt. Dies erfordert weiterführende Vorüberlegungen, eventuell auf der Grundlage von Messungen. Die Simulation liefert dann als Ergebnis Ausgangsdaten, die in der Regel durch das Programm grafisch aufbereitet sind. Diese Darstellungen sind meist sehr anschaulich und zeigen unmittelbar den Sachverhalt. Verschiedene Zustandsgrößen, die für eine Beurteilung wichtig sind, werden ausgewählt und meist in einer Falschfarbdarstellung veranschaulicht. Das bedeutet, das den verschiedenen Parameterwerten, z. B. den einzelnen Temperaturen jeweils eine Farbe zugeordnet wird.

Auf weitere Details wird im ▶ Kapitel 9 eingegangen. Zuvor sollen aber zunächst weitere wichtige physikalische Eigenschaften unserer Umwelt erläutert werden, bevor wir uns mit mehr Detailkenntnissen wieder den Strömungen zuwenden.

7 Wärme und Thermodynamik

> Makroskopische Systeme bestehen aus Molekülen bzw. Atomen. Wärme ist eine Energieform, die durch die ungeordnete Bewegung dieser Teilchen bestimmt ist. Grundsätzlich ließe sich der Zustand des Systems aus der Bewegung jedes einzelnen Teilchens bestimmen, aber bei der riesigen Anzahl ist diese Aufgabe selbst für die größten Computer unserer Zeit nicht zu bewältigen. Glücklicherweise lässt sich aber der Zustand des Systems mit einigen wenigen Größen erfassen, die durch statistische Methoden auch berechnet werden können. Phänomene, die mit Wärme verbunden sind, sind für Brände von großer Bedeutung. Schließlich sind Flammen exotherme Reaktionen, d. h. sie erzeugen durch chemische Umwandlung Wärmeenergie.

7.1 Definition der Temperatur

Die makroskopische Materie ist aus Atomen und Molekülen aufgebaut. Diese Bestandteile können sich gerichtet bewegen, was Gegenstand der Fluidmechanik ist und im ▶ Kapitel 6 behandelt wurde. Daneben vollziehen die Bestandteile als Ausdruck einer inneren Energie eine regellose Bewegung, die man als Wärme empfindet. Die Gesetzmäßigkeiten werden dann bedeutsam, wenn die Effekte einer gerichteten Strömung vernachlässigbar sind. Es entspricht einer Alltagserfahrung, dass damit verbundene Erscheinungen mit wenigen Zustandsgrößen erfasst werden können. Die Untersuchung dieser Größen und ihrer Gesetzmäßigkeiten ist ein möglicher Zugang zur Thermodynamik.

Andererseits bewegen sich die einzelnen Bestandteile nach mechanischen Gesetzen. Man könnte deshalb versucht sein, die hier auftretenden Sachverhalte dadurch zu untersuchen, dass man die Bewegung jedes einzelnen Teilchens verfolgt. Dazu müsste man die mechanischen Bewegungsgleichungen für jeden einzelnen Bestandteil des Systems lösen. Dies ist wegen der riesigen Zahl solcher Gleichungen prinzipiell unmöglich und wird auch nicht mit noch so großen Computern zu schaffen sein. Allerdings ermöglichen diese Vorstellungen ein anschauliches Bild der Vorgänge und mit statistischen Methoden lassen sich auch direkt Aussagen gewinnen. Dies ist ein weiterer Zugang zu thermodynamischen Phänomenen.

Betrachten wir zunächst eine alltägliche Erfahrung. Ein Feuer hat eine Begleiterscheinung, die jeder schon selbst erfahren hat. Neben den Lichtphänomenen

7 Wärme und Thermodynamik

bewirkt es eine Empfindung, die wir im täglichen Leben als Wärme bezeichnen. Dabei überträgt sich diese Wärme auch auf entferntere Körper, die damit ihren Wärmezustand ändern. Ist ein Körper unserer Umgebung kälter als wir selbst, so fließt Wärme von uns ab. Dies beschreiben wir als Kälteempfindung. Wärme fließt dabei stets vom wärmeren zum kälteren Körper. Offensichtlich sind die unterschiedlich warmen Körper bemüht, die Unterschiede in der Wärme auszugleichen. Im Endzustand befindet sich das System im thermischen Gleichgewicht, bei dem die Temperaturen aller Körper gleich sind.

Woher kommen dann aber die Unterschiede im Wärmezustand? Es gibt offensichtlich Vorgänge in der Natur, bei denen Wärme »produziert« wird, z. B. das Feuer, die Vorgänge in der Sonne, die Reibung und vieles andere mehr. Dies lässt sich verstehen, wenn man Wärme als Energieform auffasst. Bei all den obigen Vorgängen wird also lediglich an einem bestimmten Ort und zu irgendeinem Zeitpunkt eine andere Energieform in Wärmeenergie umgewandelt, z. B. durch die chemische Reaktion bei der Verbrennung. Eine genauere Analyse zeigt, dass es sich bei der Wärme um kinetische Energie der ungeordneten Bewegung der Moleküle bzw. Atome handelt. Darauf aufbauend, lässt sich das thermische Geschehen nicht nur erklären, sondern auch quantitativ berechnen (kinetische Wärmetheorie, auch bezeichnet als mechanische Wärmetheorie oder als kinetische Gastheorie).

An dieser Stelle sei eine grundsätzliche Problematik erwähnt, die auch für praktische technische Probleme eine große Bedeutung besitzt. Es ist im Rahmen klassischer Vorstellungen über die uns umgebende (makroskopische) Welt nachgewiesen, dass sich alle Energieformen vollständig in Wärme umwandeln lassen, jedoch nicht umgekehrt. Wäre das Weltall ein abgeschlossenes System, so wäre die unausweichliche Folge der »Wärmetod« des Weltalls, bei dem nur noch diese eine Energieform existiert und folglich alle Strukturen unserer Welt (d. h. alle Unterschiede) verschwunden wären. Es lassen sich aber eine Reihe Widersprüche in dieser einfachen klassischen Betrachtung finden. In der modernen Physik ist diese Auffassung widerlegt, schließlich existiert ja unsere Welt. Allerdings ist jedoch diese Situation der Umwandlung verschiedener Energieformen in Wärme bei technischen Fragestellungen von großer Bedeutung. Das betrifft beispielsweise Wirkungsgrade von Kraftmaschinen, aber auch generell die Wärmeverluste, etwa durch Reibung.

Übrigens ist diese Problematik aber nicht die Ursache für das Phänomen der Erwärmung der Erde, die wir gegenwärtig feststellen. Diese ist im weitesten Sinne auf die Umweltverschmutzung zurückzuführen und entsteht durch einen Treibhauseffekt z. B. infolge immer höherer Konzentrationen von Kohlendioxid und anderen entsprechend wirkenden Gasen oder Aerosolen in der Luft.

7.1 Definition der Temperatur

Makroskopisch lässt sich der thermische Zustand eines Körpers durch eine physikalische Größe charakterisieren, die sich einfach messen lässt. Diese sogenannte Zustandsgröße ist die Temperatur. Da sie das rein mechanische Bild verlässt, wurde mit dem Kelvin (K) eine neue Maßeinheit in das Basissystem der Einheiten aufgenommen. Dabei ist es belanglos, dass die Temperatur aus der Molekularbewegung heraus verstanden werden kann. Vielmehr ist es von Bedeutung, dass sich das thermische Verhalten durch eine messbare Größe quantifizieren lässt.

Merke:

Die Temperatur kennzeichnet den Wärmezustand eines Systems und wird in Kelvin gemessen.

Da sich mit der Temperatur in einem System (z. B. einem Gas) auch andere Größen beispielsweise durch Ausdehnung verändern, muss man zur Charakterisierung thermischer Vorgänge die Beziehungen mehrerer Zustandsgrößen untereinander untersuchen. Diese Art der Betrachtung bezeichnet man als Thermodynamik. Es ist eine wesentliche Grunderkenntnis, dass man bei der extrem großen Teilchenzahl (10^{24} Moleküle pro Mol = Loschmidt-Konstante) offensichtlich nicht die genaue Bewegung jedes einzelnen Teilchens kennen muss. Vielmehr reichen sehr wenige Kennzahlen zur Charakterisierung aus. In der Wissenschaft hat man nun natürlich versucht, diese wenigen Kenngrößen aus den Gesetzmäßigkeiten großer Zahlen (Statistik) abzuleiten. Mit solchen aufwendigen Berechnungen lassen sich viele, empirisch gefundene Effekte gut verstehen.

Die mit der Temperatur verbundenen Änderungen eignen sich dazu, Messmethoden zu entwickeln. Die entsprechenden Messgeräte heißen Thermometer. Eine traditionelle und noch immer sehr häufige Bauform beruht auf der Volumenänderung mit der Temperatur. Häufig wird eine Flüssigkeit in einer Kapillaren (enges Glasrohr) benutzt. Zur Eichung der Längenänderung hat man den Eis- und den Dampfpunkt des Wassers willkürlich in 100 gleiche Abschnitte eingeteilt (ursprünglich die Gradeinteilung der Celsius-Skala °C). In der modernen Definition der Maßeinheiten benutzt man dieses Gradmaß, bezieht sich aber auf den genauer zu bestimmenden sogenannten Tripelpunkt des Wassers, bei den alle drei Phasen des Wassers gleichzeitig auftreten. Dieser liegt sehr nahe am Eispunkt, dem 0 °C zugeordnet wird. Die Charakterisierung von Frost durch negative Temperaturen (in °C) ist folglich eine willkürliche Festlegung, die keinen natürlichen Grund hat.

Die natürliche Temperaturskala in Kelvin (K) erfasst die Bewegungsenergie der Moleküle. Ein höhere Bewegungsenergie bedeutet eine höhere Temperatur. Am

»absoluten« Nullpunkt (bei 0 K) verschwindet die Bewegung aller Moleküle bzw. Atome, es gibt deshalb nur positive Temperaturen. Dieser absolute Nullpunkt liegt bei −273,15 °C. Er kann nie exakt erreicht werden, lässt sich aber beliebig annähern. Abschließend sei angemerkt, dass auch andere Effekte zur Temperaturmessung genutzt werden, wie beispielsweise die Änderung des elektrischen Widerstandes, Farbveränderungen oder Thermospannungen (Thermoelemente).

7.2 Kinetische Wärmetheorie

Wichtige thermische Eigenschaften sollen nun aus der Tatsache erklärt werden, dass die Wärme Ausdruck der molekularen Bewegung ist. Bei der Untersuchung kleiner Staubteilchen unter dem Mikroskop erkennt man eine bizarre, unregelmäßige Bewegung (Brownsche Molekularbewegung). Offensichtlich sind solche Teilchen schon klein genug, sodass sich die unregelmäßigen Stöße der einzelnen Moleküle im Innern bemerkbar machen. Das führt zu der Vorstellung, dass sich in Gasen die Moleküle unregelmäßig bewegen (vgl. ▶ Bild 28). Diese Bewegung wird lebhafter, je höher die Temperatur wird. Wie bereits erläutert, verschwindet sie am absoluten Nullpunkt. Dieser ist also durch den Zustand der Ruhe aller Moleküle gekennzeichnet.

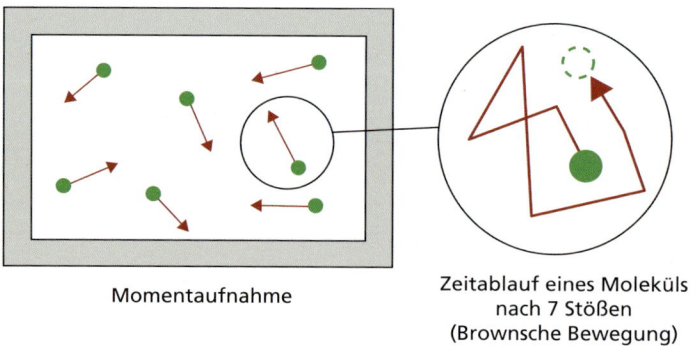

Momentaufnahme   Zeitablauf eines Moleküls
                    nach 7 Stößen
                    (Brownsche Bewegung)

Bild 28: *Modell eines Gases*

Es ist üblich, für die Untersuchungen ein einfaches Modell zugrunde zu legen, mit dem sich die Mehrzahl der thermischen Erscheinungen verstehen lässt. Es handelt sich um das sogenannte ideale Gas, bei dem das Eigenvolumen der Moleküle auf Null geschrumpft ist. Außerdem wirken zwischen den Molekülen keinerlei Wechselwirkungskräfte (Anziehung oder Abstoßung), außer im Falle der Berührung als

7.2 Kinetische Wärmetheorie

elastischer Stoß. Das ideale Gas ist also ein (nicht reales) Gebilde, bei dem sich mathematische Punkte unter der Wirkung elastischer Stöße untereinander und mit der Wand bewegen.

Die Temperatur wird nunmehr definiert als Maß für die mittlere kinetische Energie der Moleküle (vgl. ▶ Kapitel 5.3). Mittelwerte werden im Folgenden wie üblich durch einen Strich über die zu mittelnden Größen gekennzeichnet. Nach ausreichend langer Zeit hat jedes Molekül der Masse m dieselbe mittlere Energie, so dass sich die Temperatur über

$$\overline{E_{kin}} = \frac{m}{2} \cdot \overline{v^2} = \frac{3}{2} k \cdot T \tag{7.1}$$

definieren lässt. Der Proportionalitätsfaktor lässt sich durch Vergleich mit experimentell bestimmten thermodynamischen Beziehungen rückwärts bestätigen, wobei der Faktor 3 berücksichtigt, dass jede Koordinatenrichtung denselben Beitrag liefert. Als Vorfaktor tritt hier eine charakteristische Konstante auf. Diese Boltzmann-Konstante besitzt den Wert

$$k = 1{,}381 \cdot 10^{-23} J/K \tag{7.2}$$

(zu den Maßeinheiten wie Joule pro Kelvin vgl. ▶ Tabelle 2 sowie ▶ Kapitel 7.3). Durch Wurzelziehen von (▶ 7.1) ergibt sich mit $\sqrt{\overline{v^2}}$ eine über die Temperatur definierte mittleren Geschwindigkeit. Die Formel (▶ 7.1) berücksichtigt also den bereits diskutierten Zusammenhang der Temperatur mit der Geschwindigkeit der Moleküle. Will man hohe Geschwindigkeiten der Gase erreichen, muss man sehr heiße Gase mit niedriger Masse der Moleküle verwenden. Dies wird bei modernen Raketenmotoren für die Raumfahrt angestrebt.

In der Thermodynamik ist es üblich, eine weitere Konstante zu verwenden. Dazu betrachtet man zunächst die Anzahl N der Teilchen in der Stoffmenge n. Als Stoffmenge n dient das Mol (gemessen in *mol*), das sich aus den Atomgewichten im Periodensystem der Elemente berechnen lässt. Auf Details kann an dieser Stelle verzichtet werden. Diese molare Teilchenzahl (Avogadro-Konstante) beträgt

$$N_A = \frac{N}{n} = 6{,}022\,14 \cdot 10^{23} mol^{-1}, \tag{7.3}$$

was zu dem folgenden Merksatz führt.

Merke:

In 1 *mol* eines idealen Gases befindet sich immer dieselbe Teilchenzahl.

7 Wärme und Thermodynamik

Damit lässt sich (▶ 7.2) auch durch die allgemeine (molare) Gaskonstante

$$R = N_A \cdot k = 8{,}3145 \, J \cdot mol^{-1} \cdot K^{-1} \tag{7.4}$$

ersetzen.

Eine weitere wichtige Größe der Thermodynamik ist der Druck p. Darunter versteht man die Wirkung der Moleküle auf die umschließende Wand.

Merke:

Der Druck ist die resultierende Wirkung aller Moleküle durch Stöße auf die umschließende Wand.

Zunächst wird nach (▶ 6.1) der Druck als die gesamte Kraftwirkung bezogen auf die Fläche

$$p = \frac{F}{A} \tag{7.5}$$

definiert. Die Maßeinheit ist das Pascal (*Pa*) (häufig wird auch noch das Bar (*bar*) benutzt)

$$[p] = Pa = 10^{-5} bar.$$

Zur Ableitung einer wichtigen Formel betrachten wir einen einzelnen Wandstoß irgendeines Moleküls. Vereinfacht denken wir uns einen Stoß senkrecht zur Wand. Da die Moleküle tatsächlich schräg auftreffen, wären Korrekturen notwendig, die sich aber nur im Zahlenfaktor, nicht in den Variablen, äußern. Um dies zu verdeutlichen, verwenden wir einfach anstelle des Gleichheitszeichens eine Proportionalität. Zunächst erweitern wir (▶ 7.5) mit der Zeit

$$p \sim \frac{m \cdot v}{A \cdot t}, \tag{7.6}$$

wodurch im Zähler der Impuls (vgl. ▶ Kapitel 5.2) steht. Die Zeit zwischen zwei Stößen mit der Einhausung entspricht etwa der Zeit, die das Molekül bis zur gegenüberliegenden Wand im Abstand *l* fliegt. Mit

$$v = \frac{l}{t}$$

sowie dem Volumen

$$V = A \cdot l$$

ergibt sich aus (▶ 7.6) unter Weglassung konstanter Faktoren die Proportionalität

$$p \sim \frac{v^2}{V}. \tag{7.7}$$

Jeder Stoß überträgt aber dabei die mittlere Geschwindigkeit. Setzt man deshalb in (▶ 7.7) dafür (▶ 7.1) ein, so erhält man nach genauer Bestimmung der Faktoren mit (▶ 7.4)

$$p \cdot V = N \cdot k \cdot T = n \cdot R \cdot T. \tag{7.8}$$

Hier bedeuten N die Teilchenzahl und n die Zahl der Mole im Volumen. Gleichung (▶ 7.8) ist eine wichtige Grundgleichung, die **Zustandsgleichung der idealen Gase**. Dies ist die mathematische Form einer experimentell gefundenen Regel, des Gesetzes von Avogadro. Damit sind im Rückschluss auch die Konstanten in (▶ 7.1) bestätigt.

> **Merke:**
> Der Zustand eines idealen Gases ist durch die drei Zustandsgrößen Druck, Temperatur und Volumen vollständig bestimmt. Werden zwei dieser Größen gewählt, ergibt sich die dritte über (▶ 7.8).

Abschließend sei angemerkt, dass in einem Gas bestimmter Temperatur T alle Geschwindigkeiten auftreten, allerdings unterschiedlich häufig. Das Ergebnis ist die Maxwellsche Geschwindigkeitsverteilung, womit weiterführende Berechnungen möglich sind.

7.3 Kalorimeter

Die Wärme ist eine Energieform. Wird einem Körper (z. B. einem Stück Holz oder einem Gas) mit der Masse m die Wärme Q zugeführt, so ändert sich die Temperatur um eine Differenz entsprechend der Beziehung

$$Q = m \cdot c_w \cdot \Delta T. \tag{7.9}$$

Die Maßeinheit ist das Joule (J), d. h.

$$[Q] = J = W \cdot s = N \cdot m.$$

Die Einheiten unter Verwendung von Watt und Newton sind hier nur zur Umrechnung angegeben, da diese häufig ebenfalls benutzt werden. Die spezifische Wärmekapazität c_w ist eine Materialkonstante, die angibt, welche Wärmemenge erforderlich ist, um den betreffenden Stoff der Masse von 1 *kg* um 1 *K* zu erwärmen (Hinweis: Nicht mit dem Widerstandsbeiwert aus ▶ Kapitel 6.4 verwechseln!). Zur direkten Vergleichbarkeit wird einem realen Körper die Wärmekapazität

$$C_W = m \cdot c_W \qquad (7.10)$$

zugeordnet.

Bei Gasen tritt eine Besonderheit auf. Bei der Wärmezuführung muss das Gas auch noch zur Wärmeausdehnung Arbeit leisten. Entsprechend erhält man unterschiedliche Werte $c_{w,p}$ und $c_{w,v}$ je nachdem, ob der Vorgang bei konstantem Druck oder konstantem Volumen abläuft (vgl. ▶ Tabelle 9). Aus diesen Größen lässt sich der Adiabatenexponent

$$\kappa = \frac{C_{w,p}}{C_{w,v}} = \frac{c_{w,p}}{c_{w,v}} \qquad (7.11)$$

bilden und über die Zustandsgleichung der idealen Gase ein Zusammenhang zur Gaskonstanten über

$$n \cdot R = C_{w,p} - C_{w,v} = m \cdot (c_{w,p} - c_{w,v}) \qquad (7.12)$$

herstellen. Auf die Ableitung von (▶ 7.12), die die Differentialrechnung erfordert, soll hier verzichtet werden. Diese beiden Beziehungen ermöglichen es aber, bei praktischen Berechnungen einen Zusammenhang zwischen den verschiedenen Materialkonstanten herzustellen.

Es sei angemerkt, dass sich Wasser durch eine außergewöhnlich hohe spezifische Wärmekapazität auszeichnet (vgl. ▶ Tabelle 9). Dies ist der Hauptgrund dafür, dass sich Wasser so hervorragend als Löschmittel eignet. Allerdings ist bekanntermaßen Wasser nicht immer zum Löschen geeignet, beispielsweise wenn es durch Zersetzung des Wassers zu gefährlichen Knallgasreaktionen kommen kann! Durch die hohe spezifische Wärmekapazität kann Wasser viel Wärme binden, was zur Kühlung führt und letztlich in vielen Fällen das Verlöschen der Flamme bewirkt. Es sei in Anbetracht der gegenwärtigen Versuche zur Optimierung des Löschmittels Wasser (z. B. durch Ausbringung als Nebel) angemerkt, dass es beim Wasser jedoch verschiedene nutzbare Löscheffekte gibt. Allerdings kommt aus den oben genannten Gründen der Kühlwirkung beim Löschen mit Wasser eine zentrale Bedeutung zu.

7.3 Kalorimeter

Tabelle 9: *Spezifische Wärmekapazitäten (Grabski 2005)*

Stoff	c_w in $J \cdot kg^{-1} \cdot K^{-1}$
Eisen	460
Wasser bei 20 °C	4 185
Luft bei konstantem Druck	1 003
Luft bei konstantem Volumen	715

Durch Anwendung der obigen Beziehungen kann man das Vermögen von Körpern zur Aufnahme von Wärme bestimmen. Um die Materialparameter zu messen, verwendet man die Kalorimetrie. Generell versteht man unter Kalorimetern Geräte, mit denen man die Messung von Wärmemengen über eine Temperaturmessung irgendeiner Kalorimetersubstanz vornimmt (bzw. auch über die Messung einer anderen Zustandsgröße). Es gibt eine Vielzahl verschiedener Konstruktionen, die je nach Bauart zur Bestimmung der spezifischen Wärmekapazitäten oder der Wärmeänderungen bei physikalischen und chemischen Umwandlungsprozessen benutzt werden. Beispielsweise lässt sich auf diese Art die Verbrennungswärme messen. Das Messprinzip beruht dabei stets auf der Kompensation des thermischen Effektes oder auf der Messung von Temperaturdifferenzen.

Die spezifischen Wärmekapazitäten fester oder flüssiger Körper lassen sich einfach mit Mischungskalorimetern messen. Dazu muss man zunächst die spezifische Wärme C_K des Kalorimeters, den so genannten Wasserwert, kennen. Im Kalorimeter befinde sich Wasser der Masse m_1 mit der Temperatur T_1, dessen spezifische Wärmekapazität $c_{w,1}$ ebenfalls bekannt sei. Nötigenfalls müssen all diese Ausgangsgrößen in Vorversuchen ermittelt werden!

Bringt man nun den zu vermessenden Körper der Masse m_2 auf eine Temperatur T_2, so stellt sich nach dem Einbringen des Körpers in das Wasser des Kalorimeters die Mischungstemperatur T_m ein. Diese wird im Kalorimeter gemessen. Zur Auswertung lässt sich die einfache Überlegung anstellen, dass die abgegebene Wärmemenge gleich der aufgenommenen Wärmemenge sein muss (Energieerhaltungssatz!). Formelmäßig ergibt sich mit (▶ 7.9)

$$m_2 \cdot c_{w,2} \cdot (T_2 - T_m) = (C_K + m_1 \cdot c_{w,1}) \cdot (T_m - T_1),$$

woraus durch Umstellung die zu ermittelnde spezifische Wärmekapazität des zu untersuchenden Körpers

$$c_{w,2} = \frac{(C_k + m_1 \cdot c_{w,1}) \cdot (T_m - T_1)}{m_2 \cdot (T_2 - T_m)} \qquad (7.13)$$

folgt.

7.4 Hauptsätze der Wärmelehre

Will man den thermischen Zustand eines Körpers betrachten, wie er beispielsweise auch bei einem Brand oder einem Nutzfeuer von Interesse ist, so spielen einige grundlegende Aussagen der Physik eine herausragende Rolle. Diese werden als Hauptsätze der Wärmelehre zusammengefasst. Sie bilden die Basis für zahlreiche, mit der Wärme in Beziehung stehende Berechnungen. Zugleich sind sie grundlegend für das Verständnis thermischer Vorgänge und deren technische Anwendungen. Ihre Formulierung im 19. Jahrhundert war eng mit den Versuchen verknüpft, Maschinen zu bauen, die »von selbst« Arbeit leisten (Perpetuum mobile).

Erster Hauptsatz der Wärmelehre
Hierbei handelt es sich um die Formulierung des Prinzips der Energieerhaltung für thermische Systeme. Dazu betrachtet man ein abgeschlossenes System. Dies ist dadurch gekennzeichnet, dass keine Wechselwirkung mit der Umgebung besteht. Dafür gilt der folgende Satz.

> **Erster Hauptsatz:**
>
> In einem abgeschlossenen System bleibt der gesamte Energievorrat, d. h. die Summe aus Wärmeenergie, mechanischer Energie und anderer Energie, stets konstant.

Führt man folglich einem System (z. B. einem Gas) von außen eine Wärmemenge Q zu, so kann das System Arbeit W leisten und der Rest führt zur Steigerung der inneren Energie U des Systems. Mit einem Minuszeichen berücksichtigt man, dass Energie des Systems für die Arbeit »verbraucht« wird. Dies gilt für sehr kleine Änderungen, die man mathematisch durch Differentiale beschreibt, die durch ein kleines »d« gekennzeichnet werden. Aus diesen differentiellen Änderungen erhält man eine endliche, wenn man die entsprechenden Anteile aufsummiert, was mathematisch schließlich zur Integration führt (Anwendung der Integralrechnung). Im Einzelnen erhält man nunmehr den ersten Hauptsatz in der mathematischen Form

7.4 Hauptsätze der Wärmelehre

$dQ = dU - dW.$ (7.14)

Diese Beziehung lässt sich auch auf Motoren bzw. Kraft- und Arbeitsmaschinen anwenden. Für diese ist typisch, dass sie nach dem Durchlaufen mehrerer Zustandsänderungen wieder beim Ausgangszustand ankommen, d. h. dass sie einen Kreisprozess durchlaufen. Bei einem Durchlauf leisten (oder verbrauchen) sie einen gewissen Anteil an Arbeit, was der eigentliche Sinn solcher Maschinen ist.

Bei Gasen ist die Arbeitsleistung eine Folge der Volumenänderung gegen den äußeren Druck p. Aus der mechanischen Definition der Arbeit (vgl. die potentielle Energie im ▶ Kapitel 5.3) folgt aus der Kraft F und der kleinen Wegänderung ds eine ebenfalls kleine Änderung der Arbeit

$-dW = F \cdot ds.$

Setzt man hier die Definition der Druckes (▶ 7.5) sowie das Volumen ein, erhält man

$-dW = p \cdot dA \cdot ds = p \cdot dV.$ (7.15)

Damit ergibt sich für einen Prozess mit Änderung des Volumens die Arbeit

$$W = -\int_{V_1}^{V_2} p \cdot dV.$$ (7.16)

Für die konkrete Auswertung muss man den jeweiligen Prozess explizit kennen. Beispielsweise gilt für einen isothermen Prozess (d. h. die Temperatur ist konstant!) über die Zustandsgleichung des idealen Gases (▶ 7.8)

$p \cdot V = \text{konstant}$ bzw. $p = N \cdot k \cdot T \cdot \dfrac{1}{V}.$ (7.17)

Aus (▶ 7.16) erhält man damit nach Auswertung des Integrals

$$W = -N \cdot k \cdot T \cdot \int_{V_1}^{V_2} \frac{dV}{V} = N \cdot k \cdot T \cdot \ln\frac{V_1}{V_2},$$ (7.18)

worin »ln« der natürliche Logarithmus ist. Werte für diese Funktion findet man in einfachen mathematischen Zahlentafeln bzw. auf dem Taschenrechner! Die Integralrechnung lässt sich bei derartigen thermodynamischen Betrachtungen nicht vermeiden, weil Zustandsänderungen in praktisch bedeutsamen Prozessen nichtlinear sind.

Zweiter Hauptsatz der Wärmelehre

Die tägliche Erfahrung lehrt, dass es in der physikalischen Welt Vorgänge gibt, die von selbst nur zeitlich gerichtet ablaufen. Sie sind irreversibel, d. h. nicht umkehrbar. Beispielsweise gibt es kein umgekehrt ablaufendes Feuer, bei dem aus den Rauchgasen die festen oder flüssigen Brennstoffe sowie der Sauerstoff entstehen. Auch alle Alterungsprozesse sind irreversibel. Bei zwei unterschiedlich warmen Körpern erfolgt ein Wärmeaustausch, so dass sich deren Temperaturen ausgleichen. Niemals strömt Wärme vom kälteren zum wärmeren Körper.

Der zweite Hauptsatz fasst diese Erfahrungen zusammen und wird mit thermodynamischen Begriffen formuliert. Er lautet:

Zweiter Hauptsatz:

Irreversible Vorgänge können nicht in umgekehrter Richtung ablaufen, ohne dass eine Arbeitsverrichtung von außen erfolgt. Es kann deshalb keine Arbeit auf Kosten der Energie von Körpern gewonnen werden, die untereinander im thermischen Gleichgewicht stehen.

Die Ursache dieses Verhaltens (d. h. für die Irreversibilität) erkennt man aus den statistischen Gesetzmäßigkeiten als Folge der extrem großen Teilchenzahlen in thermodynamischen Systemen. Dazu betrachtet man die Wahrscheinlichkeit w für einen Zustand mit einer bestimmten Qualität der Ordnung. Mit wachsender Unordnung wächst bei der Irreversibilität diese Wahrscheinlichkeit. In der Natur wird bei sehr großen Teilchenzahlen stets der Zustand angestrebt, bei dem die größte Unordnung besteht. Er ist am wahrscheinlichsten, wenn der Zustand größter Unordnung erreicht ist, der dem thermischen Gleichgewicht entspricht. Dafür lassen sich leicht viele Beispiele finden, z. B. wenn der geordnete Ausgangszustand von Brennmaterial und Luft nach dem Brand in ein turbulentes Rauchgas-Luft-Gemisch übergeht.

Zur Beschreibung dieses Verhaltens wird als neue physikalische Zustandsgröße die Entropie eingeführt.

Merke:

Die Entropie S ist ein Maß für die Wahrscheinlichkeit w eines Zustandes im Hinblick auf dessen Unordnung. Von selbst laufen Prozesse nur, bis das Maximum der Entropie erreicht ist und sich das System im thermischen Gleichgewicht befindet.

Der Zusammenhang lässt sich mathematisch über die Wahrscheinlichkeitsrechnung unter Verwendung der Boltzmann-Konstanten (▶ 7.2) durch die Boltzmann-Gleichung

$$S = k \cdot \ln w \tag{7.19}$$

7.4 Hauptsätze der Wärmelehre

darstellen. Neben den rein thermodynamischen Ergebnissen führt dies auch zu der Aussage, dass sich damit eine Zeitrichtung für irreversible Vorgänge ergibt. Dies hat weitreichende Konsequenzen für unser generelles Verständnis von der Natur.

Für reversible Vorgänge zeigt sich, dass die Entropieänderung nur vom Anfangs- und Endpunkt abhängt, nicht jedoch vom Prozessverlauf selbst. Fallen beide Punkte zusammen, d. h. durchläuft das System einen Kreisprozess, so wird die Entropieänderung null. Die Entropie charakterisiert also den Zustand, somit wird sie als Zustandsgröße bezeichnet. Über eine Untersuchung von Wirkungsgraden bei Kreisprozessen kann man die Entropie als Zustandsgröße einführen. Für reversible Vorgänge ergibt sich mit der reversibel ausgetauschten Wärmemenge Q_{rev} die Beziehung für die Entropieänderung

$$dS = \frac{dQ_{rev}}{T}. \tag{7.20}$$

Bei irreversiblen Vorgängen muss die Entropiezunahme also stets größer als dieser Wert sein.

Dritter Hauptsatz der Wärmelehre

Das Verhalten am absoluten Nullpunkt der Temperatur ist aus den bisherigen Betrachtungen der Hauptsätze noch nicht eindeutig, da die Entropie nur bis auf eine Konstante festgelegt ist. Die gewählte Vereinbarung eines bestimmten Wertes wurde erst durch moderne physikalische Theorien im Atomaren (Quantentheorie) endgültig begründet.

> **Dritter Hauptsatz:**
>
> Bei Annäherung an den absoluten Nullpunkt der Temperatur verschwindet die Entropie.

Unter Berücksichtigung von (▶ 7.20) mit (▶ 7.9) führt dies dazu, dass auch die spezifischen Wärmekapazitäten verschwinden, was durch experimentelle Untersuchungen erhärtet werden kann. Es ist anzumerken, dass aus dieser Tatsache heraus der Zustand bei $T = 0$ instabil ist. Kleinste, stets vorhandene Schwankungen der Wärme führen zu einer Temperaturerhöhung. Aus diesem Grunde lässt sich der dritte Hauptsatz auch wie folgt formulieren.

> **Merke:**
>
> Man kann sich dem absoluten Nullpunkt der Temperatur zwar beliebig nähern, ihn aber nie vollständig erreichen (Satz von der Unerreichbarkeit des Nullpunktes).

Der Ableitung dieser Aussage ist sicherlich schwer zu folgen, um so anschaulicher sind jedoch die praktischen Schlussfolgerungen für tiefe Temperaturen.

7.5 Zustandsänderungen

Von praktischem Interesse sind Prozesse, bei denen sich der thermische Zustand ändert. Größen, die den statischen Zustand charakterisieren und die nicht davon abhängen, auf welche Art (Prozessablauf) man zu dem Zustand gekommen ist, werden als Zustandsgrößen bezeichnet. Beispiele hierfür sind bereits besprochene Größen wie Temperatur und Druck, aber auch die Entropie. Das Feuer und das Löschen sind Prozesse, bei denen Zustandsänderungen auftreten. Beziehungen zwischen verschiedenen Zustandsgrößen werden als Zustandsgleichungen bezeichnet. Eine solche haben wir mit (▶ 7.8) für das ideale Gas bereits kennengelernt.

Mit Hilfe von Zustandsgleichungen und den Hauptsätzen lassen sich für eine Zustandsänderung aus einem Anfangszustand die Werte des Endzustandes berechnen. Dabei ist die Art der Zustandsänderung zu berücksichtigen (vgl. ▶ Bild 29). So unterscheidet man beispielsweise in isochore (V = konstant), isotherme (T = konstant), isobare (p = konstant) und adiabatische (Q = konstant) bzw. die gleichwertige isentrope (S = konstant) Zustandsänderung. Über die Kopplung verschiedener Zustandsänderungen lassen sich auch Kreisprozesse erstellen, die dann auch technisch realisiert werden können. Andererseits kann man solche Maschinen auch über ihre Kreisprozessen auf der Basis der einzelnen Zustandsänderungen in ihrem Verhalten analysieren.

Das typische Vorgehen zur Analyse von Zustandsänderungen soll an einem wichtigen Beispiel gezeigt werden. Die Gleichung der praktisch bedeutsamen adiabatischen Zustandsänderung lässt sich relativ einfach ableiten. Hierbei wird keine Wärme mit der Umgebung ausgetauscht.

Zunächst erhält man mit (▶ 7.9) für V = konstant

$$dU = m \cdot c_{w,v} \cdot dT \qquad (7.21)$$

die kalorische Zustandsgleichung des idealen Gases, wenn im Innern des Systems eine Wärmeänderung nur die innere Energie ändert. (Beachte, dass hier die spezifische Wärmekapazität bei konstantem Volumen steht!). Ausgangspunkt ist jetzt der erste Hauptsatz unter Vernachlässigung des Wärmeaustausches mit der Umgebung ($dQ = 0$). Setzt man die kalorische Zustandsgleichung in den auf Adiabaten vereinfachten Hauptsatz ein, ergibt sich

$$m \cdot c_{w,v} \cdot dT = -p \cdot dV.$$

7.5 Zustandsänderungen

Andererseits erhält man durch Differenzieren der universellen Gasgleichung (▶ 7.8)

$$V \cdot dp + p \cdot dV = n \cdot R \cdot dT.$$

Die Verknüpfung liefert eine Differentialgleichung für $p(V)$, die sich unter Verwendung von (▶ 7.11) und (▶ 7.12) umformen und integrieren lässt. Das Ergebnis ist die Poissonsche Adiabatengleichung

$$p \cdot V^\kappa = \text{konstant}, \tag{7.22}$$

die das typische Verhalten einer adiabatische Zustandsänderung (im Druck-Volumen-Diagramm) beschreibt. Sie zeigt unter anderem, dass die Adiabate stärker gekrümmt ist als die Isotherme (▶ 7.17) (vgl. ▶ Bild 29).

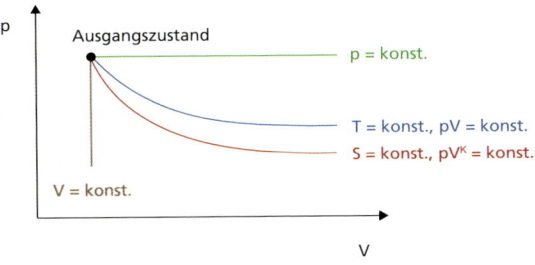

Bild 29: *Zustandsänderungen im Druck-Volumen-Diagramm*

Schließlich sind auch Flammen als chemische Reaktionen Gegenstand thermodynamischer Betrachtungen. Sie sollen als ein weiteres interessantes Beispiel kurz betrachtet und dazu einige Zustandsgrößen für ihre Charakterisierung eingeführt werden. Die folgenden Untersuchungen helfen zu klären, ob eine Reaktion von selbst abläuft, welche Energie freigesetzt wird oder welche Temperatur die Verbrennungsprodukte annehmen. Dazu werden Zustandsgrößen eingeführt, die für diese Betrachtungen nützlich sind. Bildet man für diese die Differentiale (durch Anwendung der Differentialrechnung) und setzt hier die Beziehungen für die Hauptsätze ein, so lassen sich Beziehungen zur Charakterisierung dieser Prozesse finden. Ohne Erläuterung der Details soll hier nur das Ergebnis für thermodynamische Aspekte chemischer Reaktionen gezeigt werden. Für Details wird auf die Fachliteratur zur Thermodynamik verwiesen, vgl. auch den vfdb-Leitfaden (Hosser 2005).

Für die Temperaturerhöhung von Reaktionsprodukten ist die Wärmetönung infolge der chemischen Gleichgewichtsreaktion verantwortlich. Diese erhält man aus der Bilanz der Enthalpie

$$H = U + p \cdot V, \tag{7.23}$$

deren Differenz von End- zu Anfangszustand die Reaktionswärme darstellt. Ist diese Differenz negativ, so spricht man von einer exothermen Reaktion.

Wichtig ist als neue Zustandsgröße auch die freie Enthalpie

$$G = U + p \cdot V - T \cdot S. \tag{7.24}$$

Eine spontane Reaktion tritt auf, falls diese Größe abnimmt (d. h. das Differential negativ ist), wenn Druck und Temperatur konstant bleiben.

8 Ausgleichs- und Transportvorgänge

> Transportvorgänge sind irreversible Prozesse, die durch räumliche Inhomogenitäten bestimmter physikalischer Größen hervorgerufen werden. Durch Strömungsvorgänge kommt es zu Ausgleichserscheinungen. Bei der Brand- und Schadstoffausbreitung sind vor allem Temperatur- und Konzentrationsunterschiede von Bedeutung. Erstere führen zum Strömen von Wärmeenergie, während Letztere einen Massenstrom erzeugen. Es ist praktisch bedeutsam, dass Temperaturunterschiede auf verschiedenartigen Weise zur Übertragung von Wärme führen können.

8.1 Wärmetransport

Wärmeenergie kann durch Strahlung, Leitung oder Strömung übertragen werden. Letztere wird als Konvektion bezeichnet, wofür bereits im ▶ Kapitel 6 Grundlagen diskutiert wurden. Die Transportmechanismen der Wärmeübertragung sind sehr unterschiedlich. Generell handelt es sich hierbei um irreversible Vorgänge, die zu einem thermodynamischen Gleichgewicht führen. Sie werden deshalb auch als Ausgleichsvorgänge bezeichnet. Sie setzen voraus, dass durch Quellen räumliche Unterschiede vorhanden sind. Dies können beispielsweise auch Brände sein, die sowohl Temperatur- als auch Konzentrationsunterschiede bezüglich der Rauchgase hervorrufen.

Merke:
Transportvorgänge sind irreversible Prozesse, die in einen Gleichgewichtszustand führen.

Die Untersuchung erfordert komplizierte mathematische Methoden. Um trotzdem einen Eindruck zu vermitteln, sei im Folgenden der zwar einfachere, aber meist auch nicht realistische Fall eines Ausgleichs in nur einer Richtung betrachtet. Generell lässt sich eine Reihe dieser Transportphänomene durch Ströme beschreiben, die eine Folge von sogenannten Gradienten der physikalischer Größen sind, die den Vorgang antreiben.

Gradienten sind proportional zum räumlichen Anstieg, d. h. zur 1. Ableitung dieser Größen nach den Ortskoordinaten (bei Anwendung der Differentialrechnung). Dies charakterisiert ein Anwachsen oder Abfallen, denn die 1. Ableitung verschwindet, falls die jeweilige Größe konstant ist. Im Folgenden sollen derartige Erscheinungen einheitlich betrachtet werden, obwohl sie eigentlich sehr unterschiedlich sind. Dies ist möglich, da sie mit Gleichungen von ähnlicher mathematischer Struktur beschrieben werden. Zur Ableitung betrachteten wir deshalb irgendeine, für den Vorgang charakteristische physikalische Größe $\Phi = \Phi(x, t)$, die eindimensional vom Ort (d. h. nur in einer Richtung) und der Zeit abhängt. Beispielsweise handelt es sich um die Temperatur im Falle der Wärmeleitung oder die Konzentration im Falle der Diffusion, um nur die beiden praktisch wichtigen Fälle zu nennen.

Betrachtet man im dreidimensionalen Fall ein gewisses Volumen, so ändert sich der Wert von Φ dadurch, dass durch die Oberfläche dieses Volumens ein Strom fließt. Erweiterte Betrachtungen lassen Quellen im Innern des Volumens zu! Die Ströme lassen sich bei Beschränkung auf eine Koordinate (eindimensionaler Fall) als Dichte in der Form

$$j = -K \cdot \frac{\partial \Phi}{\partial x} \qquad (8.1)$$

schreiben. Das geschwungene »∂« steht dabei für eine Ableitung, bei der die übrigen Koordinaten (hier die Zeit) konstant gehalten werden (partielle Ableitung). K ist hier eine Materialkonstante, die aus der Proportionalität eine Gleichung macht. Sie beschreibt quantitativ die Eigenschaft des betrachteten Mediums, den Austausch vornehmen zu können. Ihre Werte findet man in Tabellenbüchern der Physik und Technik, wie z. B. Kohlrausch (1985), Band 3. Bei der Diffusion handelt es sich um den Diffusionskoeffizienten D, bei der Wärmeleitung um die Temperaturleitfähigkeit $\lambda / (\rho \cdot c_{w,p})$ (λ – Wärmeleitfähigkeit, ρ – Dichte, $c_{w,p}$ – spezifische Wärmekapazität bei konstantem Druck).

Der Transportvorgang lässt sich durch eine Bilanz beschreiben. Dies erfolgt durch eine als Kontinuitätsgleichung bezeichnete Beziehung, die für den eindimensionalen Fall nur eine Ortskoordinate besitzt (vgl. auch den einfachen Spezialfall (▶ 6.15)). Sie lautet

$$\frac{\partial \Phi}{\partial t} + \frac{\partial j}{\partial x} = 0. \qquad (8.2)$$

Diese Gleichung kann anschaulich wie folgt interpretiert werden. Der Gradient (d. h. der negative Anstieg) der Stromdichte ist die Quelle für die zeitliche Änderung der physikalischen Eigenschaft, die durch Φ beschrieben wird und den betrachteten Sachverhalt betrifft. Schließlich kann man (▶ 8.1) in (▶ 8.2) einsetzen und man erhält für den eindimensionalen Fall zur Bestimmung des Sachverhaltes die bekannte partielle Differentialgleichung

8.2 Wärmeleitung

$$\frac{\partial \Phi}{\partial t} = K \cdot \frac{\partial^2 \Phi}{\partial x^2}.\qquad(8.3)$$

> **Merke:**
> Physikalisch unterschiedliche Transportprobleme lassen sich durch ähnliche Überlegungen beschreiben, so dass sie durch eine analoge Gleichung erfasst werden.

Die dreidimensionale Verallgemeinerung bezogen auf die Wärmeleitung wird als Fourier-Gleichung bezeichnet (vgl. (▶ 2.4)). Die Lösungen dieser Gleichung beschreiben viele praktische Probleme. Derartige Beziehungen liegen auch entsprechenden handelsüblichen Rechenprogrammen zugrunde. Für die Wärmeleitung ist Φ die Temperatur T. Beziehung (▶ 8.3) beschreibt die Diffusion, falls Φ die Konzentration C eines Stoffes ist. Im Folgenden werden einige typische Ergebnisse dargestellt, die für die Feuerwehrpraxis wichtig sind.

8.2 Wärmeleitung

Die Wärmeleitung ist eine Form der Energieübertragung durch Molekülstöße. Sie ist nicht an eine makroskopische Bewegung der Materie gebunden, sondern eine Folge des Charakters der Wärme als ungeordnete Molekülbewegung. Heißere Bereiche zeichnen sich durch eine stärkere Molekülbewegung aus, die sich über Stöße auf die angrenzende Materie überträgt. Schließlich erfolgt ein allmählicher Ausgleich der Temperatur.

Man erkennt an dieser Erklärung, dass Wärmeleitung an Materie gebunden ist. Im Vakuum gibt es keine Moleküle, die durch Stöße Energie übertragen können. Dadurch verschwindet auch die Wärmeleitung. In Thermosgefäßen (auch bezeichnet als Dewar-Gefäße) macht man sich dies zu Isolierzwecken zunutze.

Wasserdampf hat ein geringes Wärmeleitvermögen, wodurch sich das Leidenfrost-Phänomen ergibt. Bringt man einen Wassertropfen auf eine über 100 °C heiße Metallplatte, so schwebt dieser eine Zeit lang auf dem Dampfpolster, wobei er sich mit äußerst geringer Reibung parallel zur Platte bewegen kann.

> **Merke:**
> Wärmeleitung transportiert Wärmeenergie durch molekulare Stöße einer Trägersubstanz.

8 Ausgleichs- und Transportvorgänge

Unterschiedliche Stoffe leiten die Wärme unterschiedlich gut. Das äußert sich im Wert der Wärmeleitfähigkeit λ (vgl. ▶ Tabelle 10). Grundsätzlich sind Metalle gute Wärmeleiter. Gase leiten hingegen die Wärme sehr schlecht. Im Zusammenhang mit Bränden ist zu beachten, dass die Wärmeleitfähigkeit temperaturabhängig ist.

Tabelle 10: *Wärmeleitfähigkeiten bei 300 K (Stroppe 2012)*

Stoff	λ in $W \cdot m^{-1} \cdot K^{-1}$
Kupfer	380
Stahl	55
Glas	1,0 ... 1,2
Holz	0,14 ... 0,20
Wasser	0,59
Luft	0,023

Ein praktisch bedeutsames Problem ist die Wärmeleitung durch eine Platte, auf deren Seiten sich die Temperaturen T_1 und T_2 befinden. Das Temperaturprofil erhält man aus (▶ 8.3), wobei die Zeitableitung verschwindet. Dies bezeichnet man als stationäres Problem, da die äußeren Temperaturen unverändert bleiben. Man erhält

$$0 = \lambda \cdot \frac{d^2 T}{dx^2}. \tag{8.4}$$

Die zweifache Integration liefert mit den Bedingungen (d – Dicke der Platte)

$$T(x = 0) = T_1 \tag{8.5}$$
$$T(x = d) = T_2$$

das Profil

$$T(x) = (T_2 - T_1) \cdot \frac{x}{d} + T_1. \tag{8.6}$$

Dies zeigt, dass der Temperaturverlauf im Innern linear ist.

Aus (▶ 8.1) folgt durch Integration über die Querschnittsfläche der Wärmestrom

$$I_Q = K \cdot \frac{A}{d} \cdot (T_1 - T_2). \tag{8.7}$$

Hier wurde das Temperaturprofil (▶ 8.6) eingesetzt. Es ist A die Oberfläche der Platte und K wieder die Materialkonstante, die in diesem Fall die Wärmeleitfähigkeit ist.

Diese Beziehung hat eine formale Analogie zu dem aus der Elektrizitätslehre bekannten Ohmschen Gesetz zwischen Strom und Spannung (vgl. auch ▶ Kapitel 13, besonders (▶ 13.16)). Aus diesem Grunde bezeichnet man unter Nutzung dieser Analogie das Reziproke des Vorfaktors der Temperaturdifferenz als Wärmeleitwiderstand.

Es sei jedoch noch erwähnt, dass bei tieferer Betrachtung berücksichtigt werden muss, dass an den Grenzflächen zusätzlich noch ein Wärmeübergang erfolgt. Auch dies wird durch entsprechende Materialparameter charakterisiert. Der Wärmeleitwiderstand addiert sich dann analog der Reihenschaltung von Widerständen.

Diese Betrachtungen sind von großer praktischer Bedeutung, weil durch solche Anordnungen eine Wärmeleistung übertragen wird. Ein solcher Sandwich-Aufbau ist beispielsweise bei der Bewertung der Isolationswirkung von Einsatzkleidung aus mehreren Schichten sowie in Kombination mit weiterer Kleidung wichtig. Zur Veranschaulichung der Wirksamkeit wird gelegentlich in diesem Zusammenhang vom »Zwiebelschalen-Prinzip« gesprochen.

8.3 Wärmekonvektion

Die Wärmekonvektion ist die Übertragung von Wärmeenergie, die durch die makroskopische Strömung von Gasen oder Flüssigkeiten hervorgerufen wird. Auf diese Art und Weise bewegt sich der Wärmeinhalt mit dem Fluid mit. Auch diese Form der Wärmeübertragung ist an Materie gebunden. Sie verschwindet folglich im Vakuum.

Merke:

Wärmekonvektion transportiert Wärmeenergie infolge der Bewegung einer Trägersubstanz.

Konvektion transportiert in Fluiden normalerweise viel mehr Wärme als dies durch Leitung erfolgt. Durch Temperaturunterschiede entstehen primär Dichteunterschiede. Diese bewirken über heißeren Quellen einen Auftrieb, in dessen Folge sich eine Strömung einstellt. Die Moleküle transportieren ihre Wärmeenergie bei ihrer Strömung mit. Erwärmte Gase oder Flüssigkeiten strömen von der Wärmequelle ab und kältere Fluide werden unten herangeführt. Infolge der Dichteunterschiede steigen die wärmeren Fluide auf.

8 Ausgleichs- und Transportvorgänge

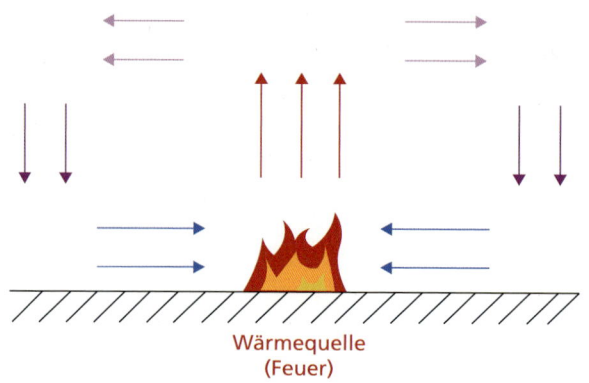

Bild 30: **Konvektionswalzen im freien Raum durch ein Feuer**

Wärmequelle (Feuer)

Eine solche Konvektion ist natürlich besonders für Brände charakteristisch. Hier steigen die heißen Verbrennungsgase auf und beginnen sich dabei durch Einmischung kälterer Luft abzukühlen. Da von unten ständig Gase nachgeliefert werden, können die sich abkühlenden Gase nicht sofort wieder sinken, sondern werden horizontal verteilt. Zugleich setzt ein horizontaler Frischluftsog am Boden ein. Da von unten heißeres Fluid nachdrückt, wird das kältere weiter zur Seite gedrängt. Es kühlt dabei immer stärker ab, bis es schließlich wieder zu Boden sinkt und mit der bodennahen Frischluft zum Brand strömt. Im Resultat kommt es also zur Ausbildung einer charakteristischen Konvektionswalze (vgl. ▶ Bild 30, wobei im Bild die Farbänderung die Abkühlung der Gase darstellen soll). Da bei dieser freien Konvektion mit der Strömung auch Schadstoffe transportiert werden, ist sie nicht nur für den Wärmeausgleich von Bedeutung.

In geschlossenen Räumen wird die Strömung durch die Begrenzung erzwungen. Es kommt über dem Feuer zu einem Heißgasstrom, dem Plume, und einer Deckenströmung, dem Ceiling. Derartige Strömungen sind von Bedeutung, wenn man durch Öffnungen Rauch und Wärme ableiten möchte. Sogenannte natürliche Rauch- und Wärmeabzugsanlagen (RWA) nutzen die Konvektionsströmung eines Brandes. Sie können aber nur wirksam sein, wenn der Gegendruck durch äußeren Wind an den Öffnungen nicht zu groß ist.

Wärmekonvektion kann aber auch »erzwungen« werden. In diesem Fall erfolgt sie mit einer äußeren Strömung, die natürlich (z. B. durch Wind oder Wasserströmung) oder künstlich verursacht sein kann, beispielsweise durch Ventilatoren. Letzteres können transportable Druckbelüfter der Feuerwehr oder maschinelle RWA sein.

Konvektion ist ein wirksamer Austauschprozess. Die Isolationswirkung von Schutzkleidung beruht primär darauf, dass die heiße Strömung die Körperoberflächen von Personen nicht erreichen kann. Dies gilt natürlich für jede Art von Kleidung. Durch den Kleidungsaufbau wir dann gezielt verhindert, dass ein Wärmedurchbruch erfolgt. Da Luft ein schlechter Wärmeleiter ist, lässt sich, wie im vorigen Kapitel behandelt, die Wärmeleitung durch Luftschichten verringern. Wärmeisolierende Kleidung darf folglich nicht zu eng anliegen.

Die beschriebenen makroskopischen Konvektionswalzen kann man auch in Laborversuchen als regelmäßige Zellenstruktur gewisser Strömungen beobachten. Hier wird deutlich, dass die Wärmekonvektion eng mit den Strömungseigenschaften verbunden ist. Eine genaue Beschreibung, die nicht nur das generelle Verhalten betrifft, erfordert deshalb eine Kopplung mit der Fluidmechanik (vgl. ▶ Kapitel 6).

8.4 Wärmestrahlung

Die Wärmestrahlung ist eine Form der Wärmeübertragung, die sich grundsätzlich von den bisher besprochenen Mechanismen unterscheidet. Sie ist elektromagnetischer Natur (vgl. auch ▶ Kapitel 13). Ähnlich dem Licht ist hier auch eine Übertragung durch das Vakuum möglich. Diese Tatsache kennt jeder aus eigener Erfahrung durch die wärmende Wirkung der Sonnenstrahlung, die uns ja über das All, den luftleeren Raum, erreicht.

> **Merke:**
> Wärmestrahlung transportiert Wärmeenergie durch elektromagnetische Wellen, was in einer Substanz, aber auch ohne einen Träger durch das Vakuum erfolgen kann.

Die Wärmeabgabe durch Strahlung hängt nur von der Temperatur des strahlenden Körpers ab. Für die Energiebilanz ist jedoch auch die Rückstrahlung der Umgebung zu berücksichtigen. Die Berechnung der Wärmeleistung durch Strahlung erfolgt nach dem Stefan-Boltzmann-Gesetz mit der Konstanten

$$\sigma = 5{,}67 \cdot 10^{-8} \frac{W}{m^2 \cdot K^4}, \tag{8.8}$$

wobei der abgestrahlte Anteil durch die Rückstrahlung zu mindern ist. Man erhält

$$P = \sigma \cdot A \cdot (T_1^4 - T_2^4), \tag{8.9}$$

wobei A die Oberfläche des strahlenden Körpers ist. Diese Leistung ist ein idealisierter Wert, der praktisch nicht erreicht wird. Vielmehr wird nur ein Bruchteil davon ausgestrahlt bzw. absorbiert. Dies hängt von der Oberflächenbeschaffenheit der strahlenden Körper ab (Material, Farbe, Rauhigkeit). Da beide Anteile (Abstrahlung und Absorption) gleichartig sind, kann man das Verhalten durch einen einheitlichen Faktor, dem Emissions- oder Absorptionsgrad ε berücksichtigen. Damit erhält man die reale Strahlungsleistung zu

$$P_{real} = \varepsilon \cdot P. \qquad (8.10)$$

Der Korrekturfaktor liegt zwischen null und eins. Ideale Bedingungen findet man für sogenannte »schwarze Körper«, die durch $\varepsilon = 1$ gekennzeichnet sind. Reale Körper werden dagegen strahlungsmäßig als »grau« bezeichnet. Schließlich sei noch angemerkt, dass der Emissionsgrad von der Frequenz der Strahlung abhängt (vgl. auch ▶ Kapitel 14). Dies führt dazu, dass ein und dieselbe Oberfläche sich bei unterschiedlicher Strahlung völlig anders verhält. Beispielsweise kann ein Spiegel für sichtbares Licht bei der Wärmestrahlung eine absorbierende Wand sein und raue Wände können im Infraroten spiegeln. Dieses Verhalten ist zu berücksichtigen, wenn man Wärmebilder von Infrarotkameras auswertet. Derartige Geräte gehören inzwischen zu den wichtigen Hilfsmitteln beim Feuerwehreinsatz (vgl. ▶ Kapitel 14).

Schließlich sei als praktische Anwendung darauf verwiesen, dass Hitzeschutzanzüge mit einer silbrigen metallischen Oberfläche versehen werden. Der Grund liegt in der bewussten Veränderung des Emissionsgrades, so dass nur ein geringerer Anteil der Wärmestrahlung von außen absorbiert wird.

8.5 Diffusion und Konzentration

Für die Gefahrenabwehr ist bei Schadstofffreisetzungen sowie Bränden ein weiteres Transportphänomen von Bedeutung, die Diffusion. Hierbei handelt es sich um einen Konzentrationsausgleich durch Massentransport, der sich sowohl im molekularen Bereich als auch durch turbulente Strömungen vollziehen kann. Diese unterscheiden sich im Wert der Diffusionskonstanten D um einige Zehnerpotenzen.

Beide Effekte können einheitlich verstanden werden, da sie unabhängig von den physikalischen Unterschieden mit der völlig identischen Differentialgleichung (▶ 8.3) für die Konzentration beschrieben werden können. Lediglich die Stärke des Effektes ändert sich wegen des Zahlenwertes von D. Gelegentlich wird, um die Unterschiede zu betonen, die turbulente Diffusion auch als Dispersion bezeichnet. Diese von der Wirkung her viel stärkere Form der Diffusion ist für die atmosphärische Schadstoffausbreitung von Bedeutung.

8.5 Diffusion und Konzentration

Was versteht man nun eigentlich unter Konzentration? Es werden drei verschiedene Definitionen parallel benutzt und häufig nicht sprachlich getrennt. Die Verwirrung lässt sich nur vermeiden, wenn man die entsprechenden Maßeinheiten betrachtet. Allerdings muss angemerkt werden, dass sich alle drei Konzentrationsarten eindeutig ineinander umrechnen lassen, so dass man sich eigentlich auf nur eine Konzentration einigen könnte.

Von praktischer Bedeutung ist beispielsweise irgendein Gas (Schadstoff) in Luft. Zur Definition der Grundbegriffe betrachtet man ein ausgewähltes Volumenelement der Größe V, z. B. der Luft. Im Grenzfall kann dieses Element auch sehr klein (differentiell) sein, so dass sich die Konzentration von Punkt zu Punkt ändern kann. Folgende Konzentrationsbegriffe sind gebräuchlich:

- Massenkonzentration

$$C = \frac{m}{V} \text{ in } mg/m^3, \quad (8.11)$$

(m – Masse des Gases im Volumen V)

- Volumenkonzentration

$$C = \frac{V_{gas}}{V} \text{ in } ppm = ml/m^3, \quad (8.12)$$

(V_{gas} – Gasvolumen im Volumen V, ppm – der millionste Teil, d. h. parts per million)

- Molare Konzentration

$$C = \frac{n}{V} = \frac{1}{V_{mol}} \text{ in } mol/m^3, \quad (8.13)$$

(n – Zahl der Mole des Gases im Volumen V, V_{mol} – Molvolumen des Gases).

Merke:

Diffusion transportiert Masse, die durch die Konzentration beschrieben wird. Man erkennt die Definition der Konzentration am einfachsten anhand der verwendeten Maßeinheit.

Zunächst ist anzumerken, dass (▶ 8.3) ja auch für die Wärmeleitung gilt. Es besteht also eine formale Analogie, über die sich Aussagen wechselseitig übertragen lassen. Andererseits unterscheiden sich die Grundsituationen, so dass verschiedene charakteristische Anwendungsfälle berechnet werden müssen. Für die Diffusion wird hier ein Grundszenario betrachtet, dass die Basis für weitere Modelle und Berechnungen ist.

8 Ausgleichs- und Transportvorgänge

Es wird jetzt eine vereinfachte Situation untersucht, deren Lösung sich in geschlossener Form angeben lässt, wenn auch erst nach komplizierten Berechnungen. Betrachtet wird eine Schadstoffmenge der Masse m, die zu einer bestimmten Zeit schlagartig an einem punktförmigen Ort freigesetzt wird. Zur Vereinfachung wählen wir für Ort und Zeit jeweils Null. Anschaulich gesprochen handelt es sich um eine punktförmige Schadstoffquelle, die quasi wie ein »Blitz« freigesetzt wird. Es steht die Frage, wie sich der Schadstoff verteilt.

Die eindimensionale Lösung der Gleichung (▶ 8.3) lautet dafür mit der Zahl $\pi = 3{,}14\ldots$

$$C(x,t) = \frac{C_o}{\sqrt{4 \cdot \pi \cdot D \cdot t}} \cdot e^{-\frac{x^2}{4 D t}}, \tag{8.14}$$

wobei C_o die Anfangskonzentration ist. Man erkennt, dass es sich um eine glockenförmige Konzentrationsverteilung handelt, deren Breite durch das Streuungsmaß $\sqrt{2 \cdot D \cdot t}$ bestimmt ist (siehe auch ▶ Bild 31). Diese Funktion wird auch als Gaußkurve bezeichnet. Mit wachsender Zeit fließt die Konzentration auseinander, wobei der Wert im Maximum sinkt. Erst nach unendlich langen Zeiten ist der Schadstoffaustrag überall im Raum gleich verteilt. Ausbreitungsprogramme auf dieser Grundlage werden auch als Gaußmodelle bezeichnet.

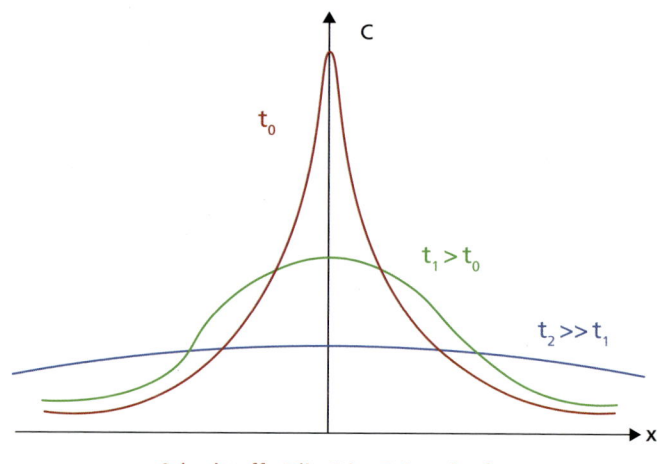

Schadstoff-„Blitz" im Zeitverlauf

Bild 31: *Ausbreitung eines punktförmigen Schadstoff-»Blitzes«*

9 Strömungsverhalten in Einsatzsituationen

> Zur Untersuchung realistischer Situationen bei der nichtpolizeilichen Gefahrenabwehr muss man im Allgemeinen auf die Anwendung von Codes im Computer zurückgreifen. Die Erstellung solcher Programme ist aber vor allem eine Aufgabe für Spezialisten. Das Verständnis solcher Codes wird allerdings durch die Kenntnis der physikalischen Grundlagen erleichtert. So lässt sich eine Brücke schlagen zwischen den Entwicklern und den Anwendern, wodurch Fehlanwendungen bzw. -interpretationen vermieden werden können. Auf Probleme der Validierung und Verifizierung wurde bereits früher hingewiesen.

9.1 Mathematische Brandmodelle für eine numerische Lösung

Der Simulation der Realität sind stets Modelle zugrunde gelegt. Noch nichts mit einer Computersimulation haben die körperlichen bzw. materiellen Modelle zu tun, die häufig auch irreführend als »physikalische« Modelle bezeichnet werden. Um ein »Muster« der Realität zu bauen, muss man eine Ähnlichkeit der gesamten Strömung verwirklichen (vgl. ▶ Kapitel 2 und 3.1). Dies erfordert die Konstanthaltung charakteristischer Kennzahlen, wie beim Brand beispielsweise der Froude-Zahl

$$Fr = \frac{v^2}{g \cdot D} \tag{9.1}$$

mit der Strömungsgeschwindigkeit v, einer charakteristischen geometrischen Dimension bzw. Länge D sowie der Erdbeschleunigung g, wodurch die Ähnlichkeit bei der Auftriebsströmung erreicht wird. So entstehen auch die einfachen Formeln, mit denen Berechnungen per Hand ausgeführt werden können.

Für eine mathematische Beschreibung der Vorgänge unterscheidet man bezüglich der unterschiedlichen Herangehensweise:

- deterministische Modelle,
- probabilistische Modelle.

Die erste Gruppe umfasst Modelle, die im Rahmen ihrer Näherungen ein eindeutiges Ergebnis liefern. Die eigentliche Simulation von Bränden im Computer basiert dabei auf den sogenannten mathematischen Modellen, die aus dem Satz von Gleichungen der Fluiddynamik bestehen. Aus einem Anfangszustand folgt eindeutig jeder künftige, d. h. das System ist vorbestimmt (determiniert). Vertreter sind Zonenmodelle, die auf der vereinfachenden Einführung homogener Raumbereiche (z. B. Rauchgasschicht) beruhen, und die Feldmodelle, bei denen der physikalische Zustand in jedem Punkt des Raumes ermittelt wird. Diese sehr aufwendige punktgenaue Beschreibung wird auch als CFD (Computational Fluid Dynamics) bezeichnet. Im Gegensatz dazu nutzen die probabilistischen Modelle statistische Methoden und liefern deshalb »nur« Wahrscheinlichkeitsaussagen zu den Bränden.

Merke:

CFD-Modelle sind eine aufwändige Berechnungsmethode auf der Grundlage der Bilanzgleichungen von Masse, Energie, Impuls und der chemischen Komponenten der Strömung in jeder Raumzelle. Das resultierende partielle Differentialgleichungssystem sind die Navier-Stokes-Gleichungen. Die Turbulenz ist durch geeignete Näherungen zu berücksichtigen.

Brände sind in der Regel mit turbulenten Strömungen verbunden, so dass dies geeignet berücksichtigt werden muss (vgl. ▶ Kapitel 6.4). Die exakte Beschreibung dieser »chaotischen« Bewegungen jedes Teilchens bis ins Einzelne ist selbst für die heutigen Computer noch zu viel, für eine praktisch orientierte Aussage andererseits auch gar nicht notwendig, vielleicht sogar störend.

Aus diesem Grund fasst man die turbulente Bewegung auf, als ob sie sich zusammensetzt aus einer mittleren Bewegung und einer Schwankung um diese. Dies gilt für jede physikalische Größe Φ, die den Zustand der Strömung beschreibt (z. B. die Temperatur). Kennzeichnet man den Mittelwert durch die jeweils überstrichene Größe und den Schwankungsanteil durch den Index s, so ergibt sich

$$\Phi = \bar{\Phi} + \Phi_s. \tag{9.2}$$

Die Modellgleichungen der Strömung besitzen bei geeigneter Mittelung für $\bar{\Phi}$ eine analoge Struktur wie im nicht turbulenten Fall, wobei noch Zusatzterme mit den Schwankungsgrößen auftreten. Da diese Terme ebenfalls unbekannt sind, muss man noch weitere (Transport-)Gleichungen aufstellen. Dies wird als Schließungsproblem bezeichnet.

Die Verschiedenheit der Turbulenzmodelle ist dadurch gekennzeichnet, wie diese Zusatzterme näherungsweise beschrieben werden. Ein für industrielle Probleme weit verbreiteter und mit Erfolg auch auf Brandprobleme anwendbarer Ansatz ist das k-ε-Modell. Als weiterer Lösungsansatz sei nur noch die Large-Eddy-Simulation (LES) erwähnt, bei der die großen Wirbel direkt berechnet werden und die Anteile der kleinen Wirbel durch ein Submodell Berücksichtigung finden. Auf Details dieser komplizierten Betrachtungen sei der Interessierte auf die Fachliteratur verwiesen (z. B. Hosser (2005)).

Abschließend wird angemerkt, dass solche Codes nicht als »Blackbox« genutzt werden sollten. Vielmehr muss der Anwender prüfen, ob die Realität ausreichend genau wiedergegeben wird. Man spricht hierbei von Validierung als Prüfung der Gültigkeit der Modelle und von Verifizierung als Bestätigung der Richtigkeit der Simulation (vgl. dazu ▶ Kapitel 2.1). Leider gibt es keine exakten Methoden zum Nachweis, so dass man sich auf Erfahrungen verlassen muss. Dabei lassen sich im Einzelfall verschiedene Kriterien heranziehen, wie der Vergleich mit experimentellen Daten und mit anderen Modellrechnungen, die Variation von Schrittweiten und Konvergenzkriterien und anderes mehr. Dies zeigt, dass Simulationen zwar sehr nützlich sind, aber auch viel Fachwissen zur sachkundigen Anwendung erfordern.

9.2 Anwendung von Diffusionsmodellen für Schadstofffreisetzungen

Neben Bränden sind Schadstofffreisetzungen im Rahmen der nichtpolizeilichen Gefahrenabwehr von besonderer Bedeutung. Auch die räumliche Ausbreitung im Zeitverlauf lässt sich mit geeigneten Computercodes ausreichend genau berechnen. Wegen der Komplexität solcher Rechnungen ist es aber offensichtlich, dass dies im Einsatz in der Regel natürlich nicht realisiert werden kann. Andererseits gibt es andere Situationen, wo solche Berechnungen sinnvoll sind. Beispielsweise ist dies für Katastrophenschutzpläne sowie die generelle Risikobewertung bei Industrieanlagen oder für die Bewertung der Bebauung sehr hilfreich.

Da in der Regel hierbei keine chemischen Reaktionen auftreten werden, sind solche Berechnungen weniger kompliziert als bei Bränden. Man wendet deshalb hier häufig verschiedene Modelle an, die im Kern allein auf der Diffusionsgleichung beruhen (vgl. ▶ Kapitel 8.5, insbesondere Beziehung (▶ 8.3)). Derartige Gaußmodelle werden vor allem zur Untersuchung von Freisetzungen infolge bzw. bei Störfällen genutzt, beispielsweise um über Immissionsprognosen die Beeinflussung von Mensch und Umwelt zu bewerten (vgl. (Zenger 1988; Schultz 1986) sowie die Regelwerke zur Verringerung von Emissionen und Immissionen von Luftschadstoffen).

Um möglichst gut die tatsächlichen Verhältnisse abzubilden, werden diese Modelle durch unterschiedliche Überlegungen angepasst. So lässt sich eine Schichtung der Atmosphäre einbauen, beispielsweise durch ein horizontales Höhenprofil der Windgeschwindigkeit mit einem logarithmischen Ansatz

$$u(z) = u_0 \cdot \frac{\ln\left(\frac{z}{z_r}\right)}{\ln\left(\frac{z_0}{z_r}\right)}, \tag{9.3}$$

der für bodennahe Schichten der Atmosphäre gilt. Hier bedeutet z_r eine Rauhigkeitslänge mit Werten zwischen $0{,}01m \leq z_r \leq 1m$, während der Index Null eine Bezugsgröße kennzeichnet. Betrachtet man größere Höhen, muss man davon abweichende Profile benutzen. Derartige Betrachtungen sollte man jedoch Spezialisten überlassen.

Die konkrete Ausbreitung von Schadstoffwolken wird erheblich durch den herrschenden Wind beeinflusst. Zur Beschreibung lassen sich zwei unterschiedliche Betrachtungen verwenden:

- Die Schadstofffreisetzung wird modellmäßig aus zeitlich aufeinanderfolgenden »Schadstoffblitzen« betrachtet, die sich mit dem Wind mitbewegen und dabei einzeln als auseinander fließende Gaußverteilung beschrieben werden.
- Die Schadstofffreisetzung erfolgt kontinuierlich, wobei das entstehende Gaußsche Konzentrationsprofil als »Fahne« auseinandergezogen wird.

Schließlich sei noch angemerkt, dass sich ein konstanter Wind bei derartigen Gauß-Modellen sehr einfach berücksichtigen lässt. Man kann die Lösung ohne Wind dabei durch Übergang zu einem neuen Koordinatensystem (d. h. eine Koordinatentransformation) finden, das sich gegenüber dem System ohne Wind gerade mit der konstanten Windgeschwindigkeit bewegt. Derartige Betrachtung sind für erste Abschätzungen brauchbar.

Merke:
Schadstofffreisetzungen werden häufig als Folge der Diffusion unter dem Einfluss von Wind beschrieben. Dabei verringert sich die Konzentration unter Einmischung von Luft mit fortschreitender Zeit und der Schadstoff verteilt sich.

9.3 Schwergasausbreitung

Ausbreitungsberechnungen von Gaswolken sollten stets durch einzelne Messungen der Konzentration bzw. auch durch andere Modellrechnungen überprüft werden.

9.3 Schwergasausbreitung

Derartiges hat in der Vergangenheit gezeigt, dass gelegentlich erhebliche Abweichungen aufgetreten sind. Genauere Analysen haben deutlich gemacht, dass sich Schwergase, das sind solche mit einer größeren Dichte als das umgebende Gas, sich grundsätzlich anders verhalten. Sie breiten sich vor allem bodennah aus, so dass beispielsweise explosionsfähige Konzentrationen über größere Distanzen auftreten können. Dies war im Nachhinein die Erklärung für eine Reihe von Unglücken mit größeren Opferzahlen in eigentlich als sicher angenommenen Entfernungen, was zum einen zur Verschärfung des Regelwerkes und zum anderen zu wissenschaftlichen Untersuchungen der physikalischen Gesetzmäßigkeiten bei der Schwergasausbreitung führte.

Merke:
Schwergase zeichnen sich durch eine größere Dichte als die der Umgebungsgase aus. Sie strömen bodennah, d. h. sie fließen auf der Erdoberfläche unter Wirkung der Schwerkraft.

Schwergase verhalten sich also ähnlich wie eine Flüssigkeit, die auf einer horizontalen Ebene unter Berücksichtigung des Oberflächenprofils und von Hindernissen fließt. Natürlich erfolgt bei den Schwergasen noch eine Einmischung der umgebenden Gase, wodurch sich die Wolke verdünnt und gleichzeitig vergrößert. Es sei angemerkt, dass sich ein betrachtetes Gas immer nur in Bezug auf das Umgebungsgas eventuell als Schwergas verhalten wird bzw. die Stärke dieses Schwergas-Effektes von den Dichteunterschieden abhängt.

Formelmäßig erfüllt die Dichte eines Schwergases die Bedingung

$$\varrho > \varrho_L, \tag{9.4}$$

wobei in der Praxis das umgebende Gas meist Luft ist, weshalb hierfür der Index L gewählt wurde. Unter der Voraussetzung idealer Gase bei demselben Druck (vgl. hierzu ▶ Kapitel 7.2) ergibt sich aus (▶ 9.4) für Schwergase die Bedingung

$$\frac{m_{mol}}{T} > \frac{m_{mol,L}}{T_L}, \tag{9.5}$$

unter der ein Gas als Schwergas wirkt. Das Verhalten hängt also neben seiner molekularen Zusammensetzung (d. h. der Molmasse) auch von der Temperatur bei der Freisetzung ab. So kann durch eine ausreichend hohe Temperatur die Bedingung (▶ 9.5) verletzt werden und sich ein eigentlich schweres Gas bei einer Freisetzung als Leichtgas verhalten.

9 Strömungsverhalten in Einsatzsituationen

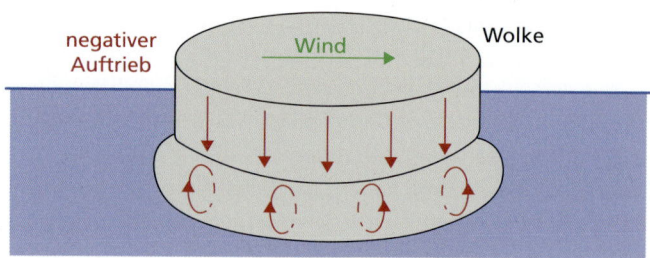

Bild 32: *Schwergaswolke während der Ausbreitung*

Wichtige Eigenheiten der Schwergasausbreitung lassen sich an dem einfachen Modell einer zylinderförmigen Wolke auf der Erdoberfläche erklären (▶ Bild 32). Zunächst erkennt man, dass infolge der Schwerkraft am Zylindermantel ein »negativer Auftrieb« auftritt. Diese Randströmung verursacht durch ihre Turbulenz eine Einmischung vom Luft. Im Gegensatz dazu ist die Lufteinmischung über das »Dach« der Wolke, d. h. der horizontalen Grenzschicht, zunächst gering, wodurch größere Wolken relativ stabil sind. Erst wenn die Wolke abgeflacht ist, spielt die Turbulenz auch in diesem Bereich eine größere Rolle. Nach ausreichender Lufteinmischung gleicht sich die Dichte der Umgebung an, so dass die Wolke dann immer besser als Leichtgas behandelt werden kann.

Bei der zeitlichen Entwicklung der Schwergaswolke bildet sich ein interessantes Phänomen heraus. Aus dem Mantel des Schwergaszylinders entstehen in Bodennähe Wirbel, aus denen sich resultierend ein ringförmiger Torus (ähnlich einem Fahrradschlauch) bildet. Im Zeitablauf wird dieser Torus immer weiter »aufgepumpt« und vergrößert dabei auch den Ringdurchmesser. Dadurch können kritische Konzentrationen beispielsweise für explosionsfähige Gemische einen relativ großen Abstand von der primären Wolke erreichen. Um bei der Gefährdungsbeurteilung Sicherheit zu erlangen, empfiehlt es sich, radiale Messungen der Bodenkonzentration besonders in Windrichtung vorzunehmen.

Abschließend sei angemerkt, dass Aerosole in vielen Details ein ähnliches Verhalten wie Schwergase zeigen. Aerosole sind ein Gemisch aus Schwebeteilchen (Feststoffpartikel oder Flüssigkeitströpfchen) in einem Gas. Für die konkreten Eigenschaften ist die Größe der Aerosolteilchen von Bedeutung, wodurch es zu unterschiedlichen Sinkgeschwindigkeiten kommt. Die praktische Bedeutung der Aerosole für die Gefahrenabwehr zeigt sich, wenn man beispielsweise die Ausbreitung von Ruß betrachtet, aber auch bei medizinischen Fragestellungen, wenn die Aerosolteilchen mit biologisch oder chemisch schädigenden Stoffen »aufgeladen« sind.

10 Schutz der Einsatzkräfte aus physikalischer Sicht

> Einsatzkräfte haben es bei der Gefahrenabwehr mit vielen physikalischen Phänomenen zu tun, die auch zu einer eigenen Gefährdung führen können. Aus diesem Grunde trägt jede Einsatzkraft eine Persönliche Schutzausrüstung (PSA). Sie besteht aus unterschiedlichen Komponenten für die einzelnen Gefährdungen.

10.1 Atemschutz

Typische Einwirkungen auf Feuerwehrkräfte sind:
- Nässe,
- mechanische Belastung,
- Strömung,
- Kälte,
- Licht,
- Schall,
- Wärme,
- Elektrizität,
- ABC-Gefahrstoffe,
- Psychische Belastungen.

Die PSA der Einsatzkräfte muss also einen möglichst umfassenden Schutz bieten und so gestaltet sein, dass alle Einsatzhandlungen problemlos unter Beachtung ergonomischer Aspekte wie dem Tragekomfort abgewickelt werden können (Hagebölling 2007, 2004).

Oftmals muss ein Kompromiss eingegangen werden, da ein gleichzeitiger Schutz gegen alle Einwirkungen physikalisch schwer zu erreichen ist. Ein Beispiel sind die Versuche mit verchromten Feuerwehrhelmen (Baer 1999). Die Verchromung bot einen exzellenten Schutz des Kopfes gegen die bei Bränden auftretende Wärmestrahlung. Andererseits kann eine Verchromung den Schutz des Trägers gegen kurzzeitigen, unbeabsichtigten Kontakt mit elektrischen Leitungen, die unter Spannung stehen, nicht realisieren. Deshalb sieht die EN 443 nunmehr spezielle Prüfungen der elektrischen Leitfähigkeit von Feuerwehrhelmen vor. Heute angebotene ver-

10 Schutz der Einsatzkräfte aus physikalischer Sicht

chromte Helme sind zur elektrischen Isolierung mit einer zusätzlichen Klarlackschicht versehen (Dräger Datenblatt 90 41 752 I22.03-10).

Der menschliche Organismus benötigt Atemluft, die frei von schädigenden Stoffen ist. Diese würden ansonsten über die Atemwege in den Körper gelangen und könnten dort zu gesundheitliche Schädigungen bis hin zum Tod führen. Da im Einsatz die konkrete Zusammensetzung der Umgebungsluft unbekannt ist und darüber hinaus bei einem Brand oder einer Freisetzung in der Regel gesundheitsschädigende Stoffe in der Luft auftreten werden, ist stets von einer Gefährdung auszugehen. Im Normalfall besteht die uns umgebende Atmosphäre zu 21 % aus Sauerstoff, zu 0,04 % aus Kohlendioxid und zu 78 % aus Stickstoff. Diverse Edelgase machen 0,96 % der Umgebungsluft aus. Die menschliche Atmung »verbrennt« 4 % des eingeatmeten Sauerstoffs, so dass die ausgeatmete Luft nur noch 17 % Sauerstoff und dafür 4,04 % Kohlendioxid enthält.

Die in der Umgebungsluft möglichen Schadstoffe unterscheidet man in
- Staub als feste Partikel, z. B. Ruß oder Glasstaub beim Öffnen einer Pkw- oder Lkw-Frontscheibe im Rahmen einer Technischen Hilfeleistung,
- Nebel, wie flüssige Partikel oder Aerosole,
- Rauch,
- Gase,
- Dämpfe.

Für den Schutz gegen solche Gefährdungen werden in den Feuerwehren unterschiedliche Atemschutzgeräte genutzt (vgl. ▶ Bild 33).

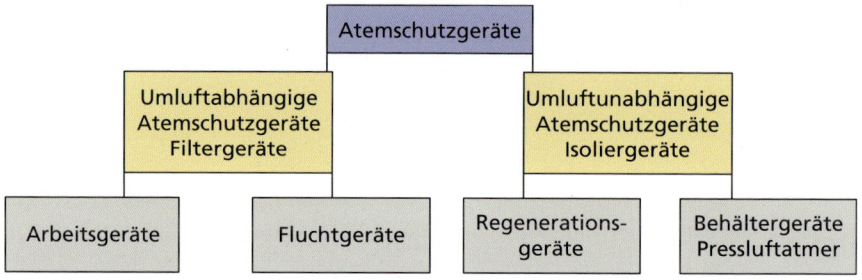

Bild 33: *Einteilung der verschiedenen Typen von Atemschutzgeräten bei der Feuerwehr*

Bei den **Behältergeräten/Pressluftatmern** handelt es sich um Isoliergeräte mit einem Atemluftvorrat, der unter 200 oder 300 *bar* Fülldruck gespeichert ist. Bei Verwendung von zwei Druckluftflaschen aus Kohlefaserverbundwerkstoff mit 6,8 *l*

10.1 Atemschutz

Volumen können so bis zu 3 740 l Atemluft mitgeführt werden (o. A. Dräger 2022). Dieser Wert ergibt sich, da sich Luft bei Drücken oberhalb etwa 150 *bar* zunehmend weniger effizient verdichten lässt. Weitere Bestandteile eines Behältergerätes sind der Druckminderer, der den Flaschendruck auf einen meist konstanten Mitteldruck von 4,5 bis 12 *bar* herabmindert, sowie Lungenautomat und Atemanschluss. Die beiden letzteren können entweder als Normaldruck- oder Überdruckversion ausgeführt werden.

Beim Verdichten der Atemluft ist zu beachten, dass der Kompressor die Bedingungen der DIN EN 12021 »Atemluft« erfüllt. Die Luft in den Flaschen muss frei von Schadstoffen, wie z. B. Ölpartikel sein. Während des Füllvorganges muss der Umgebungsluft im Kompressor Feuchtigkeit entzogen werden. Bei der Reduzierung auf den Mitteldruck erfolgt eine Abkühlung durch Entspannung der Gase. Dadurch würde die Feuchtigkeit zu Eispartikeln gefrieren, die den Druckminderer verstopfen können.

Bei einem **Regenerationsgerät** erfolgt die Atmung im Kreislauf, wobei der entnommene Sauerstoff ersetzt und das ausgeatmete Kohlendioxid dem Kreislauf entzogen werden muss. Das Kohlendioxid wird in einer mit Natriumhydroxid gefüllten Alkalipatrone mittels einer exothermen Reaktion in zwei Schritten absorbiert (o. A. Dräger 2022). Die entstehende Wärme führt zu einer Erwärmung der Atemluft und damit einer zusätzlichen Belastung des Geräteträgers. Der fehlende Sauerstoff wird je nach Hersteller über eine Sauerstoff-Druckflasche oder eine chemische Sauerstoff-Patrone zugeführt. Insbesondere für Langzeiteinsätze werden Regenerationsgeräte, vor allem bei Grubenwehren, aber auch in den Feuerwehren eingesetzt.

Kann von ausreichend Sauerstoff in der Umgebungsluft ausgegangen werden, d. h. Konzentrationen über 17-*Vol%*, können bei bestimmten Einsatzszenarien **umluftabhängige Atemschutzgeräte** eingesetzt werden. Beispielsweise können bei der Dekontamination von Einsatztrupps unter Chemikalienschutz Atemschutzmasken mit Filtern genutzt werden. Zu beachten ist der je nach Filtertyp erhöhte Atemwiderstand, der die Einsatzkräfte zusätzlich belastet. Zur geeigneten Auswahl der Filter sollte bekannt sein, welche Schadstoffe auftreten können. Es gibt Gas-, Partikel- und Kombinationsfilter. Gas- und Kombinationsfilter müssen der DIN EN 14387, Partikelfilter der DIN EN 143 entsprechen. In Gasfiltern werden Schadstoffe an Fasern eingefangen. Bei Gasfiltern werden organische Gase durch Adsorption an Aktivkohle und anorganische Gase durch Chemisorption an imprägnierter Aktivkohle gebunden. 1 *g* Aktivkohle hat eine Fläche von 1 500 m^2.

Die genannten Normen sehen Prüfungen der Filter bei definierten Konzentrationen von Schadstoffen vor. Da aber die Erschöpfung der Filterkapazität nicht vorausgesehen oder gemessen werden kann, sollte in unbekannten Situationen umluftunabhängiger Atemschutz verwendet werden. Beim Öffnen von Pkw- oder Lkw-Frontscheiben im Rahmen Technischer Hilfeleistungen sind sogenannte Partikel filtrierende Halbmasken vom Typ FFP2 ausreichend.

Zur Rettung von Personen aus verrauchten Gebäuden werden oftmals **Brandfluchthauben** eingesetzt (▶ Bild 34). Diese Fluchthauben schützen vor toxischen Brandgasen, Dämpfen und Partikeln. Sie enthalten in der Regel einen CO-P2 oder CO-P3 Filter. Die Fluchthauben sind einfach zu handhaben und schützen ca. 15 *min*.

Achtung:
Brandfluchthauben dürfen nur zur Flucht aus einem gefährdeten in einen sicheren Bereich und keinesfalls als Arbeitsgeräte eingesetzt werden.

Bild 34: *Brandfluchthaube im Einsatz (Quelle: Dräger)*

Die Zusammenstellung der unterschiedlichen Möglichkeiten zum Atemschutz zeigt, dass für die Betrachtung der Sicherheit solcher Systeme die jeweiligen, sehr unterschiedlichen Einsatzbedingungen zu berücksichtigen sind. Dafür sind jeweils die physikalischen Grundlagen zu analysieren. Nur so kann das Verständnis für die Schutzwirkung erreicht werden, was auch im praktischen Gebrauch hilfreich ist. Natürlich spielen derartige Überlegungen bereits bei der Entwicklung der verschiedenen Geräte eine große Rolle.

10.2 Schutz vor Hitze und Flammen

Die Einsatzkräfte der Feuerwehr sind bei der Brandbekämpfung vor allem thermischen Gefährdungen ausgesetzt (vgl. ▶ Kapitel 4 und 8):
- hohe Umgebungstemperaturen,
- Flammeneinwirkung, z. B. bei einer Durchzündung von Rauchgasen (in der Regel verbunden mit einer Druckwelle),
- Kontakt zu heißen Oberflächen,
- Wärmestrahlung.

Wärmestrahlung und die Durchzündung von Rauchgasen stellen wohl die größten Gefährdungen für die Einsatzkräfte dar, da ihr Auftreten und die konkreten Auswirkungen nur schwer einzuschätzen sind. Hier muss auch die Schutzausrüstung den Schwerpunkt setzen.

Wärmestrahlung ist für das menschliche Auge nicht sichtbar. Sie erwärmt kaum die Luft in der Übertragungsstrecke, kann aber auch weiter entfernte Objekte erhitzen und über die einsetzende Pyrolyse entzünden. Bestrahlungsstärken von 0,5 W/cm^2 erzeugen auf der ungeschützten menschlichen Haut schon nach 30 *s* Brandblasen, Bestrahlungsstärken von 5 bis 6 W/cm^2 sogar Verbrennungen dritten Grades. Ein Treibstoffbrand erzeugt bereits Bestrahlungsstärken von 3,5 bis 6 W/cm^2. Allerdings nimmt die Strahlungsintensität mit dem Quadrat des Abstandes von der Strahlungsquelle, dem Brandherd, ab (d. h. proportional zu *$1/r^2$*).

Wärmestrahlung und die Durchzündung von Rauchgasen beeinflussen einander. Bei einem Brand in einem geschlossenen Raum setzt die Wärmestrahlung des Brandes Pyrolysegase aus den weiteren, im Raum befindlichen brennbaren Gegenständen frei. Diese können sich auf Grund des entstehenden Sauerstoffmangels nicht entzünden. Erst bei Öffnen des Raumes und Zutritt von Sauerstoff entfaltet sich explosionsartig die Durchzündung (vgl. ▶ Kapitel 4.4). Die Einsatztaktik der Feuerwehr muss deshalb darauf ausgerichtet sein, eine Durchzündung zu verhindern, z. B. durch Kühlen der heißen Rauchgase.

Die Mindestschutzausrüstung für Einsatzkräfte der Feuerwehr muss solchen Gefahren Rechnung tragen. Sie besteht aus (Arnold 2021):
- Feuerwehrschutzbekleidung nach DIN EN 531/DIN EN ISO 11612,
- Feuerwehrschutzhelm mit Nackenschutz nach DIN EN 443,
- Feuerwehrschutzhandschuhe nach DIN EN 659,
- Feuerwehrstiefel nach DIN EN 15090.

Für die Innenbrandbekämpfung kommen hinzu:
- Flammenschutzhaube nach DIN EN 31911,
- Überjacke und Überhose nach DIN EN 469,
- Feuerwehrschutzhandschuhe für die direkte Brandbekämpfung.

Die Feuerwehrschutzbekleidung besteht in der Regel aus mehreren Schichten. Das Gewebe enthält eine oder bei neueren Ausführungen auch zwei Membranen als Nässesperre (Thorns 2018). Der Aufbau des Gewebes aus mehreren Schichten mit teils speziellen Noppensystemen soll die Wärmeleitung infolge der thermischen Beaufschlagung reduzieren und damit die Haut der Einsatzkräfte unter Berücksichtigung der physikalischen Gegebenheiten schützen (vgl. ▶ Kapitel 8.2). Bei den Systemen mit zwei atmungsaktiven, aber wasserdichten Membranen sind diese so angeordnet, dass die Hitzebarriere von beiden Seiten weitestgehend vor Nässe geschützt ist, ohne die Atmungsaktivität negativ zu beeinflussen.

Wenn die Körperkerntemperatur durch Anstrengung und/oder hohe Umgebungstemperaturen steigt, muss das Gewebe ermöglichen, dass der auf der Haut entstehende flüssige Schweiß verdunsten kann. Durch diese Verdunstung wird Wärmeenergie abgeführt. Es ist außerdem zu berücksichtigen, dass, wenn die Schutzbekleidung einmal durchwärmt ist, sie auch dann Wärme an den Träger abgeben wird, selbst wenn er sich nicht mehr in unmittelbarer Nähe zum Brandherd befindet. Aus diesem Grund wurde der Begriff »Fluchtzeit« eingeführt (Thorns 2018). Trotzdem sollten die Einsatzkräfte darauf achten, dass die Einsatzbekleidung nicht mit Wasser beaufschlagt wird. Bei plötzlich auftretender starker Wärmestrahlung oder einer Durchzündung kann die Nässe sich in Wasserdampf umwandeln und die Membran(en) können durchschlagen, was zu Verbrühungen der Haut der Einsatzkräfte führen würde.

Diese Vielzahl von Anforderungen an die Schutzausrüstung werden durch ein großes Spektrum unterschiedlicher Versuchsanordnungen geprüft und bewertet. Aus physikalischer Sicht ist besonders bedeutsam, dass der Atemschutz auch bei thermischer Belastung erhalten bleibt. Die Komplexität der physikalischen Einflussfaktoren auf die verschiedenen Elemente der Atemschutzausrüstung erfordern eine umfassende Betrachtung auf der Grundlage experimenteller Untersuchungen (Neske 2015).

Bei außergewöhnlich hoher Wärmestrahlung, z. B. bei brennenden Flüssigkeitsflächen, Metallbränden u. ä. sollte spezielle Hitzeschutzkleidung getragen werden. Diese Bekleidung ist in unterschiedlicher Form ausgeführt. Varianten sind Kopfhaube mit Handschuhen, Kopfhaube mit Poncho und Handschuhen oder ein Ganzkörperschutzanzug. Beim Einsatz von Ganzkörperschutzanzügen sollte zur Vermeidung eines Wärmestaus unter dem Anzug keine Einsatzkleidung nach DIN EN 469, Leistungsstufe 2, getragen werden.

10.3 Schutz vor chemischen Stoffen

Die Einsatzkräfte müssen auch gegen die Einwirkung von schädlichen chemischen Stoffen, wie Säuren, Laugen, Giften u. ä., die z. B. bei Unfällen mit Gefahrgut oder Austritten von Gefahrstoffen in der Industrie auftreten können, geschützt werden. Dafür werden spezielle Chemikalienschutzanzüge eingesetzt, die spezifische Eigenschaften besitzen (▶ Bild 35).

Bild 35: *Typischer Chemikalienschutzanzug (Quelle: Dräger)*

Man unterscheidet gasdichte und nicht gasdichte Chemikalienschutzanzüge. Bei gasdichten Schutzanzügen ist zu beachten, dass ähnlich wie bei Hitzeschutz-Ganzkörperschutzanzügen ein Wärmestau entstehen kann. Dabei steigt auch der Luftverbrauch, was die Einsatzzeit reduziert. Je nach Umgebungstemperatur sinkt also die Zeit bis zum Erreichen des Erschöpfungszustandes der Einsatzkräfte.

Für Chemikalienschutzanzüge werden im Rahmen von Zulassungsprüfungen Permeationsprüfungen durchgeführt (nach EN943-1 und EN 943-2/3). Die Prüfchemikalien decken aus den Bereichen der anorganischen und organischen Chemikalien die wichtigsten Stoffgruppen mit besonders aggressiven Eigenschaften ab, z. B. Flusssäure und Benzol. Damit ist eine Sicherheit auch für weniger aggressive Chemikalien gegeben (o. A. Dräger 2022). Auch hier sind die physikalischen Grundlagen zu beachten. Dies gilt in gleicher Weise für die Entwicklung der Produkte und Messverfahren wie auch für den Einsatz.

11 Schwingungen und Wellen

> Schwingungen und Wellen sind Phänomene, bei denen sich verschiedene physikalische Größen zeitlich bzw. zeitlich und räumlich periodisch ändern. Sie sind für zahlreiche technische Anwendungen, auch im Feuerwehrbereich von großer Bedeutung. Abhängig von der konkret betrachteten physikalischen Größe sind die Darlegungen zum Verhalten solcher Systeme in unterschiedlichen Gebieten der Physik bedeutsam. Um die einzelnen physikalischen Sachverhalte detaillierter erläutern zu können, werden in diesem Kapitel zunächst wichtige Grundlagen zu Schwingungen und Wellen dargestellt.

11.1 Mechanische und elektrische Schwingungen

Im Folgenden werden eine Reihe physikalischer Phänomene aus verschiedenen Gebieten der Physik unter einer einheitlichen Sicht betrachtet. Dies ist möglich, da für diese Erscheinungen jeweils Gleichungen gelten, die vom mathematischen Typ her gleich sind. Folglich lassen sich die Aussagen dieser Modelle unabhängig vom betrachteten Gebiet anwenden.

Begonnen werden soll mit dem Begriff einer Schwingung, bei der sich irgendeine physikalische Größe zeitlich periodisch verändert. In der Mechanik kann das die Auslenkung u eines schwingungsfähigen mechanischen Systems (z. B. einer Schraubenfeder) sein. Im elektrischen Fall wird es sich dann um die elektrische Spannung oder die Stromstärke in einem Schwingkreis handeln.

Das Zeitverhalten wird für die sogenannte harmonische Schwingung als Grundtyp des Schwingverhaltens durch eine Sinusfunktion beschrieben, wobei man sich wegen der hohen Anschaulichkeit am besten einen mechanischen Federschwinger vorstellen kann. Der Zeitablauf der Auslenkung, der sogenannten Elongation, lautet dann

$$u(t) = u_o \cdot \sin(\omega_o \cdot t + \varphi_o). \tag{11.1}$$

Dabei bedeuten u_o die Amplitude (als Maximalausschlag), φ_o die Anfangsphase und ω_o die Eigenfrequenz des schwingenden Systems (vgl. ▶ Bild 36). Die Eigenfrequenz wird durch die Art des Systems (z. B. die Härte der Feder) vorgegeben. Die Parameter u_o und φ_o ergeben sich dann aus einem gewählten Anfangszustand (Auslenkung und Geschwindigkeit) zu einer bestimmten Zeit $t = t_o$.

11 Schwingungen und Wellen

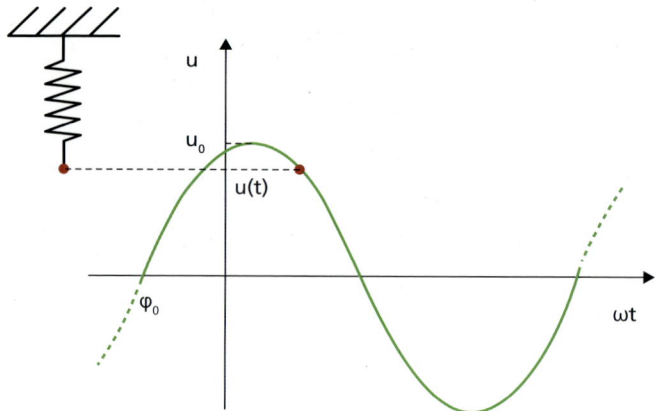

Bild 36: *Harmonische Schwingung durch einen Federschwinger*

Die zugehörige Differentialgleichung findet man durch zweifache Zeitableitung von (▶ 11.1) unter Berücksichtigung der Kettenregel der Differentiation

$$\frac{d^2u}{dt^2} = -\omega_0^2 \cdot u_0 \cdot \sin(\omega_0 \cdot t + \varphi_0). \tag{11.2}$$

Eliminiert man über (▶ 11.1) die Zeit, so ergibt sich die universell (d. h. auch für andere Größen) gültige Schwingungsgleichung

$$\frac{d^2u}{dt^2} + \omega_0^2 \cdot u = 0. \tag{11.3}$$

Die Periodendauer *T* ist die Zeit, die für eine volle Schwingung benötigt wird. Da die Periodendauer des Sinus wertmäßig 2π beträgt, ergibt sich durch Umstellen

$$T = \frac{2 \cdot \pi}{\omega_0} \tag{11.4}$$

(π = 3,14…). Die Frequenz ist davon das Reziproke

$$f = \frac{1}{T} \tag{11.5}$$

und wird in Hertz ($Hz = s^{-1}$) gemessen.

Multipliziert man (▶ 11.3) mit der Masse, so erhält man mit dem 2. Newtonschen Axiom (vgl. ▶ Kapitel 5.2) die Federkraft. Durch Gleichsetzen ergibt sich dann mit der Federkonstanten *c* die Periodendauer

$$T = 2 \cdot \pi \cdot \sqrt{\frac{m}{c}}. \tag{11.6}$$

11.2 Dämpfung und Resonanz

Merke:
Eine Schwingung ist ein zeitlich periodischer Vorgang. Die typischen Phänomene werden durch die fundamentale Differentialgleichung für Schwingungserscheinungen, die Schwingungsgleichung, erfasst.

Ein elektrischer Schwingkreis ist eine einfache elektronische Schaltung, bei der ein Stromkreis aus einem Kondensator mit der Kapazität C und einer Spule mit der Induktivität L besteht. Ein Kondensator ist im einfachsten Fall ein Plattenpaar und eine Spule sind Drahtwicklungen. Diese Bauteile besitzen in einem Stromkreis Eigenschaften, die durch die Parameter C bzw. L charakterisiert sind. Diese können gemessen werden und sind folglich für weitere Untersuchungen bekannt.

Analog zu (▶ 11.3) erhält man für den elektrischen Schwingkreis die Schwingungsgleichung für die Stromstärke I

$$\frac{d^2 I}{dt^2} + \frac{1}{L \cdot C} \cdot I = 0 \tag{11.7}$$

und durch entsprechenden Vergleich die Periodendauer

$$T = 2 \cdot \pi \cdot \sqrt{L \cdot C}. \tag{11.8}$$

11.2 Dämpfung und Resonanz

Um weitere Erscheinungen zu untersuchen, muss die Differentialgleichung der Schwingung erweitert werden. Die Schwingungsgleichung (▶ 11.3) erfasst dadurch zusätzliche Effekte. So lässt sich eine Dämpfung infolge von Reibung (mit der Dämpfungskonstanten δ) und eine äußere periodische Erregung mit der Kreisfrequenz Ω und der Amplitude U_0 berücksichtigen. Die erweiterte Grundgleichung lautet dann

$$\frac{d^2 u}{dt^2} + 2 \cdot \delta \cdot \frac{du}{dt} + \omega_0^2 \cdot u = \omega_0^2 \cdot U_0 \cdot \sin(\Omega \cdot t) \tag{11.9}$$

Zunächst sei die freie gedämpfte Schwingung betrachtet, d.h. die Erregung verschwindet ($U_0 = 0$). Die allgemeine Lösung dieser Gleichung lautet in diesem Fall

$$u(t) = u_0 \cdot e^{-\delta \cdot t} \cdot \sin(\omega \cdot t + \varphi_0) \tag{11.10}$$

mit der Kreisfrequenz

$$\omega = \sqrt{\omega_0^2 - \delta^2}. \tag{11.11}$$

Das Ergebnis ist eine Schwingung mit veränderter Frequenz und zeitlich abnehmender Amplitude (vgl. ▶Bild 37). Aus (▶11.11) erkennt man, dass für sehr starke Dämpfung

$$\delta \geq \omega_o \qquad (11.12)$$

die Frequenz zunächst verschwindet und dann gar eine Wurzel aus einer negativen Zahl entsteht. Damit entartet die Schwingung nach der Auslenkung zu einer allmählichen Annäherung an den Ruhezustand. Man spricht vom Kriechfall (vgl. ▶Bild 37).

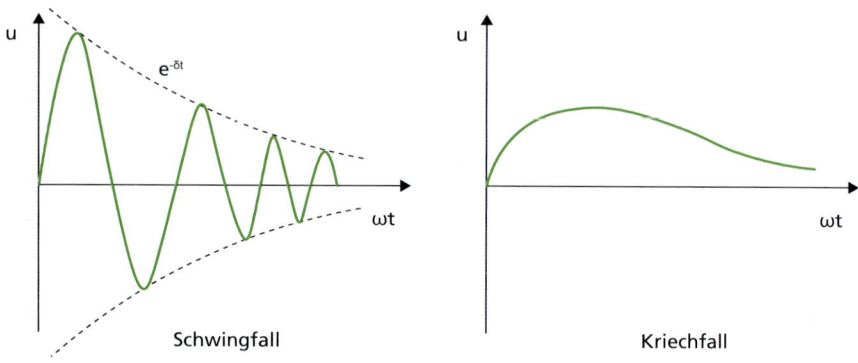

Bild 37: *Schwingung mit unterschiedlich starker Dämpfung*

Als nächster Fall wird zusätzlich die Anregung einer Schwingung betrachtet. In (▶11.9) wird die rechte Seite hinzugenommen und damit eine »erzwungene Schwingung« betrachtet. Nach einer Einschwingphase erhält man eine Schwingung mit der Erregerfrequenz, die jedoch um einen gewissen Betrag phasenverschoben ist. Interessant ist der Sachverhalt, dass die Amplitude der erzwungenen Schwingung für ein gegebenes System (festgelegte Eigenfrequenz ω_o und Dämpfungskonstante δ) vom Wert der Erregerfrequenz abhängt. Man erhält

$$\frac{u_o}{U_o} = \frac{\omega_0^2}{\sqrt{(\omega_0^2 - \Omega^2)^2 + (2 \cdot \delta \cdot \Omega)^2}} \cdot \qquad (11.13)$$

Diese Kurve besitzt ein Maximum (vgl. ▶Bild 38). Wird die Schwingung mit einer Frequenz Ω erregt, die gerade zum Maximum der Amplitude führt, so bezeichnet man dies als Resonanz. Bei dämpfungsfreien Systemen ($\delta = 0$) führt die Resonanz gar zu einer unendlichen Amplitude, da der Nenner dann für

$$\Omega = \omega_0 \tag{11.14}$$

verschwindet. Man spricht von einer Resonanzkatastrophe, da diese Situation durch unendlich große Ausschläge zur Zerstörung des schwingenden Systems führen würde.

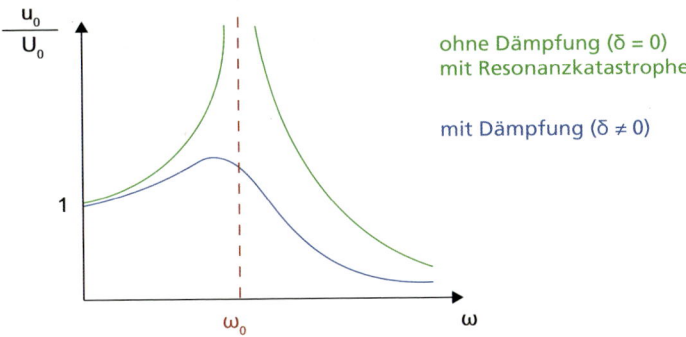

Bild 38: *Resonanzkurve der Schwingungsamplitude*

Gerade die Resonanz und ihre Vermeidung durch eine geeignete Dämpfung sind von großer praktischer Bedeutung, auch im Feuerwehreinsatz. Schließlich stellen Pumpen solch eine periodische Erregung dar, die sich auf schwingungsfähige Systeme wie die Fahrzeuge übertragen kann. Generell muss man die Resonanz bei allen rotierenden oder periodisch arbeitenden Anlagen bzw. Vorgängen beachten. So sind zahlreiche Messanordnungen schwingungsfähige Systeme, bei denen Resonanzeffekte zur Verfälschung der Messergebnisse führen können.

11.3 Wellen und Wellengleichung

Bei einer Welle überträgt sich eine Schwingung auf angrenzende Raumbereiche. Es kommt damit zu einer Ausbreitung der Erscheinung mit einer charakteristischen Ausbreitungsgeschwindigkeit c. Voraussetzung dafür ist eine Kopplung zu den benachbarten Bereichen. Diese beruht im Regelfall auf einer Kraftwirkung. Diese kann bei physikalischen Feldern wie dem Elektromagnetismus auch durch die Feldgrößen vermittelt werden (vgl. ▶ Kapitel 13).

Der Grundtyp einer Welle ist ein zeitlich und räumlich periodischer Vorgang. Man spricht von einer harmonischen Welle, wenn der funktionale Verlauf sinusförmig ist.

11 Schwingungen und Wellen

Wellen sind in unserer Umgebung allgegenwärtig. Wellen mit mechanischer Natur begegnen uns als Schall (auch Ultraschall), Wasserwellen, Erdbebenwellen und ähnliches. Elektromagnetische Wellen bilden ein ganzes Spektrum von Erscheinungen, die auch umfassend technisch genutzt werden. Es ist von großem Vorteil, dass es trotz der Verschiedenheiten viel Gemeinsames gibt, was in der einheitlichen Wellennatur dieser Erscheinungen liegt. Das erleichtert das allgemeine Verständnis solcher Erscheinungen erheblich. Im Folgenden werden deshalb zunächst einige allgemeine Eigenschaften betrachtet.

Eine Welle entsteht, wenn eine Schwingung durch Kopplung auf benachbarte Bereiche übertragen wird. Folglich hängt das Argument für die Funktion der Auslenkung neben der Zeit auch vom Ort ab. Zur Vereinfachung wird die eindimensionale Wellenausbreitung in x-Richtung betrachtet. Für eine harmonische Welle erhält man die Auslenkung

$$u(x,t) = u_o \cdot \sin\left[\omega \cdot \left(t - \frac{x}{c}\right) + \varphi_o\right]. \qquad (11.15)$$

Hierbei ist berücksichtigt, dass die Welle mit konstanter Geschwindigkeit weiterläuft (vgl. ▶ Bild 39). Analog zur Schwingung werden die Amplituden u_o und die Anfangsphase φ_o durch den Anfangszustand (Anfangsbedingungen) bestimmt. Die Parameter ω und c kennzeichnen das physikalische System, beispielsweise durch unterschiedliche Zähigkeit bei Wellen in Flüssigkeiten.

Man bezeichnet den Abstand zwischen zwei gleichen Schwingungszuständen als Wellenlänge λ. Während einer Schwingungsdauer T, d.h. der Zeit zwischen zwei gleichen Schwingungszuständen, ist die Welle genau um λ fortgeschritten. Damit ist die gleiche Auslenkung erreicht, da das Argument des Sinus (die Phase der Welle) denselben Wert hat. Die Ausbreitungsgeschwindigkeit der Welle ist also die Phasengeschwindigkeit, für die sich über die Definition der Geschwindigkeit einer gleichförmigen Bewegung als Weg durch Zeit unter Verwendung der Frequenz (▶ 11.5)

$$c = \frac{\lambda}{T} = \lambda \cdot f \qquad (11.16)$$

ergibt. Dieses Symbol darf nicht mit der Federkonstanten c in (▶ 11.6) verwechselt werden (vgl. auch ▶ Kapitel 5). Es ist zweckmäßig, anstelle der Wellenlänge die Wellenzahl

$$k = \frac{2 \cdot \pi}{\lambda} \qquad (11.17)$$

11.3 Wellen und Wellengleichung

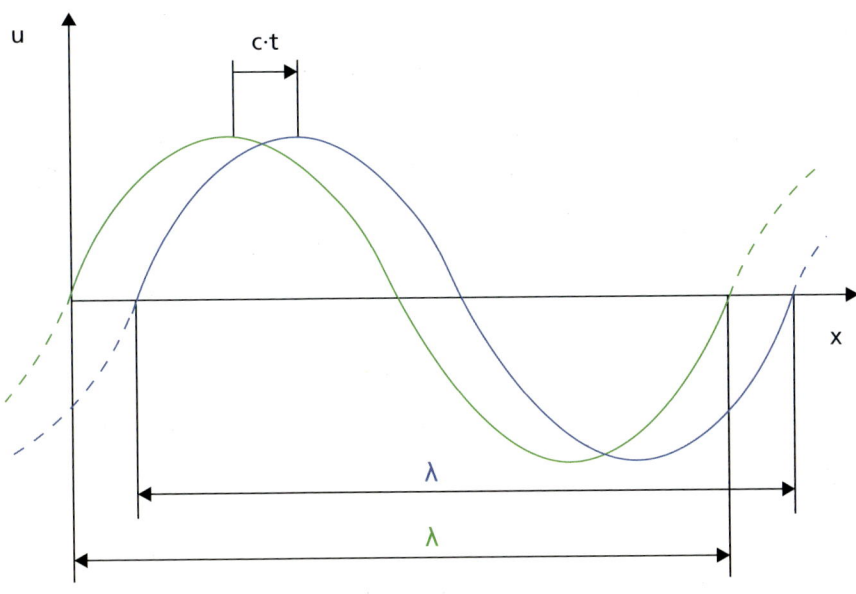

Bild 39: *Räumliche Wellenausbreitung einer Schwingung*

zu verwenden. Dann lässt sich die Phasengeschwindigkeit (▶ 11.16) auch umschreiben in

$$c = \frac{\omega}{k} \tag{11.18}$$

und die harmonische Welle (▶ 11.15) wird

$$u(x,t) = u_o \cdot \sin[\omega \cdot t - k \cdot x + \varphi_o]. \tag{11.19}$$

Um die typische Gleichung zu erhalten, die Wellenphänomene beschreibt, kann ähnlich wie bei Schwingungen vorgegangen werden. Die gesuchte Differentialgleichung sollte Ableitungen nach der Zeit und nach dem Ort enthalten. Partielle Ableitungen mit dem geschwungenen »∂« werden so gebildet, als ob die übrigen Variablen konstant wären. Unter Berücksichtigung der Kettenregel lässt sich aus (▶ 11.19) bilden:

$$\frac{\partial^2 u}{\partial t^2} = \omega^2 \cdot u, \quad \frac{\partial^2 u}{\partial x^2} = (-k)^2 \cdot u.$$

11 Schwingungen und Wellen

Durch Eliminieren von u ergibt sich mit (▶ 11.18) die Wellengleichung

$$\frac{\partial^2 u}{\partial x^2} = \frac{1}{c^2} \cdot \frac{\partial^2 u}{\partial t^2}. \tag{11.20}$$

Diese universelle Gleichung enthält noch viele weitere Lösungen, die Wellenphänomene beschreiben, nicht nur die harmonische Welle. Sie stellt die Basis dar, um in einem Sachverhalt einen Wellencharakter an den gültigen Gleichungen zu erkennen oder um weiterführende Untersuchungen zum Verhalten von Wellen durchzuführen.

> **Merke:**
> Eine Welle ist ein zeitlich und räumlich periodischer Vorgang. Die typischen Phänomene werden durch eine fundamentale Differentialgleichung für Wellenerscheinungen, die Wellengleichung, erfasst.

11.4 Interferenz

Eine wichtige Eigenschaft der Wellengleichung (▶ 11.20) ist die Tatsache, dass sie linear ist, d. h. die Auslenkung u und ihre Ableitungen treten nur in der ersten Potenz auf. In diesem Fall stellt eine Summe von Lösungen wieder eine Lösung dar. Die Überlagerung lässt sich auch experimentell durchführen. Dies bezeichnet man als Superposition der Wellen. Die Phänomene sind vielgestaltig. Die Größe u, die sich als Welle ändert, kann aus mathematischer Sicht entweder ungerichtet, also ein Skalar oder gerichtet, also ein Vektor sein. Ein typischer Vertreter für eine Skalarwelle ist die Druckwelle, während elektromagnetische Wellen Vektorwellen sind.

Die Interferenz soll als wichtiger Überlagerungseffekt explizit betrachtet werden. Dazu addieren wir im einfachsten Fall zwei harmonische Wellen mit gleicher Amplitude, Frequenz und Wellenlänge, die sich in gleicher Richtung ausbreiten und eine Phasenverschiebung von φ_0 besitzen. Die Ergebniswelle lautet dann nach der Addition

$$u = u_o \cdot \sin[\omega \cdot t - k \cdot x] + u_o \cdot \sin[\omega \cdot t - k \cdot x + \varphi_0]$$

bzw.

$$u = 2 \cdot u_o \cdot \cos\left(\frac{\varphi_o}{2}\right) \cdot \sin\left[\omega \cdot t - k \cdot x + \frac{\varphi_o}{2}\right]. \tag{11.21}$$

Hierfür wurde das Additionstheorem aus der Geometrie

$$\sin\alpha + \sin\beta = 2 \cdot \cos\frac{\alpha - \beta}{2} \cdot \sin\frac{\alpha + \beta}{2}$$

11.4 Interferenz

angewandt. Das Ergebnis (▶ 11.21) lässt sich anschaulich interpretieren. Es handelt sich wieder um eine harmonische Welle wie die Ausgangswellen, allerdings mit anderer Anfangsphase und der neuen Amplitude

$$U_o = 2 \cdot u_o \cdot \cos\left(\frac{\varphi_o}{2}\right). \tag{11.22}$$

Für die Phasenverschiebung $\varphi_o = 0$ erhält man eine Verdopplung der Ausgangsamplitude, die Welle verdoppelt sich folglich. Bei einer Phasenverschiebung von $\varphi_0 = \pi$ ergibt sich eine totale Auslöschung, d.h. die Welle verschwindet (Hinweis: $\cos 0 = 1, \cos\left(\frac{\pi}{2}\right) = 0$). Für Zwischenwerte der Anfangsphase liegt die Amplitude der überlagerten Welle dazwischen. Dieser Sachverhalt wird als Interferenz bezeichnet.

> **Merke:**
> Unter Interferenz wird verstanden, dass sich Wellen so überlagern, dass sie sich verstärken oder bis zur Auslöschung schwächen. Es addieren sich folglich nicht einfach nur die Amplituden.

Zahlreiche optische Erscheinungen lassen sich durch Interferenz erklären.

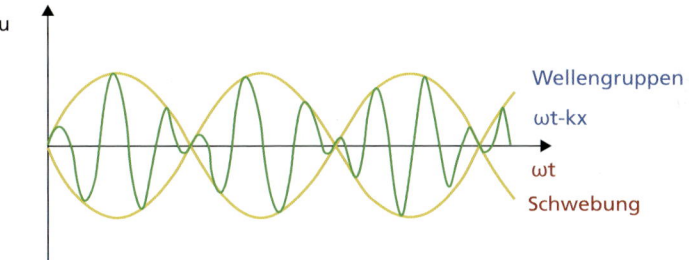

Bild 40: *Schwebung und Wellengruppe*

Überlagert man nun in analoger Weise zwei Wellen mit dicht beieinander liegenden Frequenzen und Wellenzahlen, so erhält man ein neues, nicht harmonisches Wellenphänomen, das vor allem durch eine ansteigende und abschwellende Amplitude charakterisiert ist. Dies wird als Wellengruppe bezeichnet. Im Falle der Schwingung wird eine analoge Erscheinung Schwebung genannt und hat ein ähnliches Erscheinungsbild (vgl. ▶ Bild 40). Auf gleiche Art lassen sich auch sogenannte Wellenpakete aufbauen, bei denen die Wellenerscheinung nur räumlich eng begrenzt auftritt.

Zu stehenden Wellen kommt man, wenn sich zwei entgegengesetzt laufende Wellen mit gleicher Amplitude sowie Frequenz und Wellenlänge überlagern. Sie zeigen insofern ein statisches Bild, als Wellentäler und -berge sowie die Knoten (Nulldurchgänge) dann immer an denselben Stellen auftreten, also ortsgebunden sind.

Für die Gefahrenabwehr ist ein weiteres Wellenphänomen von Bedeutung, das z. B. im Zusammenhang mit Detonationen auftritt. Gemeint ist die Stoßwelle, bei der die Periodizität zu einem einzigen Sprung von Zustandsgrößen (z. B. dem Druck) entartet. Sie ist in Form des Knalls eine bekannte Erscheinung. Wichtig ist, dass in der Stoßfront extrem hohe Temperaturen auftreten können, die in der Lage sind, chemische Reaktionen auszulösen. Genau dies geschieht bei der Sprengstoffumsetzung.

11.5 Reflexion und Brechung

Es sei nun die Ausbreitung einer Welle betrachtet. Wenn sie dabei auf eine Grenzfläche zwischen zwei Medien trifft, so wird ein Teil reflektiert und ein anderer Teil in das andere Medium gebrochen. Wegen der Energieerhaltung muss für die Anteile R (Reflexionsgrad) und D (Durchlassgrad) gelten

$$R + D = 1. \tag{11.23}$$

Wenn dabei auch noch Energie gebunden wird, muss man diese Absorption ebenfalls berücksichtigen. Beziehung (▶ 11.23) wird dann außerdem noch durch einen Absorptionsgrad verallgemeinert.

Die verschiedenen Wellenphänomene an solchen Grenzflächen lassen sich einfach auf der Grundlage des Huygensschen Prinzips erklären. Danach ist jeder Punkt einer Wellenfront stets Ausgangspunkt von kugelförmigen Elementarwellen, die sich in ihrer Gesamtheit wieder zu einer Wellenfront überlagern. Wendet man dies auf die Grenzfläche an und berücksichtigt dabei, dass in verschiedenen Medien unterschiedliche Ausbreitungsgeschwindigkeiten c_1 und c_2 auftreten, so ergibt sich eine einfache geometrische Konstruktion für die Wellenfronten nach dem Auftreffen auf die Grenzschicht (vgl. ▶ Bild 41). Dabei legen die kugelförmigen Elementarwellen in der Zeit t mit den jeweiligen Ausbreitungsgeschwindigkeiten c radial den Weg $c \cdot t$ zurück. Man erkennt, dass sich eine reflektierte und eine gebrochene Welle ausbilden.

11.5 Reflexion und Brechung

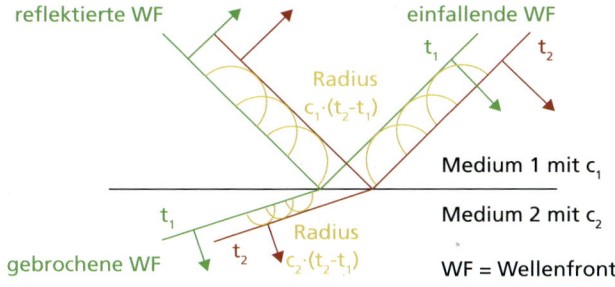

Bild 41: *Konstruktion der Wellenfronten an einer Grenzschicht mit dem Huygensschen Prinzip*

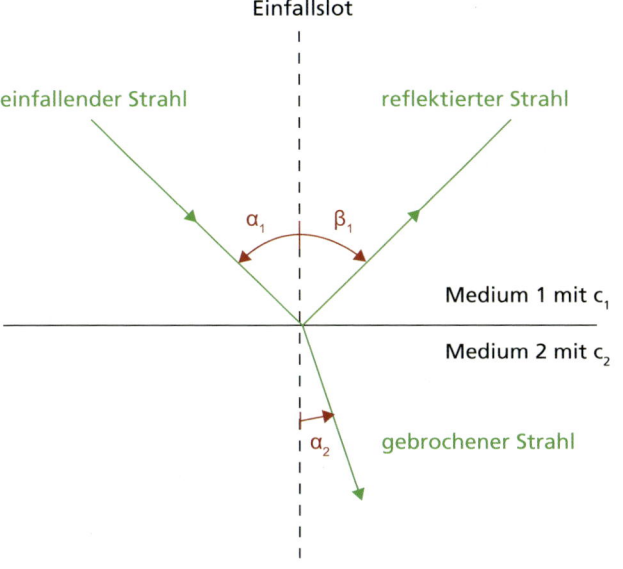

Bild 42: *Strahlengang (Wellennormale) an einer Grenzschicht*

Betrachtet man nun die Normalen auf den Wellenfronten, d. h. die Senkrechten zu den Wellenfronten (Strahlen), die sich aus der Übertragung von ▶ Bild 41 ergeben (vgl. ▶ Bild 42). Einfache geometrische Überlegungen liefern Beziehungen zwischen dem Einfallswinkel α_1, dem Reflexionswinkel β_1 und dem Brechungswinkel α_2. Der Index charakterisiert das Medium. Man erhält das Reflexionsgesetz

$$\alpha_1 = \beta_1 \tag{11.24}$$

in der Form »Einfallswinkel gleich Reflexionswinkel«. Außerdem ergibt sich das Brechungsgesetz

$$\frac{\sin \alpha_1}{\sin \alpha_2} = \frac{c_1}{c_2}. \tag{11.25}$$

Daraus lassen sich nun die Richtungen der gebrochenen und reflektierten Strahlen bestimmen. Für

$$c_2 > c_1 \tag{11.26}$$

wird der gebrochene Strahl vom Einfallslot weg gebrochen, d. h. es liegt ein Übergang in ein sogenanntes optisch dünneres Medium vor. Dafür ergibt sich bei großen Einfallswinkeln ein Bereich, bei dem die Brechung verschwindet. Man spricht bei diesem Effekt eines flachen Einfalls der Welle von Totalreflexion. Dieser Effekt begegnet uns häufig in der Praxis. Er verursacht beispielsweise das Glitzern heißer Straßen bzw. heißer Flächen, aber ermöglicht auch den Lichttransport in Lichtleitkabeln.

11.6 Streuung und Absorption

Es gibt Erscheinungen, die die Intensität einer Welle auf ihrem Weg durch ein Medium schwächen. Wir alle kennen die Tatsache, dass Licht nicht den Brandrauch durchdringt, er wirkt schwarz. Im Infraroten jedoch wird Rauch plötzlich durchsichtig, was bei Infrarotkameras als Sichtgeräte im Feuerwehreinsatz genutzt wird (vgl. ▶ Kapitel 14).

Offensichtlich gibt es Wechselwirkungen zwischen den einfallenden Wellen und der Materie, die durchdrungen wird. Dies ist nicht immer nur ein unerwünschter Effekt. So schützt uns die Ozonschicht der Erde vor einer zu starken Wirkung des Ultravioletten im Sonnenlicht. Andererseits lässt sich diese Wechselwirkung auch analysieren, um so Aussagen über die Stoffe auf dem Weg der Welle zu erlangen. Genau dies wird mit unterschiedlichen Methoden bei der Schadstofffernmessung in der Atmosphäre getan (z. B. bei FTIR oder LIDAR), deren Beschreibung bzw. Erläuterung den Rahmen des Buches sprengen würde. Hier muss auf weiterführende Fachliteratur zur Messtechnik verwiesen werden. Physikalisch betrachtet, hat man es bei der Schwächung von Wellen im Wesentlichen mit zwei unterschiedlichen Erscheinungen (Absorption und Streuung) zu tun:

Bei der **Absorption** erfolgt eine Schwächung, indem sich die Energie der Welle im Medium irreversibel in Wärmeenergie umwandelt. Empirisch lässt sich dieser Vorgang mit dem Schwächungsgesetz für die Intensität I der Welle entlang des Weges x

$$I = I_o \cdot e^{-\mu \cdot x} \tag{11.27}$$

beschreiben (μ – Absorptionskoeffizient, der Index Null kennzeichnet den Anfangswert). Als Stoffkonstante ist der Absorptionskoeffizient jedoch wellenlängenabhän-

11.7 Beugung und Doppler-Effekt

gig. Man spricht von »Fenstern«, wenn Stoffe nur für bestimmte Wellenlängen eine Durchsichtigkeit zeigen, d. h. ein ungeschwächter Wellendurchgang erfolgt.

Bei der **Streuung** erfolgt eine Schwächung durch die Anregung der Moleküle des Mediums. Die Energie wird von den Molekülen zwar wieder in Form von Wellen abgegeben, was jedoch diffus in den Raum erfolgt, so dass die ursprüngliche Welle geschwächt wird.

Die Streuung ist insbesondere für elektromagnetische Wellen bedeutsam. Sie tritt bei zahllosen Alltagssituationen und damit auch im Feuerwehreinsatz auf. Erinnert werden soll nur daran, wie ein Lichtkegel bei Nebel oder Wasserdampf zwar den Raum diffus erhellt, ihn jedoch nicht durchdringt. Aber auch beim Sprechfunk sind diese Erscheinungen zu berücksichtigen.

Für eine physikalische Betrachtung muss man trennen, ob eine Streuung bezüglich der Wellenlänge an kleinen oder größeren Teilchen erfolgt. Für Licht unterscheidet man vor allem in die Mie-Streuung an Teilchen mit einem Radius von mindestens der Größe der Wellenlänge (z. B. Wassertröpfchen) und in die Rayleigh-Streuung für Teilchen, die wesentlich kleiner als die Wellenlänge des Lichtes sind. Daneben treten für bestimmte Wellenlängen noch weitere Streuungsmechanismen auf. Auch hier soll auf eine tiefere Analyse mit dem Verweis auf Fachliteratur verzichtet werden.

11.7 Beugung und Doppler-Effekt

Eines der interessantesten Wellenphänomene ist die Beugung. Sie wird häufig zum Nachweis der Wellennatur einer Strahlung herangezogen. Beugung ist auch eine der Ursachen für Streuungserscheinungen.

Unter **Beugung** versteht man die Richtungsänderung von Wellen an Hindernissen, die in den Abmessungen von der Größenordnung der Wellenlänge oder kleiner sind. Durch Interferenz (vgl. ▶ Kapitel 11.4) kommt es im eigentlichen Schattenbereich des Hindernisses zu charakteristischen Mustern der Intensität bzw. zu Spektren, wenn die einfallende Welle aus einem Wellenlängengemisch besteht. Dies ist ein typischer Welleneffekt. Nach dem Huygensschen Prinzip (vgl. ▶ Kapitel 11.5) entstehen in jedem Punkt der Wellenfront, also auch an den Hindernissen, kugelförmige Elementarwellen, die sich überlagern.

Merke:

Beugung ist ein typisches Wellenphänomen.

An einem Spalt der Breite b erhält man durch Überlagerung der Elementarwellen an den Kanten (▶ Bild 43) als Phasenunterschied dieser Wellen von beiden Kanten unter Nutzung der mathematischen Definition des Sinus aus der Trigonometrie

$$\Delta L = b \cdot \sin \alpha. \qquad (11.28)$$

Dieser Unterschied hängt vom jeweiligen Winkel α ab. Daraus kann man nun durch Betrachtung der Verstärkung bzw. der Auslöschung die Winkel bestimmen, unter denen die Beugungsmaxima und -minima zu finden sind. Man erhält:
- Beugungsmaxima für $\Delta L = (0, 2, 4, \ldots) \cdot \frac{\lambda}{2}$,
- Beugungsminima für $\Delta L = (1, 3, 5, \ldots) \cdot \frac{\lambda}{2}$.

Auf einem Schirm lässt sich dann für die einzelnen Winkel die Intensität der Welle aufzeichnen. Resultierend entsteht das Beugungsbild auf dem Schirm (vgl. ▶ Bild 43). Dies reicht auch in den Schattenbereich hinein, was aber im Bild nur symbolisch dargestellt ist.

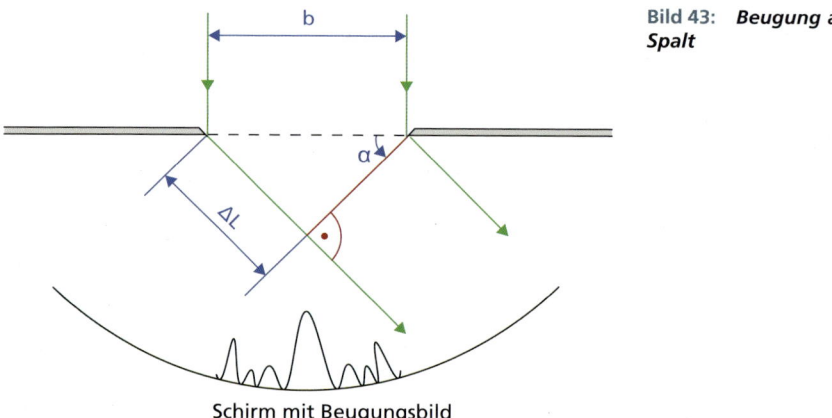

Bild 43: *Beugung am Spalt*

Zeigt eine Strahlung dieses charakteristische Verhalten, ist das ein Zeichen dafür, dass es sich um eine Wellenerscheinung handeln muss. Die Beugung spielt nicht nur eine wichtige Rolle zur Erklärung von Erscheinungen. Sie wird auch technisch z. B. in Spektrometern, d. h. Geräten zur Beobachtung von Spektren, ausgenutzt. Diese spielen auch bei der Schadstoffanalytik sowie bei der LASER-Messung von Tröpfchen eine Rolle. Beugungserscheinungen begrenzen aber auch optische Abbildungen und bestimmen damit die Qualität optischer Geräte. Schließlich tritt uns das Phänomen auch täglich gegenüber. Beugungserscheinungen beeinflussen im Zusammenhang mit Reflexionen den Funkempfang. Sie sind aber auch dafür zuständig, dass man

11.7 Beugung und Doppler-Effekt

etwas hören kann, auch wenn die Schallquelle nicht zu sehen ist. Der Unterschied zum Licht ergibt sich hier aus den verschieden großen Wellenlängen.

Im Zusammenhang mit der Vermessung von Wassertröpfchen spielt noch ein anderes Wellenphänomen eine wichtige Rolle, der **Doppler-Effekt**. Darunter versteht man eine Frequenzänderung, die durch einen mit der Geschwindigkeit v bewegten Wellenerzeuger (Sender) bzw. auch die Bewegung des Beobachters hervorgerufen wird. Die Ursache für diese Frequenzänderung ist die Tatsache, dass die Wellenberge infolge der Bewegung den Beobachter eher oder später erreichen. Damit ändert sich die beobachtete Frequenz eines mit der Relativgeschwindigkeit v bewegten Senders im Vergleich zur Frequenz f im ruhenden Fall unter Verwendung der Wellenausbreitungsgeschwindigkeit c nach

$$f' = \frac{f}{1 \pm \frac{v}{c}}. \tag{11.29}$$

Hierbei steht das Minuszeichen für den sich auf den Beobachter zu bewegenden Sender (d. h. Annäherung an den Beobachter) und das Pluszeichen für den weg bewegenden Sender (d. h. Entfernung vom Beobachter). Während die Polizei diesen Effekt zur Geschwindigkeitsmessung mit Dezimeterwellen benutzt, erfolgt die Anwendung dieses Effektes zur Messung an Wassertropfen mit einem Phasendoppleranemometer (PDA) durch Laser-Licht.

12 Mechanische Wellen

> Von mechanischen Wellen spricht man, wenn die Wellenausbreitung durch die mechanische Bewegung von Teilchen hervorgerufen wird. Es kommt durch eine Kopplung von Schwingungen zu einer Wellenerscheinung. Dabei ist hervorzuheben, dass es hierbei stets einen Träger für die Wellen gibt. Von großer praktischer Bedeutung sind die Schallwellen in Gasen (Akustik) und Festkörpern (elastische Wellen).

12.1 Elastische Wellen in Festkörpern

Eine einfache Form einer mechanischen Welle ist die Seilwelle. Sie entsteht, wenn das eine Ende eines frei liegenden Seils schwungvoll senkrecht ausgelenkt wird. Ist das andere Ende befestigt, so wird die fortlaufende Welle am Ende reflektiert. Im Ergebnis entsteht eine stehende Welle. Eine analoge Erscheinung entsteht, wenn eine Saite z. B. eines Musikinstrumentes an beiden Enden fest eingespannt ist und durch Anzupfen zu Eigenschwingungen erregt wird. Eine andere Form mechanischer Wellen sind Oberflächenwellen, die an Grenzflächen von Medien entstehen. Bekannt sind Erdbebenwellen und Wasserwellen. Interessant ist, dass bei den Wasserwellen die Teilchen Kreisbewegungen am Ort ausführen, wodurch es in Küstennähe zur Brandung kommt.

Auch in Festkörpern können mechanische Wellen auftreten. Festkörper sind durch einen kristallinen Aufbau gekennzeichnet, bei dem sich die Atome im Wesentlichen in einem geordneten Zustand befinden. Dieses Kristallgitter entsteht durch Kräfte zwischen den Atomen. Als Folge der herrschenden Temperatur vollführen diese gebundenen Atome unregelmäßige Schwingungen um diese Ruhelagen. Lenkt man nun Atome stärker aus der Ruhelage aus, etwa durch Anschlagen mit einem Hammer, so kommt es durch die elastischen Kräfte im Festkörper zur Ausbreitung dieser Störung, d. h. zu einer elastischen Welle. Dabei übertragen sich die Schwingungen der Atome von Nachbar zu Nachbar.

Die Kräfte im Atomverband eines Festkörpers sind dreidimensional. Bei einer lokalen Auslenkung reagiert die Umgebung neben der Stauchung/Dehnung auch mit einer Scherung. Dadurch treten zwei Arten von Wellen auf, die sich mit unterschiedlicher Geschwindigkeit ausbreiten. Bei den Longitudinalwellen erfolgt die

12.1 Elastische Wellen in Festkörpern

Schwingung in Ausbreitungsrichtung, während sie bei den Transversalwellen senkrecht dazu erfolgt.

Merke:
Transversalwellen sind dadurch gekennzeichnet, dass die Schwingung der Atome senkrecht zur Ausbreitungsrichtung erfolgt.
Longitudinalwellen sind dadurch gekennzeichnet, dass die Schwingung der Atome in Ausbreitungsrichtung erfolgt.

Meist treten beide Anteile auf, die sich im Festkörper überlagern. Abhängig von der Art der Anregung und der Geometrie des Festkörpers ergeben sich verschiedenartige Erscheinungen. Neben dem Körperschall, der sich im Vergleich zur Luft gut leiten lässt, kann man diesen auch sichtbar machen, beispielsweise als sogenannte Klangbilder auf Platten. Die Ausbreitungsgeschwindigkeiten werden durch die elastischen Festkörpereigenschaften bestimmt, die als Stoffparameter durch bestimmte Module (z. B. Elastizitätsmodul E, Schubmodul G) erfasst werden. Diese können wie auch die Festkörperdichte ϱ Tabellenbüchern entnommen werden (z. B. (Kohlrausch 1985) Band 3). Durch Untersuchung der elastischen Verschiebung der Atome lässt sich für Stäbe eine Wellengleichung analog zu (▶ 11.20) ableiten. Der Vergleich liefert dann die Ausbreitungsgeschwindigkeiten:

a) für die Longitudinalwellen im Stab

$$c_L = \sqrt{\frac{E}{\varrho}}, \tag{12.1}$$

b) für die Transversalwellen im Stab

$$c_T = \sqrt{\frac{G}{\varrho}}. \tag{12.2}$$

Man erkennt bereits für diesen Spezialfall, dass beide Geschwindigkeiten unterschiedlich sind, da sie von verschiedenen Parametern abhängen. Ähnliche Gesetzmäßigkeiten lassen sich auch für dreidimensionale Festkörper formulieren. Schließlich sei darauf hingewiesen, dass die Wellenausbreitung und damit die Schallfortpflanzung im Festkörper erheblich schneller als in Luft erfolgt, was sich durch Vergleich der zahlenmäßig berechneten Ausbreitungsgeschwindigkeiten ergibt.

12.2 Schallwellen in Fluiden

In der Akustik werden mechanische Wellen, ihre Entstehung, Ausbreitung in Fluiden und ihre Aufzeichnung behandelt. Im engeren Sinne wird dabei als Schall die Sinnesempfindung von mechanischen Wellen bezeichnet. Das Ohr kann als Empfänger nur Frequenzen von 16 *Hz* bis 20 *kHz* wahrnehmen, wobei erhebliche individuelle Schwankungen auftreten. Die im Allgemeinen nicht hörbaren tieferen Frequenzen werden als Infraschall (Gebäudeschwingungen, Bestandteile des Verkehrslärms u. a.), die höheren Frequenzen als Ultraschall bezeichnet. Ultraschall wird in modernen Geräten genutzt, um über bildgebende Verfahren Sachverhalte aus Medizin und Technik sichtbar zu machen oder über Laufzeitmessungen Ortungen (Sonar) vorzunehmen.

Schallwellen sind als mechanische Wellen immer an ein Trägermedium gebunden. In Fluiden, und damit insbesondere auch in Luft, handelt es sich im Gegensatz zum Schall durch elastische Wellen in Festkörpern um reine Longitudinalwellen. Der Wellencharakter wird aus der Tatsache deutlich, dass man unter Verwendung der adiabatischen Zustandsänderung (▶ 7.22) und der idealen Gasgleichung (▶ 7.8) eine Wellengleichung für den Druck *p*

$$\frac{\partial^2 p}{\partial x^2} = \frac{1}{c^2} \cdot \frac{\partial^2 p}{\partial t^2} \qquad (12.3)$$

mit der Ausbreitungsgeschwindigkeit

$$c = \sqrt{\frac{n}{m} \cdot \kappa \cdot R \cdot T} \qquad (12.4)$$

ableiten kann. Die Ausbreitung zeigt nach (▶ 12.4) neben der Abhängigkeit von der Art des Gases auch den Einfluss der Temperatur, wobei *m/n* die Molmasse ist.

Der starke Einfluss des Trägermediums auf die Schallausbreitung wird aus dem Vergleich der Ausbreitungsgeschwindigkeiten deutlich (vgl. ▶ Tabelle 11). Außerdem ist insbesondere auch bei Bränden die Temperaturabhängigkeit von Bedeutung. Zur Abschätzung dieses Einflusses ergibt sich aus (▶ 12.4)

$$\frac{c}{c_o} = \sqrt{\frac{T}{T_o}}. \qquad (12.5)$$

Ungefähr verdoppelt sich folglich die Schallgeschwindigkeit, wenn die Temperatur von Normalbedingungen (15°C) auf 1 000°C steigt.

12.2 Schallwellen in Fluiden

Hinweis:
Bei der Berechnung ist die Umrechnung in Kelvin zu beachten!

Merke:
Schallwellen in Fluiden sind stets Longitudinalwellen.

Tabelle 11: *Schallgeschwindigkeiten bei 20 °C (Meschede 2002)*

Stoff	c in *m/s*
Kohlendioxid	266
Luft	330
Wasser	1 485
Kupfer	3 900
Eisen	5 100

Zur Beschreibung einzelner physikalischer Erscheinungen werden verschiedene Begriffe eingeführt. So bezeichnet man eine rein sinusförmige Welle als **Ton**. Oberwellen entstehen, wenn diese ein ganzzahliges Vielfaches der Frequenz eines Tons besitzen. Die Überlagerung eines Tons mit solchen Oberwellen liefert den **Klang**. Ein **Geräusch** entsteht dagegen aus der Überlagerung von Wellen, die nicht nur Oberwellen enthalten sowie eine unregelmäßige Amplitudenverteilung aufweisen. Im Falle eines andauernden Auftretens über eine längere Zeit und bei ausreichender Stärke wird ein Geräusch **Lärm** genannt. Ein **Knall** ist ein plötzlicher hoher Druckanstieg.

Schallwellen sind mit dem Transport von Energie und Impuls, nicht jedoch von Masse verbunden. Physikalisch lässt sich der Schall objektiv durch seine Energieflussdichte, die sogenannte Schallintensität oder Schallstärke

$$I = \bar{w} \cdot c \text{ in } \frac{W}{m^2} \qquad (12.6)$$

kennzeichnen. Dabei ist $\bar{w}$ die als mittlere Schalldichte bezeichnete Energiedichte der Schallwelle. Das rein subjektive Empfinden, ausgedrückt durch die Lautstärke L, hängt allerdings nach dem Weber-Fechner-Gesetz lediglich logarithmisch von der Intensität ab. Es gilt mit dem dekadischen Logarithmus log die Proportionalität

$$L \sim \log\left(\frac{I}{I_0}\right), \tag{12.7}$$

wobei die Hörschwelle I_0 frequenzabhängig ist. Das gilt auch für die individuelle Schmerzschwelle sowie den ebenfalls individuellen Vorfaktor, wenn man aus (▶ 12.7) eine Gleichung machen will. Deshalb bezieht man sich einheitlich auf einen Ton von 1*kHz*. Die Lautstärke wird dafür in *Phon* gemessen, was für diese Frequenz auch dem Dezibel (*dB*) entspricht. So liegt beispielsweise die Schmerzschwelle bei 130 *Phon*.

13 Elektromagnetismus und seine Wellen

> Besonders interessant sind aus allgemeiner physikalischer Sicht elektromagnetische Erscheinungen. Zum einen handelt es sich dabei um eine ganz alltägliche Erscheinung, mit der jeder Mensch zu tun hat. Schließlich ist die Sonnenstrahlung, die für das Leben auf unserer Erde so fundamental und wichtig ist, von ihrer Natur her elektromagnetisch. Sie trifft die Erde über das Vakuum des Weltalls hinweg und hat als Sonnenlicht und Wärme- bzw. Energiespender für jeden von uns große Bedeutung. Zum anderen ist es physikalisch äußerst interessant, dass im Vakuum kein Träger für Wellen vorhanden ist. Damit erlangen die Felder zur Kopplung der Schwingungen für das Verständnis der physikalischen Abläufe erstmalig in der Entwicklung der Physik eine neue Bedeutung.
>
> Die elektrischen und die magnetischen Erscheinungen umfassen eine große Vielfalt sehr unterschiedlicher Phänomene, die durch ihre technische Umsetzung auch das Einsatzgeschehen bei der Gefahrenabwehr unmittelbar berühren. Auch die elektromagnetischen Wellen bilden ein breites Spektrum von verschiedenartigen Erscheinungsformen mit einer Vielzahl technischer Anwendungen. Dazu gehören Radar- und Mikrowellen, Funkwellen, Licht im sichtbaren Bereich sowie im unsichtbaren Infraroten (Wärmestrahlung) und Ultravioletten, Röntgenstrahlung, radioaktive und kosmische Strahlung.

13.1 Feldgrößen und ihre Quellen

Elektrische und magnetische Erscheinungen waren bereits frühzeitig bekannt. Erinnert sei in diesem Zusammenhang an Blitze, das Erdmagnetfeld oder die Reibungselektrizität. Aber auch die Sonnenstrahlen tragen elektromagnetischen Charakter. Im Zuge tieferer Erkenntnisse zu diesen Vorgängen wurden zahlreiche technische Entwicklungen vorangetrieben, die unser tägliches Leben durchgreifend verändert haben. In Zeiten zunehmender Elektromobilität erlangen solche Anwendungen gegenwärtig abermals eine wachsende Bedeutung.

Elektromagnetische Erscheinungen werden durch Felder beschrieben. Generell versteht man darunter in der Physik Gebilde, deren physikalische Parameter sich kontinuierlich in Ort und Zeit ändern. Sie sind also im gesamten Raum verteilt und können sich mit der Zeit ändern. Eine solche Beschreibung mit Feldern trat bereits bei der mechanischen Strömung von Teilchen auf (vgl. ▶ Kapitel 6). Während sie dort aber nur Hilfsgrößen für eine rationelle Beschreibung waren (prinzipiell könnte man die Bewegung jedes einzelnen Teilchens verfolgen), muss man elektromagnetischen Feldern eine objektive, eigenständige Existenz zuordnen. Diese Frage wird noch einmal detaillierter bei den Wellen im ▶ Kapitel 13.3 erläutert.

Elektrische und magnetische Felder werden über ihre Kraftwirkungen definiert. Sie können damit prinzipiell punktweise vermessen werden. Beim Elektromagnetismus unterscheidet man die elektrische Feldstärke $\vec{E}$, das Feld der dielektrischen Verschiebung $\vec{D}$, das Feld der magnetischen Induktion $\vec{B}$ und die magnetische Feldstärke $\vec{H}$. All diese Größen haben neben einem Betrag auch eine Richtung, d. h. es handelt sich um Vektoren (gekennzeichnet durch den Pfeil über der Größe). Man spricht deshalb von Vektorfeldern. Diese lassen sich unterschiedlich darstellen. Am einfachsten ist es, in jedem Raumpunkt den Vektor der jeweiligen Feldgröße aufzutragen (Vektorbild). Übersichtlicher ist es aber, diese Vektoren durch Linien, die sogenannten Feldlinien, so zu verbinden, dass die Feldvektoren immer tangential liegen (Feldlinienbild). Durch solche Darstellungen erhält man eine anschauliche Vorstellung von den Feldern (vgl. ▶ Bild 44).

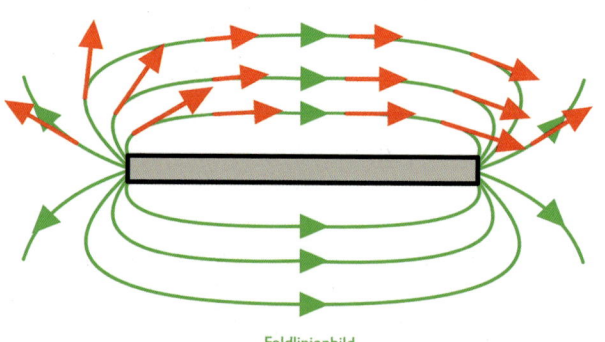

Bild 44: *Magnetfeld eines (dünnen) Stabmagneten*

Feldlinienbild
Vektorbild (nur im oberen Halbraum dargestellt)

Zwischen den beiden elektrischen und den beiden magnetischen Größen bestehen Materialgleichungen, die die Stoffeigenschaften kennzeichnen:

$$\vec{D} = \varepsilon \cdot \vec{E}, \quad (13.1\,\text{a})$$

$$\vec{B} = \mu \cdot \vec{H}. \quad (13.1\,\text{b})$$

Hierbei sind die Stoffkonstanten ε die Dielektrizitätskonstante und μ die Permeabilität. Für den wichtigen Spezialfall des Vakuums erhält man die universellen Naturkonstanten

13.1 Feldgrößen und ihre Quellen

$$\varepsilon_o = 8{,}854\,19 \cdot 10^{-12} A \cdot s/(V \cdot m), \tag{13.2 a}$$

$$\mu_o = 12{,}566\,4 \cdot 10^{-7} V \cdot s/(A \cdot m) \tag{13.2 b}$$

mit den neuen Maßeinheiten Volt *(V)* und Ampere *(A)*. Im Weiteren reicht es wegen (▶ 13.1), nur eine der elektrischen und eine der magnetischen Feldgrößen zu betrachten.

Woher kommen eigentlich die elektromagnetischen Felder? Elektrizität und Magnetismus werden durch den atomaren und subatomaren Aufbau der Materie hervorgerufen. Ohne darauf im Einzelnen eingehen zu wollen, sei nur angemerkt, dass Atome neben weiteren Teilchen aus einem aus positiv geladenen Teilchen bestehenden Kern und der Hülle aus negativ geladenen Teilchen, den Elektronen, bestehen. Die elektrischen Ladungen erkennt man über ihr Feld, das eine Kraftwirkung auf andere Ladungen ausübt. Ähnlich verhält es sich mit den Magneten. Hier wird das Feld durch sogenannte Dipole hervorgerufen, die einen Nord- und Südpol besitzen. Allerdings kann man im Gegensatz zur Elektrizität die beiden Pole nicht trennen, d. h. es gibt keine »magnetischen Monopole«. Trennt man ein magnetisches Material, so besitzen beide Teile wieder einen Nord- und Südpol. Auch hier erkennt man das Feld über eine Kraftwirkung.

Die elektromagnetischen Felder haben ihre Ursache in der Existenz elektrischer Landungen Q. Alle Stoffe sind aus Elementarteilchen aufgebaut, deren Mehrzahl eine elektrische Ladung trägt. Die kleinste Portion ist die Elementarladung

$$e_o = 1{,}602\,2 \cdot 10^{-19} As. \tag{13.3}$$

1 Amperesekunde *(As)* wird auch als 1 Coulomb *(C)* bezeichnet. Die Kraftwirkung (Coulomb-Kraft) ergibt sich dann zu

$$\vec{F} = Q \cdot \vec{E}. \tag{13.4}$$

Eine elektrische Ladung hat also die Fähigkeit, eine Kraftwirkung zu erzeugen. Mit einer Probeladung kann man darüber das Feld punktweise vermessen.

Wenn sich eine Ladung mit der Geschwindigkeit $\vec{v}$ bewegt, wird über

$$\vec{F} = Q\left(\vec{v} \times \vec{B}\right) \tag{13.5}$$

ebenfalls eine Kraft (Lorentz-Kraft) erzeugt.

Hinweis:
Hierbei bedeutet das Kreuz das »Vektorprodukt«, das eine spezielle Vorschrift für den Betrag sowie eine Festlegung der Richtung im Sinne einer Rechtsschraube bedeutet (vergleiche hierzu auch ▶ Bild 18).

13 Elektromagnetismus und seine Wellen

Die Kraft ist also stets senkrecht zur Bewegungsrichtung und zum magnetischen Feld gerichtet. Mit dem eingeschlossenen Winkel α zwischen diesen ergibt sich nach der Vektorrechnung der Betrag der Kraft

$$F = Q \cdot v \cdot B \cdot \sin(\alpha). \tag{13.6}$$

Wenn sich Ladungen bewegen, spricht man von (elektrischen) Strömen. Diese fließenden Ladungen, die sich in einem kleinen Zeitintervall ändern, erzeugen entlang eines Stromfadens (z. B. eines Drahtes) die Stromstärke

$$I = \frac{\Delta Q}{\Delta t}. \tag{13.7}$$

Hinweis:

Das Symbol Δ kennzeichnet wieder eine kleine Änderung der nachfolgenden Größe!

Damit lässt sich aus (▶ 13.5) eine analoge Beziehung für die Kraft auf einen stromführenden Leiter ableiten.

Die Lorentz-Kraft ist die Messvorschrift für das magnetische Feld, d. h. darüber erfolgt seine Definition. Es sei noch darauf verwiesen, dass sich Magnetismus auch bei ferromagnetischem Material (den sogenannten Permanentmagneten) zeigt. Zum Verständnis muss man in den atomaren Bereich vordringen, wo neben den elementaren Kreisströmen im Atom auch eine Eigendrehbewegung, der Spin, existiert. Damit verbunden sind magnetische Dipole, die man sich als elementare Stabmagnete vorstellen kann. Ihre Wechselwirkung untereinander und mit äußeren Feldern führt zu verschiedenartigen magnetischen Erscheinungen.

Merke:

Die elektromagnetischen Felder werden über ihre Kraftwirkung definiert. Prinzipiell lässt sich damit auch eine Messvorschrift für die Felder aufbauen.

13.2 Statische und stationäre Felder

Elektrische und magnetische Erscheinungen sind sehr vielfältig und werden umfassend technisch genutzt. Aus der Vielzahl der Probleme werden einige ausgewählt, die im Feuerwehreinsatz Bedeutung besitzen. Besonders an dieser Stelle muss der Interessierte jedoch auf weiterführende Literatur verwiesen werden.

13.2 Statische und stationäre Felder

Prinzipiell lassen sich für die Felder allgemeine Gleichungen aufstellen. Durch verschiedenartige Vereinfachungen ergeben sich jeweils unterschiedliche Modelle. Diese Feldgleichungen lassen sich dann für konkrete Situationen explizit behandeln bzw. lösen. Zunächst soll mit statischen Problemen begonnen werden, bei denen die Ladungen ruhen. In diesem Fall sind die elektrischen und die magnetischen Felder entkoppelt und können getrennt behandelt werden. Bei den stationären Problemen bewegen sich hingegen Ladungen, wodurch sich die Felder ändern, aber nur langsam. Elektrische und magnetische Felder sind hierbei bereits gekoppelt. Bei diesen Spezialfällen der vollständigen elektromagnetischen Feldgleichungen werden wichtige neue physikalische Größen zur Beschreibung solcher Vorgänge eingeführt.

In der Elektrostatik wird die elektrische Feldstärke infolge einer ruhenden Ladungswolke mit der Dichte

$$\rho_e = \rho_e(x,y,z) = \frac{\Delta Q}{\Delta V} \tag{13.8}$$

aus den elektrischen Ladungsanteilen in jedem kleinen Volumenelement bestimmt (zum Symbol Δ vgl. ▶ Kapitel 13.1). Zur Berechnung der elektrischen Feldstärke führt man als Hilfsgröße ein sogenanntes Potential $\varphi(x,y,z)$ ein, das die Lösung der Potentialgleichung

$$\frac{\partial^2 \varphi}{\partial x^2} + \frac{\partial^2 \varphi}{\partial y^2} + \frac{\partial^2 \varphi}{\partial z^2} = -\frac{1}{\varepsilon}\rho_e(x,y,z) \tag{13.9}$$

ist. Da mit dem Hinweis auf Fachliteratur auf die konkrete Lösung einzelner Probleme hier verzichtet werden soll, wird sich für einfache Betrachtungen nur auf die eindimensionale Darstellung beschränkt. Dadurch wird im Weiteren der komplizierte Gebrauch von Vektoren umgangen. Aus (▶ 13.9) erhält man dann die vereinfachte (eindimensionale) Potentialgleichung

$$\frac{d^2 \varphi}{dx^2} = -\frac{1}{\varepsilon}\rho_e(x). \tag{13.10}$$

Die elektrische Feldstärke ergibt sich nun aus dem Potential über

$$E(x) = -\frac{d\varphi}{dx}. \tag{13.11}$$

Betrachtet man das Potential an zwei Punkten im Raum (d. h. im Eindimensionalen für zwei Abstände x), so führt man für weitere Betrachtungen die Potentialdifferenz

$$U(x) = \varphi(x_1) - \varphi(x_2) \tag{13.12}$$

ein. Sie wir als Spannung bezeichnet und in Volt (V) gemessen.

Befindet sich nun ein elektrischer Leiter im Raum unter Einfluss eines elektrischen Feldes, so lässt sich über die Potentialgleichung der Potentialwert auf diesem Leiter

13 Elektromagnetismus und seine Wellen

berechnen. Zur Charakterisierung einer Anordnung von Leitern im Raum benutzt man das Fassungsvermögen an Ladung und bezeichnet dies als Kapazität

$$C = \frac{Q}{\varphi}. \tag{13.13}$$

Merke:
Die Kapazität eines Leiters ist sein Fassungsvermögen für elektrische Ladungen. Wenn sich zwei Leiter auf vorgegebenen Potentialen befinden, bezeichnet man die Leiteranordnung als Kondensator.

Die einfachste Bauform eines Kondensators, aber nicht die einzige, sind zwei gegenüberliegende Platten, die sich durch die Spannung U unterscheiden (Plattenkondensator). Für die Kapazität ergibt sich analog zu (▶ 13.13)

$$C = \frac{Q}{U}. \tag{13.14}$$

Ähnliche Betrachtungen lassen sich auch für die Magnetostatik anstellen. Hierbei sind allerdings die Quellen des Magnetfeldes die magnetischen Dipole bzw. deren Dichtewolke analog zu (▶ 13.8).

Es sollen nun bewegte Ladungen betrachtet werden, die in dünnen Leitern fließen. Technisch handelt es sich hierbei um metallische Drähte. Zunächst sollen diese Ströme konstant sein, d. h. es handelt sich um Gleichströme. Diese Situation bezeichnet man als stationär, da zur Aufrechterhaltung des Stromes aus einer Spannungsquelle mit den Ladungen ständig Energie in den Leiter nachfließt und wieder in der Spannungsquelle verschwindet. Die Feldgleichungen zeigen, dass das Feld der magnetischen Induktion dann ein quellenfreies Wirbelfeld ist. Wirbel sind in sich geschlossene Feldlinien. Das Feld um einen solchen stromführenden Leiter sind konzentrische Kreise, die entsprechend der »Rechte-Hand-Regel« um den Leiter gerichtet sind (▶ Bild 45). Dies bedeutet, wenn der Daumen der rechten Hand in Stromrichtung zeigt, weisen die gekrümmten Finger in Richtung der Feldlinien (vgl. auch ▶ Bild 18). Die explizite Berechnung des Feldes ergibt eine Abnahme der Feldstärke im Außenraum mit wachsender Entfernung von der Leiteroberfläche, was eine Abnahme der Dichte der Feldlinien bedeutet (▶ Bild 46). Auch im Innenraum nimmt das Feld in Richtung der Symmetrieachse ab, aber nach einer anderen Funktion.

13.2 Statische und stationäre Felder

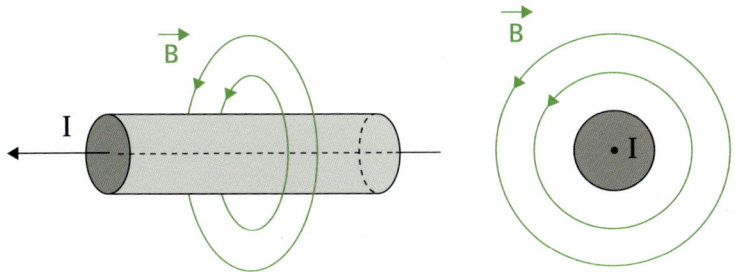

Bild 45: *Quellenfreies Wirbelfeld um einen stromführenden Leiter*

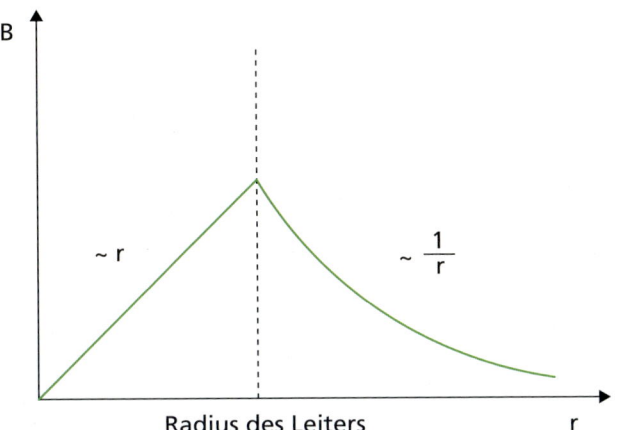

Bild 46: *Feld der magnetischen Induktion eines stromführenden Leiters als Funktion des radialen Abstandes*

Schließlich lässt sich als wichtiger Anwendungsfall auch ein Kreisstrom berechnen, bei dem der Strom durch einen kreisförmigen Ring fließt. Wendet man hier die »Rechte-Hand-Regel« an, so ergibt sich ein bemerkenswertes Wirbelfeld (▶ Bild 47). Für einen sehr kleinen Ring erhält man nämlich das gleiche Feld wie für einen magnetischen Dipol. Das führt zu dem Schluss, dass die elementaren Kreisströme im Atom durch die kreisende Elektronenbewegung in der Atomhülle »magnetische Momente« verursachen.

Weiterhin lassen sich gedanklich viele Kreisströme so aufeinander stapeln, dass man einen Zylinder erhält. Das Ergebnis ist ein anderes einfaches elektronisches Bauteil, das als Spule bezeichnet wird. Solche Spulen werden beispielsweise als Elektromagnete verwendet und sind allgemein bekannt. Das Feld lässt sich nun in einfacher Weise durch Überlagerung der einzelnen Kreisströme erhalten.

13 Elektromagnetismus und seine Wellen

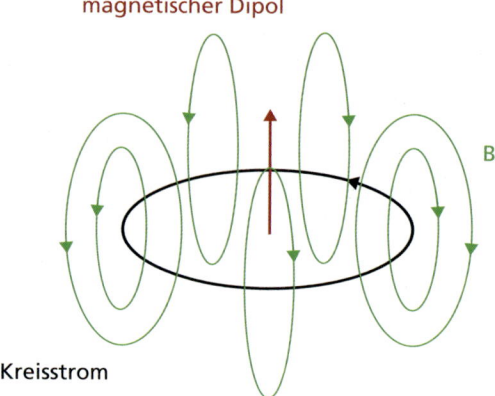

Bild 47: **Feld der magnetischen Induktion eines Kreisstromes bzw. eines magnetischen Dipols**

Auch Spulen gibt es als elektronisches Bauteil in unterschiedlichen Bauformen. Sie besitzen die Eigenschaft, dass bei sich zeitlich ändernder Stromstärke (wie beispielsweise bei Wechselstrom) über das sich damit ändernde Magnetfeld in einem Leiterkreis eine Spannung erzeugt wird. Dieses Phänomen wird als Induktion bezeichnet. Die Spannung kann dabei sowohl in einem anderen Stromkreis (d. h. ohne »galvanische Kopplung« durch eine direkte Verbindung über Leiter) als auch im eigenen Kreis (sogenannte Selbstinduktion) erfolgen.

Merke:
Die Induktivität ist das Vermögen von Spulen, Spannungen in einem Stromkreis zu induzieren.

Die Induktivität L kennzeichnet diese Eigenschaft und hängt beispielsweise von der Windungszahl oder dem Kernmaterial in der Spule ab und ist damit eine charakteristische Größe für das einzelne Bauteil. Mit diesem Wert ergibt sich die induzierte Spannung

$$U = -L \frac{dI}{dt}.$$ (13.15)

Hierin steht die erste Ableitung der Stromes nach der Zeit. Man erkennt, dass eine Induktionsspannung nur auftreten kann, wenn sich die Stromstärke wie bei Wechselstrom zeitlich ändert. Das Minuszeichen ist Ausdruck der Tatsache, dass die induzierte Spannung stets so gerichtet ist, dass sie ihrer Ursache entgegenwirkt (Lenzsche Regel).

13.2 Statische und stationäre Felder

Als weitere wichtige Bestandteile von Stromkreisen seien hier die folgenden zwei Bauteile erwähnt. Spannungsquellen (wie beispielsweise Batterien) erzeugen in einem Stromkreis als äußere Ursache eine Spannung U. Diese kann im Falle des Gleichstroms konstant sein und im Falle des Wechselstroms eine periodische Zeitfunktion sein. Ein sogenannter Ohmscher Widerstand R sorgt im Stromkreis für einen Spannungsabfall nach den Ohmschen Gesetz

$$U = R \cdot I. \tag{13.16}$$

Derartige Ohmsche Widerstände gibt es in verschiedenen Bauformen. Sie sind abhängig vom Material, das vom Strom durchflossen wird. Es sei darauf hingewiesen, dass jedes stromdurchflossene Element im Kreis (beispielsweise auch die Drahtzuleitungen) einen gewissen Ohmschen Widerstand hat. Charakteristisch ist für Ohmsche Widerstände, dass in diesen elektrische Energie in Wärmeenergie umgewandelt wird. Kapazitäten und Induktivitäten bewirken dagegen im Wechselstromkreisen sogenannte Scheinwiderstände.

Abschließend soll ein beliebig kompliziertes Netzwerk von Stromkreisen betrachtet werden, mit deren Gesetzmäßigkeiten eine Vielzahl konkreter Situationen behandelt werden kann. So ein Netzwerk lässt sich vorstellen als eine Anordnung von Drähten, deren Enden jeweils zusammengelötet sind. Es ergibt sich dann ein Geflecht, das aus einer beliebigen Zahl von Knoten (Lötstellen) und Maschen (einzelne Stromkreise) besteht (vgl. ▶ Bild 48). Natürlich sind dann in den einzelnen Leitungswegen die verschiedenen elektronischen Bauteile eingebunden.

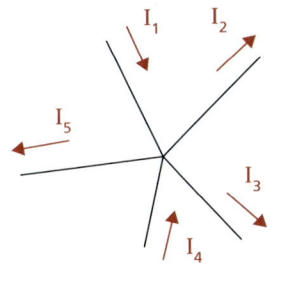
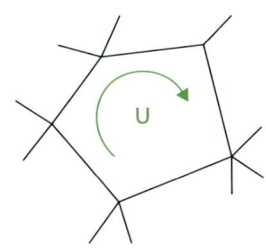

Bild 48: *Symbolisch dargestellte Knoten und Maschen (Anzahl der Drähte ist beliebig!)*

Knoten   Masche

Aus den Feldgleichungen für stationäre Probleme folgt, dass die Ströme an jedem Knoten quellenfrei sind. Daraus folgt für jeden Knoten

$$\sum_i I_i = 0 \quad \text{bzw. ausgeschrieben } I_1 + I_2 + \ldots = 0 \tag{13.17}$$

Hierbei bedeutet das Symbol Σ zur abkürzenden Schreibweise die Summation über alle i (in ▶ Bild 48 läuft i von 1 bis 5). Das Zu- bzw. Abströmen wird durch das jeweilige Vorzeichen erfasst.

Knotensatz:
Unter Berücksichtigung der Stromrichtung durch ein Vorzeichen ist die Summe aller Ströme an jedem Knoten null bzw. die Summe der zufließenden gleich der Summe der abfließenden Ströme.

Betrachtet man analog eine beliebig herausgegriffene Masche, so ist bei einem willkürlich festgelegten Umlaufsinn die Summe der Spannungen über die einzelnen Leitungsabschnitte mit den jeweiligen Bauteilen

$$\sum_i U_i = 0 \text{ bzw. ausgeschrieben } U_1 + U_2 + \ldots = 0. \tag{13.18}$$

Hierbei gelten neben den Spannungsquellen für die übrigen Bauteile die Beziehungen (▶ 13.14), (▶ 13.15) und (▶ 13.16).

Maschensatz:
In jeder Masche ist nach Festlegung eines willkürlichen Umlaufsinns die Gesamtsumme aller Spannungen in der Masche null bzw. die Summe der entstehenden Spannungen ist gleich der Summe der Spannungsabfälle für die einzelnen Bauteile.

Mit Hilfe dieser Sätze lassen sich eine Vielzahl praktischer Fragestellungen behandeln, wie beispielsweise die Parallel- und die Reihenschaltung von Widerständen. Als Beispiel einer Anwendung sei hier nur eine einzelne Masche aus einem Kondensator und einer Induktivität betrachtet (vgl. ▶ Bild 49). Der Maschensatz liefert mit (▶ 13.14) und (▶ 13.15)

$$-L\frac{dI}{dt} = \frac{Q}{C}. \tag{13.19}$$

Differenziert man diese Gleichung nach der Zeit und ersetzt die zeitliche Änderung der Ladung über (▶ 13.7) durch die Stromstärke, so ergibt sich für den Strom die Gleichung

$$0 = \frac{d^2 I}{dt^2} + \frac{1}{LC} I. \tag{13.20}$$

Dieser Gleichungstyp beschreibt Schwingungen (vgl. auch (▶ 11.7)), weshalb der elementare Stromkreis auf ▶ Bild 49 als Schwingkreis bezeichnet wird. Befinden sich in einem solchen Kreis Spannungsquellen, so erregen diese die Schwingung. Ohmsche Widerstände im Kreis bewirken eine Dämpfung der Schwingung. Die wirkenden Gleichungen lassen sich analog zu (▶ 13.20) aufstellen.

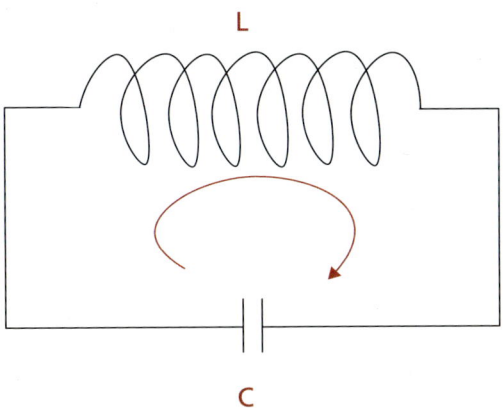

Bild 49: *Schwingkreis*

Schließlich sei darauf hingewiesen, dass es zahlreiche elektrische und magnetische Effekte gibt, die sich mit den hier behandelten Begriffen und Gesetzen untersuchen lassen. Es sei beispielhaft nur der Seebeck-Effekt betrachtet, der für die Temperaturmessung in heißen Gasen und Flammen von großer praktischer Bedeutung ist. Verbindet man zwei unterschiedliche Metalldrähte innig (z. B. als Lötstelle), so treten an der Grenzfläche Elektronen über. Dies folgt aus der atomaren Struktur. Als Folge bildet sich eine Kontaktspannung aus, ohne dass ein Strom fließt.

Verbindet man nun die beiden anderen Enden der Drähte, so liegt ein Stromkreis vor. Allerdings fließt immer noch kein Strom, da sich die beiden Kontaktspannungen aufheben. Die Höhe der Kontaktspannung an einer Lötstelle ist jedoch temperaturabhängig. Befinden sich nun beide Lötstellen auf unterschiedlichen Temperaturen, so entsteht resultierend eine Thermospannung, die zu einem messbaren Stromfluss im Kreis führt. Befindet sich die eine Lötstelle auf einer bekannten Temperatur, die exakt eingestellt werden kann, so kann man über eine Strommessung die Temperatur an der zweiten Lötstelle bestimmen. Für die Praxis gibt es unterschiedliche, industriell gefertigte Bauformen, wobei sogenannte Mantelthermoelemente besonders verbreitet sind (vgl. auch ▶ Kapitel 3).

13.3 Elektromagnetische Wellen

Wir wollen uns nun der Frage zuwenden, wie es beim Elektromagnetismus überhaupt zu Wellenerscheinungen kommt. Sie folgen aus dem vollständigen System der elektromagnetischen Feldgleichungen über umfangreiche mathematische Umformungen und beinhalten eine Vielzahl unterschiedlicher Wellenerscheinungen für technische Anwendungen. Die Quellen dafür sind die sich räumlich und zeitlich ändernden Ladungs- und Stromdichten.

Wellenerscheinungen lassen sich aber bereits anschaulich ableitet. Betrachten wir dazu ein Leiterstück, in dem ein periodischer Strom fließt. Ein fließender Strom ruft, wie bereits erläutert, ein Magnetfeld hervor, dessen Feldlinien konzentrische Kreise um den Strom sind. Da geschlossene Feldlinien als Wirbel bezeichnet werden, spricht man von einem magnetischen Wirbelfeld. Die Richtung ergibt sich nach der »Rechte-Hand-Regel« (vgl. ▶ Kapitel 13.2).

Andererseits erzeugt ein sich änderndes Magnetfeld ein elektrisches Wirbelfeld, was bereits bei der Induktion aufgetreten ist. Die Lenzsche Regel berücksichtigt, dass das induzierte elektrische Feld seiner Ursache entgegen gerichtet ist (vgl. ▶ Kapitel 13.2). Das sich ändernde elektrische Feld wirkt aber analog wie ein Strom in einem Leiter, jetzt als Verschiebungsstrom bezeichnet, der wiederum ein den elektrischen Wirbel umschließendes magnetisches Wirbelfeld erzeugt und so fort. Das Ergebnis sind sich wechselseitig umschließende elektrische und magnetische Wirbelfelder, die sich ausbreiten. Dies ist das typische Erscheinungsbild einer elektromagnetischen Welle.

Schon bevor elektromagnetische Wellen aus Gleichungen abgeleitet wurden sowie experimentell erzeugt werden konnten, war aus optischen Untersuchungen mit Licht bekannt, dass es sich hierbei um Wellenerscheinungen handelt. Bei mechanischen Wellen gibt es stets ein Medium (z. B. Luft oder Wasser), in dem die Welle Schwingungen anregt und sie sich damit ausbreitet. Wellen sind hier lediglich eine elegante Beschreibung der Sachverhalte.

Folgerichtig stellte sich die Frage, in welchem Medium eigentlich die Ausbreitung elektromagnetischer Wellen erfolgt. Da Lichtausbreitung von den Sternen durch das Vakuum des Weltraumes erfolgt, wurde zunächst als hypothetisches Medium der Äther eingeführt. Zum Nachweis hat Michelson einen Versuch zum Nachweis erdacht. Trotz mehrfacher, immer genauerer Anordnungen durch verschiedene Wissenschaftler ergab sich, dass ein Äther nicht nachweisbar ist. Damit musste geschlussfolgert werden, dass es keinen Äther gibt.

13.3 Elektromagnetische Wellen

Merke:
Elektromagnetische Wellen sind objektiv real und nicht nur eine Hilfskonstruktion.

Die mathematische Analyse der Feldgleichungen liefert jeweils für die elektrische und die magnetische Feldgröße unter Verwendung der partiellen Ableitungen mit dem Symbol ∂ eine Wellengleichung

$$\frac{\partial^2 \vec{E}}{\partial x^2} = \varepsilon \cdot \mu \cdot \frac{\partial^2 \vec{E}}{\partial t^2} \qquad (13.21\,\text{a})$$

$$\frac{\partial^2 \vec{H}}{\partial x^2} = \varepsilon \cdot \mu \cdot \frac{\partial^2 \vec{H}}{\partial t^2}. \qquad (13.21\,\text{b})$$

Hierbei wurde vereinfachend die eindimensionale Ausbreitung in x-Richtung vorausgesetzt. Der Vergleich mit der allgemeinen Wellengleichung (▶ 11.20) liefert die Ausbreitungsgeschwindigkeit der elektromagnetischen Welle zu

$$c = \frac{1}{\sqrt{\varepsilon \cdot \mu}}. \qquad (13.22)$$

Im Vakuum ergibt sich daraus mit (▶ 13.2) als Ausbreitungsgeschwindigkeit die Vakuumlichtgeschwindigkeit

$$c_0 = \frac{1}{\sqrt{\varepsilon_0 \cdot \mu_0}} \approx 300\,000 \, \frac{km}{s}. \qquad (13.23)$$

Dies ist eine wichtige Naturkonstante, mit der sich Licht im luftleeren Raum ausbreitet. Zur Charakterisierung eines Mediums führt man den Brechungsindex

$$n = \frac{c_0}{c} = \sqrt{\frac{\varepsilon}{\varepsilon_0} \cdot \frac{\mu}{\mu_0}} \qquad (13.24)$$

als eine Verhältniszahl ein. Dazu bezieht man sich in Substanzen auf die Vakuumlichtgeschwindigkeit und benutzt aus historischen Gründen davon das Reziproke. Für nicht leitende Stoffe gilt mit $\mu \approx \mu_0$ in guter Näherung die Maxwellsche Relation

$$n \approx \sqrt{\frac{\varepsilon}{\varepsilon_0}}. \qquad (13.25)$$

Der Grundtyp einer Lösung von (▶ 13.21) ist die ebene harmonische elektromagnetische Welle, womit man eine Welle mit der Form der Sinusfunktion bezeichnet. Eine genaue Untersuchung der Richtungsabhängigkeiten zeigt, dass es sich hierbei um Transversalwellen handelt, bei denen elektrischer und magnetischer Feldvektor senkrecht aufeinander stehen (vgl. ▶ Bild 50). Bei entsprechender Wahl des Koordinatensystems ergibt sich der eindimensionale Feldstärkeverlauf (Index kennzeichnet die Komponente)

$$E_y = E_{y,0} \cdot \sin\left[\omega \cdot \left(t - \frac{x}{c}\right)\right], \tag{13.26 a}$$

$$H_z = H_{z,0} \cdot \sin\left[\omega \cdot \left(t - \frac{x}{c}\right)\right]. \tag{13.26 b}$$

Wenn die Schwingungsebene, wie im Bild dargestellt, erhalten bleibt, spricht man von linearer Polarisation. Aus einem natürlichen Gemisch linear polarisierter Wellen mit unterschiedlichen Schwingungsebenen lassen sich durch Filter linear polarisierte Wellen erhalten. Im Optischen mit sichtbarem Licht verwendet man dazu spezielle Kristalle. Andererseits lassen sich durch zielgerichtete Überlagerung linear polarisierter Wellen auch andere Polarisationsarten (z. B. zirkular, elliptisch) erhalten, bei denen sich die Polarisationsebene beim Fortschreiten dreht.

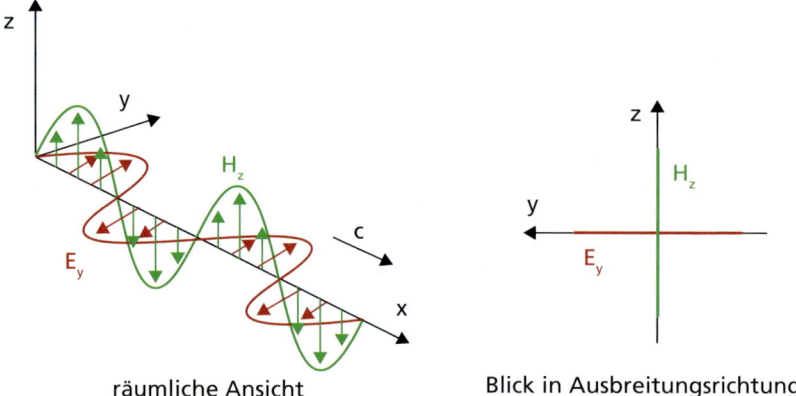

Bild 50: *Linear polarisierte harmonische elektromagnetische Welle*

Mit der Wellenausbreitung ist auch ein Energietransport verbunden. Analog zum Schall (▶ 12.6) entsteht mit der elektromagnetischen Energiedichte w der Welle und ihrer Ausbreitungsgeschwindigkeit c die Strahlungsintensität

$$S = w \cdot c = E_y \cdot H_z \tag{13.27}$$

in Ausbreitungsrichtung. Verallgemeinert man nun die Richtungsabhängigkeit mit Hilfe des Vektorprodukts (gekennzeichnet durch ein Kreuz) im Sinne einer Rechtsschraube zu einem Vektor (vgl. dazu auch ▶ Bild 18), so ergibt sich die Energieflussdichte aus dem Poynting-Vektor

13.3 Elektromagnetische Wellen

$$\vec{S} = \vec{E} \times \vec{H}. \tag{13.28}$$

Schließlich bleibt anzumerken, dass sich in der Technik elektromagnetische Wellen im einfachsten Fall mit einem Dipol erzeugen und wieder empfangen lassen. Ein solcher Dipol ist ein offener Schwingkreis, bei dem der Kondensator quasi in die Stirnflächen eines Stabes auseinandergezogen wurde. Technisch werden solche Anordnungen als Antennen bezeichnet, deren Abstrahlung neben dem Fernfeld mit großer Reichweite noch ein zusätzliches Nahfeld besitzen. Interessant ist die Erzeugung elektromagnetischer Wellen durch solche elektrischen Schwingungen (elektrotechnisch erzeugte Wellen) deshalb, weil sich durch Modulation der Amplitude oder der Frequenz Informationen übertragen lassen. Auf diese Art kommt es zur Übertragung von Audio- oder Videosignalen im Rundfunk und Fernsehen, aber auch zur Nutzung im Sprechfunk.

Neben diesen elektrotechnisch erzeugten Wellen entstehen elektromagnetische Wellen auch auf natürliche Weise durch atomare Prozesse. So ist beispielsweise der Quantensprung der Elektronen im Atom mit der Aussendung von Licht verbunden. In ihrer Gesamtheit bilden all diese Erscheinungen ein kontinuierliches Spektrum (vgl. ▶ Bild 51). Über den gesamten Wellenlängenbereich hinweg gibt es also elektromagnetische Wellen, die sich in ihrem Erscheinungsbild erheblich unterscheiden. Trotzdem haben sie eine einheitliche Natur, was das Verständnis der ablaufenden Vorgänge vereinfacht.

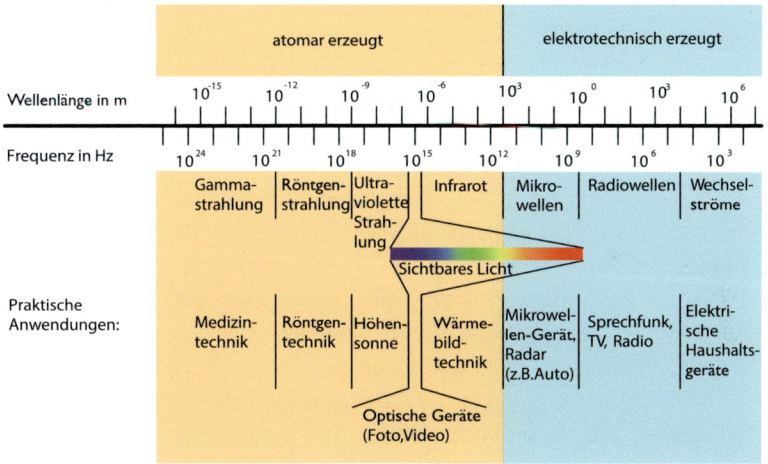

Bild 51: *Elektromagnetisches Spektrum*

13 Elektromagnetismus und seine Wellen

Zur Orientierung in diesem Spektrum ist es hilfreich, dass der obere Wellenlängenbereich über $\lambda \approx 10^{-4}m$ in der Regel die elektrotechnisch erzeugten Wellen enthält, während der Bereich kürzerer Wellen Phänomene umfasst, die durch die Quantennatur der Materie im atomaren Bereich geprägt sind. Auch diese können technisch erzeugt werden, wofür beispielsweise die Lichttechnik, Röntgentechnik und Laser angeführt werden sollen. Die einzelnen Kategorien des Spektrums werden nach ihrer Erzeugung oder praktischen Anwendung bezeichnet. Da es dafür meist keinen eindeutigen physikalischen Grund gibt, sind die einzelnen Bereiche teilweise überlappend.

Bei der Betrachtung elektromagnetischer Wellen bleibt ein letzter wichtiger Hinweis. Die moderne Physik macht deutlich, dass elektromagnetische Phänomene neben den Welleneigenschaften auch korpuskulares Verhalten (Eigenschaften von Teilchen) zeigen. Dies wurde in einer Frühphase wissenschaftlicher Untersuchungen gern als Welle-Teilchen-Dualismus bezeichnet. Heute weiß man, dass im Mikrokosmos eine neuartige Eigenschaft, das Quantenphänomen, zum Tragen kommt. Nur mit diesen Vorstellungen lassen sich eine Reihe bekannter Erscheinungen ausreichend gut verstehen.

13.4 Strahlungsfeld

Im ▶ Kapitel 8.4 wurde bereits der Wärmetransport durch Strahlung behandelt. Diese Strahlung ist ebenfalls von elektromagnetischer Natur. In ihrer Gesamtheit wird sie als Strahlungsfeld bezeichnet. Dies soll zunächst auf den Wellencharakter hindeuten. Allerdings muss man zur Erklärung der Strahlungsgesetze die Vorstellung heranziehen, dass im atomaren Bereich der Energieaustausch nur in kleinsten, festen Portionen und nicht mehr kontinuierlich erfolgt. Dies bedeutet den Übergang zur modernen Quantenphysik.

Jeder Körper führt im Innern eine Bewegung der Atome aus, die durch die Wärme verursacht wird. Die dadurch hervorgerufene Strahlung wird als Wärmestrahlung bezeichnet. Ein solcher Körper strahlt ein kontinuierliches Spektrum aller Wellenlängen ab. Das Maximum dieser Strahlung hängt von der Temperatur des Körpers ab. So beginnen beispielsweise Körper oberhalb von 520 °C verstärkt im sichtbaren Bereich abzustrahlen, d. h. sie glühen.

Im Folgenden werden einige Begriffe vorgestellt, die in diesem Zusammenhang auftauchen. Für den Praktiker reicht sicherlich diese kurze Zusammenstellung, ohne auf die Gesetzmäßigkeiten im Einzelnen einzugehen. Ein idealer Strahlungskörper ist der schwarze Körper. Er entsteht durch eine kleine Öffnung in einem Hohlraum, der

13.4 Strahlungsfeld

die Temperatur T besitzt. Strahlung, die die Öffnung trifft, wird nahezu vollständig absorbiert, die Öffnung ist folglich ideal schwarz. Die ausgesandte Strahlung aus dem Hohlraum, der sich auf eine bestimmte Temperatur befindet, wird als Hohlraumstrahlung bezeichnet.

Schließt man nun aus dem Strahlungsspektrum auf die Temperatur zurück, so wird ein realer Körper immer eine höhere Temperatur als die »schwarze Temperatur« besitzen. Als Farbtemperatur eines Körpers wird die Temperatur des schwarzen Körpers bezeichnet, bei der dieser den gleichen Farbeindruck wie der ursprünglich strahlende Körper hervorruft. Sie wird beispielsweise zur Charakterisierung von Lichtquellen herangezogen. Ein schwarzer Körper absorbiert die Strahlung aller Wellenlängen vollständig. Bei einem grauen (realen) Körper wird ein Teil der Strahlung reflektiert, wodurch auch der Farbeindruck entsteht.

Zur Charakterisierung der Strahlung werden energetische Größen benutzt. Der Strahlungsfluss ist als Strahlungsleistung die in der Zeiteinheit abgestrahlte oder aufgenommene Strahlungsenergie. Bezieht man diese auf den Raumwinkel, der ein Maß für einen Ausschnitt einer umschließenden Fläche bzw. einfach ausgedrückt die dreidimensionale Erweiterung eines ebenen Winkels ist, erhält man die Strahlungsstärke. Die Strahlungsdichte entsteht, wenn die Strahlungsstärke auf die Fläche bezogen wird. Daraus erhält man dann die spektrale Strahlungsdichte, wenn diese auf die Wellenlänge bezogen wird.

Weiterhin ist die Bestrahlungsstärke E der von einem Empfänger pro Flächeneinheit aufgenommene Strahlungsfluss. Für die Sonne erhält man dafür die Solarkonstante

$$E_{Sonne} = 1395 \frac{W}{m^2}. \tag{13.29}$$

Außerdem ergibt sich aus der Bestrahlungsstärke mit der Ausbreitungsgeschwindigkeit c der Welle der Strahlungsdruck

$$p = \frac{E}{c}, \tag{13.30}$$

der den übertragenen Impuls durch eine elektromagnetische Welle verkörpert.

Schließlich sei angemerkt, dass als Spezialfall in analoger Weise die lichttechnischen Größen der Photometrie definiert werden. Allerdings wird hierbei anstelle der energetischen Parameter der Lichtreiz auf das Auge herangezogen.

14 Infrarottechnik zur Gefahrenabwehr

> Infrarottechnik ist aus der gegenwärtigen Gefahrenabwehr nicht mehr wegzudenken. Sie ist fester Bestandteil für unterschiedliche Fragestellungen. Insbesondere bildliche Darstellungen erlauben anschauliche Aussagen und sind deshalb besonders hilfreich. Da die optischen Eigenschaften von der Wellenlänge der Strahlung abhängen, bestehen aber eine Reihe von Möglichkeiten zu Fehlinterpretationen. Um diese zu vermeiden, muss man einige grundsätzliche physikalische Gesetzmäßigkeiten verstehen.

14.1 Licht- oder Infrarotbilder

Beim Licht handelt es sich um den sichtbaren Bereich des elektromagnetischen Spektrums ($\lambda = 0,4\ldots0,78\ \mu m$). Er ist von großer praktischer Bedeutung, da die Natur für den Menschen mit dem Auge einen empfindlichen Sensor für diesen Wellenlängenbereich geschaffen hat, über den der gesunde Mensch die Mehrzahl der Umweltinformationen aufnimmt. Dabei hat sich eine Sinneswahrnehmung entwickelt, bei der den verschiedenen Wellenlängen zur besseren Trennung Farben zugeordnet werden. Die Mischung aller Farbkomponenten wird als weißes Licht empfunden. Farben sind also eine Sinnesreflexion und keine objektive Eigenschaft der Strahlung.

Umweltsituationen werden häufig als Bilder erfasst, die eine räumliche Zuordnung von Objekten gestatten und deren zeitliche Veränderung erkennen lassen. Mit einer Vielzahl technischer Entwicklungen lassen sich optische Gesetzmäßigkeiten ausnutzen, um dabei die Informationsausbeute zu verbessern (z. B. Fernglas, Brillen, Mikroskop). Im ▶ Kapitel 11.6 wurden aber bereits auch Erscheinungen beschrieben, die die Bildinformation verschlechtern. Es ist eine Alltagserfahrung, dass sich bei bestimmten Umweltbedingungen die Bildinformation verliert. Hier sei als Beispiel die Lichtschwächung im Brandrauch angeführt. Im Einsatz ist es deshalb von enormer Bedeutung, trotzdem die entscheidenden Bildinformationen zu erhalten. Dazu gibt es verschiedene technische Lösungen, wie beispielsweise die Restlichtverstärkung. In der Feuerwehrpraxis hat sich jedoch die Auswertung der Wärmebilder durchgesetzt.

Die Technik für Wärmebilder nutzt die latenten, d. h. für das menschliche Auge nicht sichtbaren Bilder im infraroten Spektralbereich. Diese werden über spezielle Bildwandler mit einer entsprechenden Empfindlichkeit (»Focal Plane Array (FPA)«-

14.1 Licht- oder Infrarotbilder

Detektoren) ähnlich wie in einer Digitalkamera sichtbar gemacht. Dabei werden den unterschiedlichen Temperaturen Graustufen (Schwarz-Weiß-Bilder) oder einzelne Farben (Bilder in Falschfarbdarstellung) zugeordnet. Allerdings bedürfen derartige Bilder häufig einer Interpretation, die auf Erfahrung beruht (Fouad und Richter 2006; Grabski und Koch 2008). Beispielsweise können helle Objekte wie der Himmel dunkel erscheinen und ein schwarzes Fahrzeug ist möglicherweise im Wärmebild sehr hell.

Physikalisch betrachtet liegt das Problem darin, dass das Verhalten der Stoffe bei elektromagnetischen Wellen deutlich vom Wert der Wellenlänge abhängig ist. Da unsere Erfahrung normalerweise nur auf dem sichtbaren Spektralbereich beruht, sind die Eigenschaften im Infraroten zum Teil überraschend. ▶ Bild 52 zeigt beispielsweise das unterschiedliche Reflexionsverhalten verschiedener Oberflächen.

Bild 52: *Unterschiede im Reflexionsverhalten (Spiegelung) einer Kerzenflamme im sichtbaren (links) und infraroten (rechts) Spektralbereich (oben: Schamottestein und raue Metallplatte; unten: Holzplatte und raue Metallplatte)*

Jeder Körper sendet aufgrund seiner Temperatur Wärmestrahlung aus, deren Leistung und Wellenlänge vom Wert der Temperatur abhängen. Objekte strahlen bei Umgebungstemperatur (20 °C) mit einer etwa 20-fachen Wellenlänge (ca. 10 µm) im Vergleich zum Sonnenlicht, jedoch nur mit ca. 1/100 der Leistung. Diese Unterschiede müssen Thermokameras zur Umsetzung in Bilder verarbeiten, was das technologische Problem bei der Kameraentwicklung darstellt. Allerdings liefert das Wärmebild dafür auch zum Teil Informationen durch optisch Undurchsichtiges. So lassen sich Personen hinter einer Rauchwand oder der Füllstand von Kesselwagen »sehen« (▶ Bilder 53 und 54). Wassernebel ist jedoch auch im Infraroten undurchsichtig.

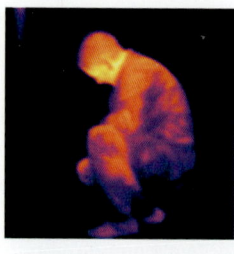 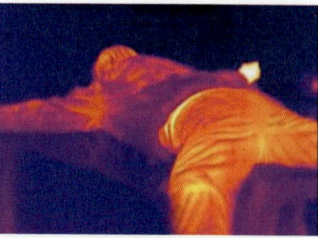

Bild 53: **Personen im verrauchten Raum**

 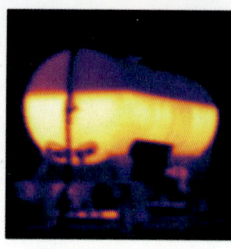

Bild 54: **Füllstand von Kesselwagen**

Viele Details dieser unterschiedlichen Verhaltensweisen lassen sich durch die Dispersion elektromagnetischer Wellen erklären. Darunter versteht man die Wellenlängenabhängigkeit der Ausbreitungsgeschwindigkeit (▶ 13.22) bzw. des Brechungsindexes (▶ 13.24). Für durchsichtige Stoffe gilt in weiten Bereichen die normale Dispersion mit den Anstiegen

$$\frac{dc}{d\lambda} > 0 \text{ bzw. } \frac{dn}{d\lambda} < 0. \tag{14.1}$$

Für bestimmte Wellenlängenbereiche gibt es jedoch eine anomale Dispersion mit

$$\frac{dc}{d\lambda} < 0 \text{ bzw. } \frac{dn}{d\lambda} > 0. \tag{14.2}$$

Diese Bereiche werden als Absorptionsbänder bezeichnet (vgl. ▶ Bild 55). Sie lassen sich durch Resonanzeffekte der Ionen erklären, die durch das elektromagnetische Wechselfeld der einfallenden Strahlung zu Schwingungen angeregt werden (vgl. auch ▶ Kapitel 11.2). Für Strahlung, deren Wellenlänge in einem Absorptionsband liegt, wird der Stoff undurchsichtig.

Nutzt man nun Strahlung mit unterschiedlicher Wellenlänge, so gelten zwar die gleichen physikalischen Gesetze, wegen der unterschiedlichen Materialeigenschaften erhält man jedoch teilweise unterschiedliche Bilder für Licht (sichtbarer Bereich) und für Infrarotstrahlung. Diese enthalten dann, und das ist das Entscheidende, unterschiedliche Bildinformationen.

14.2 Atmosphärische Fenster und die Wechselwirkung mit der Umgebung

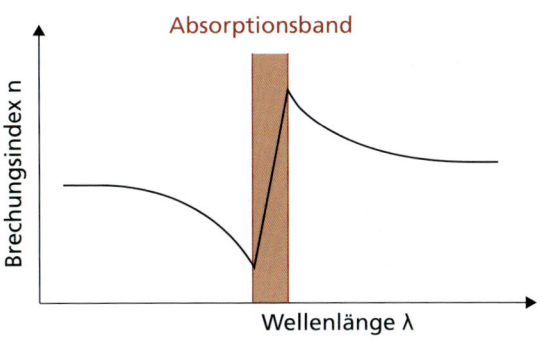

Bild 55: *Qualitativer Verlauf des Brechungsindex mit einem Absorptionsband*

Merke:
Bilder im Infraroten sind latent, d. h. für das menschliche Auge nicht sichtbar. Dies erfordert spezielle Sensoren, die für die verwendete Strahlung empfindlich sind, so dass ausreichend kontrastreiche Bilder entstehen. Die technische Herausforderung besteht darin, ausreichend empfindliche Sensoren bereitzustellen, die auch bei der geringen Strahlungsintensität im Infraroten eine hochauflösende Abbildung liefern.

Die Erzeugung sichtbarer Bilder aus der Infrarotstrahlung der Körper und ihres Umfeldes wird als Thermographie bezeichnet.

14.2 Atmosphärische Fenster und die Wechselwirkung mit der Umgebung

Infrarotkameras im Feuerwehreinsatz arbeiten in Wellenlängenbereichen, für die Luft durchsichtig ist (sogenannte optische Fenster; üblicherweise bei 3 – 5 μm oder 8 – 14 μm) (Grabski und Koch 2008). Dabei sind noch weitere Gesichtspunkte zu berücksichtigen. Auch beim Durchgang durch die Atmosphäre, der sogenannten Transmission, kommt es trotzdem zu einer gewissen Schwächung der Strahlung. Diese wird umso stärker, je länger der Weg in der Atmosphäre ist. Die Schwächung der Infrarotstrahlung hängt von den Inhaltsstoffen der Luft ab. Besonders wichtig sind:
1. Wasserdampf,
2. Kohlendioxid,
3. feste Partikel oder Schwebstoffe, wie z. B. Stäube, auch Feinstaub durch Abrieb, Ruß und Rauchgasbestandteile.

Der Hintergrund eines Bildes sendet selbst Infrarotstrahlung aus. Neben der Eigenstrahlung reflektieren auch alle Oberflächen im Rückbereich des Bildes. Darüber hinaus strahlen auch Gegenstände ins Bild, die nicht direkt vom Objektiv der Kamera erfasst werden. Der dargelegte Sachverhalt ist im ▶ Bild 56 veranschaulicht. Dies macht deutlich, dass die Auswertung der Infrarotbilder kompliziert sein kann und damit praktische Erfahrung erfordert.

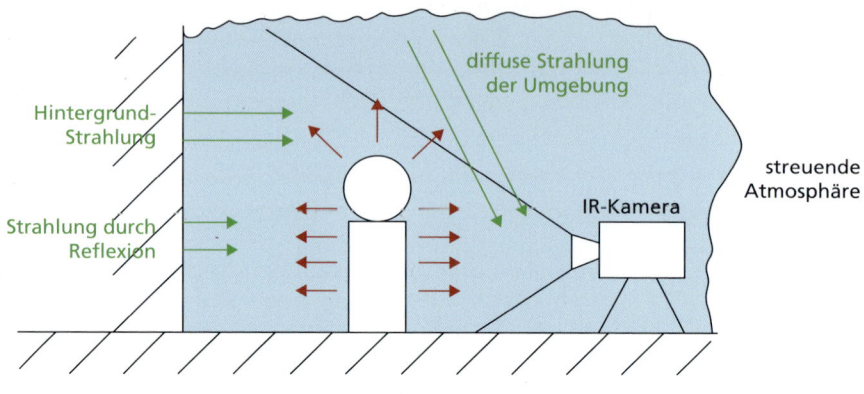

Bild 56: *Schematische Darstellung der Infrarot-Strahlungsquellen bei der Aufnahme eines Menschen*

Strahlungsgesetze (vgl. ▶ Kapitel 8.4) ermöglichen die detaillierte Analyse der Strahlung im Infraroten, was bei der Bewertung von Bildern hilfreich ist. Emission und Absorption einer Körperoberfläche sind beim Infraroten im thermischen Gleichgewicht gleich groß, sie hängen nur von der Temperatur der Oberfläche und Wellenlänge der Strahlung ab (Kirchhoffsches Strahlungsgesetz). Aus diesem Grunde verhalten sich Materialien im optischen Bereich anders als im Infraroten. Beispielsweise ist Ruß im Infraroten ein fast schwarzer Körper, der Wärmestrahlung sehr gut absorbiert und folglich auch gut aussendet. Metallische Oberflächen reflektieren die Strahlung bevorzugt und senden damit auch schlecht Wärmestrahlung aus. Sie erscheinen also im Vergleich zu Ruß bei der gleichen Temperatur dunkler und erwecken so den Eindruck einer kälteren Fläche.

14.2 Atmosphärische Fenster und die Wechselwirkung mit der Umgebung

Merke:
Unterschiedliche Materialien führen bei verschiedenen Temperaturen und bei Auswertung der Strahlung mit unterschiedlichen Wellenlängen zu anderen Bildinhalten.

Wertet man Bilder im Infraroten für beliebige Wellenlängenbereiche aus, so wirkt die Atmosphäre meist undurchsichtig, etwa so, wie wenn man eine Lichtquelle im Nebel betrachtet. Nur in schmalen Wellenlängenbereichen, den »optischen Fenstern«, tritt der Bildinhalt klar hervor (▶ Bild 57). Zusätzlich ist zu beachten, dass die ausgesandte Strahlung von der jeweiligen Temperatur abhängt. Das beeinflusst also die Wahl eines geeigneten optischen Fensters. Die Anteile für die einzelnen Wellenlängen im ▶ Bild 57 lassen sich nach dem Planckschen Strahlungsgesetz berechnen. Es muss für eine Analyse natürlich die Gesamtheit der in das Objektiv einfallenden Strahlung betrachtet werden. Für die Details sei auf Fachliteratur verwiesen.

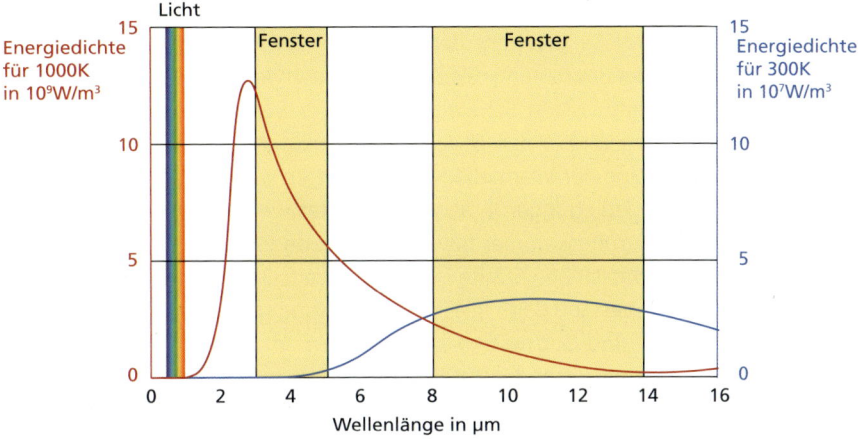

Bild 57: *Strahlung (Energiedichte) unterschiedlich warmer Körper für verschiedene Wellenlängen im Bereich optischer Fenster (Grabski und Koch 2008)*

Erwähnenswert ist der Fakt, dass nach dem Planckschen Strahlungsgesetz die Strahlungsleistung immer ein Maximum aufweist. Die Lage dieses Maximums verändert sich mit der Temperatur. Dies bedeutet unter anderem, dass die Bildinhalte für Strahlungsquellen verschiedener Temperatur in einem »Fenster« unterschiedlich stark hervortreten. Dies alles macht deutlich, dass die Auswertung von Infrarotbildern keine einfache Angelegenheit ist. Vielmehr bedarf es umfangreicher Erfahrung, um das Dargestellte richtig zu interpretieren. Solche Erfahrungen gewinnt man in Einsätzen, die in speziellen Lehrgängen als Ausbildung für die Nutzung dieser technischen Möglichkeiten weitergegeben werden.

14.3 Einsatztaktische Erfahrungen mit Wärmebildgeräten

Die Nutzung der Infrarottechnik im vorbeugenden und abwehrenden Brandschutz geht bis in die 70er-Jahre des 20. Jahrhunderts zurück. Bereits 1977 wurde über einen Brand mit starker Verrauchung in einer Lagerhalle der Größe von 300 m x 50 m in Frankfurt/Main berichtet, bei dem ein nicht näher bezeichnetes Thermobildgerät zur Ortung des Brandherdes und zur Beobachtung des Löschangriffs sowie des Löscherfolgs eingesetzt wurde (Blätte und Voswinckel 1977). Auch für die Personenortung mit Hilfe von Infrarottechnik gibt es sehr frühe Zeugnisse. Die Erfolge bei der operativen Führung der Kräfte und Mittel, bei der Rettung von Personen und der Bergung von Sachwerten, der rechtzeitigen Erkennung von Gefahrensituationen sowie bei der Beurteilung des Zustandes beschädigter oder zerstörter Gebäude nach Bränden veranlassten Schweden Mitte der 80er-Jahre des vorigen Jahrhunderts, Thermobildgeräte in den Feuerwehren einzuführen (Lindfield und Wells 1987).

Die Erfolge der Wärmebildtechnik führten zu einem breiteren Einsatz, wodurch die Einsatzbedingungen präziser betrachtet werden konnten. Beispielsweise hatte die Versicherungskammer Bayern bis Anfang 2003 an die Feuerwehren der Landkreise und kreisfreien Städte in Bayern bereits 20 Wärmebildgeräte übergeben. Die Motivation bestand darin, die Personenrettung sowie die schnelle und exakte Ortung von Brand- und Glutnestern zu verbessern. Im Ergebnis erfolgte eine Analyse der Minderung von Schäden infolge des Einsatzes von Wärmebildgeräten. Bei einer angenommenen Lebensdauer eines Gerätes von 8 Jahren und statistisch 48 Einsätzen in diesem Zeitraum hat die Versicherungskammer Bayern eine durchschnittliche Schadensminderung von 384 000 € errechnet. Dem standen Anschaffungskosten von 15 000 bis 20 000 € gegenüber (Raab 2003). Die rasante Entwicklung der Technik solcher Geräte hat inzwischen zu einer deutlichen Reduzierung der Anschaffungskosten geführt.

Bereits Mitte der 80er-Jahre wurden auch am Institut der Feuerwehr in Heyrothsberge umfassende Untersuchungen zu den Einsatzmöglichkeiten im vorbeugenden und abwehrenden Brandschutz durchgeführt (Schmiedtchen 1990). Es zeigten sich

14.3 Einsatztaktische Erfahrungen mit Wärmebildgeräten

beim Vergleich mit dem sichtbaren Strahlungsspektrum folgende Ergebnisse für die Praxis:

1. unterschiedliche Darstellung von Objekten mit verschiedener Eigentemperatur,
2. unterschiedliche Darstellung von Objekten mit gleicher Temperatur, aber aus verschiedenem Material,
3. deutlich unterschiedliche Kontraste für die Abbildungen,
4. unterschiedliche Durchdringung der Rauchgase.

Im Kaliwerk Zielitz waren in den 1980er-Jahren Untersuchungen unter Realbrandbedingungen möglich. Es gab einen abgetrennten Stollenabschnitt, in dem als Trainingsbereich für die Grubenwehr reale Brände realisiert werden konnten. Die in ca. 800 m Tiefe durchgeführten Untersuchungen wurden unter den speziellen Bedingungen des Kali-Bergbaus durchgeführt, d. h. bei gleichmäßiger Oberflächenbeschaffenheit der kilometerlangen, mit Fahrzeugen befahrbaren Stollen bei konstanter Umgebungstemperatur. Über Jahre entstand hier eine für das menschliche Auge gleichmäßige »Schwärzung« der Stollenwände durch die Fahrzeugabgase. Dies machte auch eine Auswertung der Bilder der Thermokamera schwierig. Es zeigte sich aber durch praxisnahe Untersuchungen unter Realbedingungen bei zusätzlicher Verrauchung der Stollen durch Eintrag von Rauchpartikeln, dass im Infrarotbild trotzdem ein Kontrast zum umgebenden Gebirge entsteht. Dies ermöglicht eine Orientierung für die Einsatzkräfte, in diesem Fall der Grubenwehr.

Im Brandfall unter Tage wird die Wärmebildtechnik zu einem Instrument, das die Orientierung in verrauchter Umgebung, die schnelle Lokalisierung des Brandes und seine Bekämpfung ermöglicht. Dazu erfolgte der Anmarsch mit einem speziellen Transportfahrzeug, dessen Fahrzeugführer sich anhand des Infrarotbildes orientierte. Ein solches »Fahren ohne Sicht« ist ebenfalls Bestandteil eines Konzeptes der Feuerwehr Suhl für den Autobahnabschnitt der A 71 zwischen Dreieck Suhl und Gräfenroda mit einem Kleinlöschhilfeleistungsfahrzeug. Eine Wärmebildkamera wurde hier in der Frontstoßstange des Fahrzeuges eingebaut. Die Bilder werden für den Fahrer auf einen Bildschirm übertragen.

Die folgenden Ausführungen können nur exemplarisch Empfehlungen für den praktischen Einsatz von Infrarottechnik bei der Gefahrenabwehr geben. Die Anwendungsmöglichkeiten der Infrarottechnik sind vielfältig. Die korrekte Interpretation des Infrarotbildes erfordert deshalb ein erhebliches Maß an Erfahrung. Es werden nunmehr verschiedene Anwendungssituationen zusammengestellt, wie sie in der Literatur veröffentlicht wurden.

Es wird zunächst die Orientierung unter »Null-Sicht« mit dem Ziel der Ortung von Bränden und Personen betrachtet. Im Innenangriff sollte durch den Angriffstrupp immer ein Wärmebildgerät mitgeführt und eingesetzt werden, da die zu erwartende Situation in der Regel unbekannt ist und sich während des Einsatzes dynamisch ändern kann. Mit Wärmebildgeräten können nicht nur Brandherde lokalisiert und verletzte Personen geortet werden, sondern es lässt sich auch die Entwicklung der heißen Rauchgase im Deckenbereich beobachten. Im Ergebnis können Maßnahmen zur Deeskalation der Situation ergriffen werden, z. B. durch gezieltes Herunterkühlen. Ferner können die Druck- bzw. Sogverhältnisse (und damit Strömungspfade) betrachtet werden, damit gegebenenfalls erforderliche Veränderungen der Zu- oder Abluftöffnungen vorgenommen werden können (Schieferstein 2021).

Viele moderne Wärmebildgeräte bieten die Möglichkeit, Bilder oder Videosequenzen zu speichern und ermöglichen so eine konkrete Auswertung des Einsatzgeschehens im Anschluss. Allerdings muss berücksichtigt werden, dass viele Hindernisse, wie Wände, Möbelstücke u. ä. nicht mit Wärmebildgeräten »durchdrungen« werden können. Auch Personen, die sich in unmittelbarer Nähe oder hinter einem Brandherd befinden, sind auf Grund der Kontrastunterschiede je nach Kameratyp nur schwer zu erkennen. Trotzdem nimmt man eine Zeitersparnis bei der Personensuche im Brandeinsatz an.

Was die Lösch- bzw. Kühlwirkung von Sprühstrahlen betrifft, so wurde experimentell nachgewiesen, dass die durch handelsübliche Hohlstrahlrohre entstehenden Sprühstrahlen den Strahlengang im Infraroten ebenfalls unterbrechen. Um trotzdem Informationen zu erhalten, sollte deshalb das Löschmittel in kurzen Stößen abgegeben werden. Eine solche intermittierende Löschmittelabgabe wird übrigens ohnehin auch als Löschtaktik zur Verhinderung von Rauchgasdurchzündungen empfohlen.

Wärmebildgeräte werden auch zur Lageerkundung in Gebäuden eingesetzt, die von einem Brand betroffen sind. Falls der Brandherd noch nicht von außen zu erkennen ist, ist vor dem Innenangriff eine Kontrolle des betroffenen Gebäudes von außen zu empfehlen. Sollten sich bereits hier Temperaturerhöhungen zeigen, sollte das die weitere Vorgehensweise der Einsatzkräfte, vor allem das Eindringen in das Gebäude beeinflussen. Allerdings ist hier die jeweilige Bauweise zu berücksichtigen. Die besonders in den letzten Jahrzehnten verstärkt vorgenommene Gebäudedämmung kann belastbare Ergebnisse verhindern.

Effizient können Wärmebildgeräte ebenfalls zur Ortung verdeckter Brandherde, zur Bekämpfung von verbliebenen Glutnestern, z. B. nach Waldbränden, oder zur Verhinderung von Bränden durch rechtzeitiges Erkennen von Überhitzungen in elektrischen Anlagen oder »Heißläufern«, z. B. an Transportbändern, eingesetzt

14.3 Einsatztaktische Erfahrungen mit Wärmebildgeräten

werden. Bereits Mitte der 80er-Jahre wurden im Kaliwerk Zielitz Wärmebildgeräte zur Ortung von überhitzen Rollen an den kilometerlangen Transportbändern aus einem fahrenden Fahrzeug heraus erfolgreich benutzt. Solche »Heißläufer« führen häufig zu Bränden im Kalibergbau.

Auch beim Brand in einer Biomasse-Anlage zur Energieerzeugung aus Rinde und Hackschnitzeln konnte die Ausbreitung in Richtung des Speichersilos der Anlage mit einer Höhe von 20 *m* verhindert werden. Dabei wurde auf Basis der Daten einer Wärmebildkamera der Einsatz einer Cobra-Stechlanze sowie eines herkömmlichen Strahlrohres gesteuert. Ähnlich positive Ergebnisse wurden auch in Müllverbrennungsanlagen zur Früherkennung von Bränden mit dem Ziel der Minimierung der Schadenshöhe, bei Dehnfugenbränden, wo auf der Grundlage von Wärmebildern mit »Fog-Nails« »angestochen« und abgelöscht wurde, sowie beim Brand auf einem Containerschiff erzielt, wobei ein Wärmebildgerät vom Hubschrauber aus erfolgreich eingesetzt wurde.

Wichtig sind Wärmebildgeräte für die Personensuche, z. B. nach Verkehrsunfällen. Oftmals werden Personen aus Fahrzeugen herausgeschleudert und insbesondere nachts erleichtern Wärmebildkameras die Suche nach weiteren Betroffenen.

Ein interessanter Aspekt ist dabei das Vorhandensein von »Geisterbildern« nach einem vorangehenden Kontakt mit wärmeren Körpern in Bezug auf die Umgebungsoberfläche (vgl. ▶ Bild 58). So lässt sich zur Feststellung der Anzahl der bei einem Verkehrsunfall verletzten Personen unter Umständen der »Temperaturabdruck« auf den Sitzen nutzen. Bringt man zeitnah ein Wärmebildgerät zum Einsatz, kann man die Zahl der »warmen« Sitze mit der Anzahl der Geretteten oder Geborgenen vergleichen und gegebenenfalls die Suche nach weiteren Betroffenen im Umfeld fortsetzen.

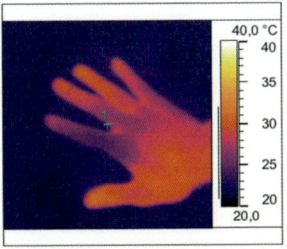 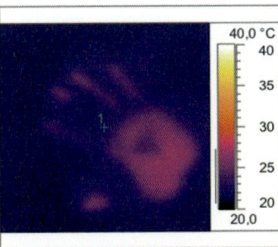

Bild 58: »Echo« (rechtes Bild) eines Handabdrucks (linkes Bild) auf einer Glasscheibe

Bei Waldbränden ist die Effizienzsteigerung der Brandbekämpfung besonders signifikant. Häufig verbleiben Glutnester im Boden, die besonders bei aufkommendem Wind zu einem Wiederaufflammen führen können. Oftmals sind die betreffenden

Feuerwehren noch Wochen nach dem eigentlichen Brand mit der Restbrandbekämpfung beschäftigt. Wird ein Wärmebildgerät zur Ortung der Glutnester eingesetzt, ist eine gezielte Bekämpfung mit minimalem Löschwassereinsatz noch nach der Meldung »Feuer aus« möglich.

Neue Perspektiven für die Thermographie ergeben sich durch den Einsatz von Drohnen, den unbemannten Luftfahrzeugen UAV (Unmanned Aerial Vehicle). Diese Luftfahrzeuge können nicht nur bei Waldbränden, sondern auch bei Großschadenslagen und Katastrophenfällen für eine schnelle und effiziente Lageerkundung nützlich sein. Bei der Flutkatastrophe im Ahrtal im Juli 2021 wurden UAV zur Aufklärung, Vermisstensuche, Schadensdokumentation und sogar zum Transport von Rettungsmitteln eingesetzt. Dabei ist aber auch zu beachten, dass sich Personen unter Wasser im Regelfall mit Wärmebildtechnik nicht finden lassen (vgl. ▶ Bild 59). Bekannt sind auch Kombinationen aus Wärmebildsensoren mit solchen für sichtbares Licht, die durch »Übereinanderlegen« der Bilder mit spezieller Software ein scharfes Bild erzeugen. Allerdings müssen beim UAV-Einsatz die geltenden Regeln und Gesetze zur Vermeidung von Kollisionen im Luftverkehr zwischen bemannter und unbemannter Luftfahrt beachtet werden.

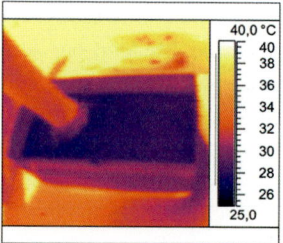 

Bild 59: *Sichtbarkeit einer in Wasser eingetauchten Hand*

Bekannt sind auch Einsätze zur Füllstandsmessung in Tanks mit Wärmebildgeräten nach Ereignissen mit Gefahrstoffen (vgl. auch ▶ Bild 54). Die richtige Interpretation des Wärmebildes ist stark von den Umgebungsbedingungen, wie Tageszeit, Sonneneinstrahlung u. ä. abhängig und erfordert deshalb ein spezielles Training der Einsatzkräfte.

Es wurden auch Wärmebildkameras zur Detektion von Gaslecks in Niederdruckleitungen eingesetzt. Dabei wurde festgestellt, dass sich unter bestimmten Bedingungen für das Auge unsichtbares, ausströmendes Gas visualisieren lässt. Vorteil dieser Methode bei einem UAV-Einsatz wäre, dass Messungen aus größerer Höhe oberhalb von Gefahrenbereichen oder Explosionsschutzzonen möglich sind, ohne

14.3 Einsatztaktische Erfahrungen mit Wärmebildgeräten

Einsatzkräfte zu gefährden oder die Gaswolke durch Rotor-Verwirbelungen zu beeinträchtigen.

Der mit der angestrebten Energiewende zunehmende Anteil von Elektrofahrzeugen am Straßenverkehr stellt die Feuerwehren vor neue Herausforderungen. Besondere Probleme bereitet offensichtlich die Akkubrandbekämpfung, insbesondere wegen des enthaltenen Lithiums. Landläufig wird das Verfrachten des gesamten Fahrzeuges in einen Container und Fluten desselben als wirksame Löschmethode angesehen. Abgesehen von den Tausenden Litern Löschwasser, die als Sondermüll entsorgt werden müssen, ist die praktische Handhabung besonders bei größeren Entfernungen zur nächsten Feuerwehreinheit fraglich. Liegen doch in der Regel bei der ersten Meldung über einen Verkehrsunfall noch keine Informationen über Fahrzeugtyp und Antriebssystem vor. Eine Lösung kann ein neu entwickeltes Akkubrand-Löschverfahren darstellen. Dieses Verfahren beruht auf der Prüfung des Temperaturverhaltens der Hochvoltbatterie mit einem Wärmebildgerät und dem anschließenden Einsatz eines speziellen Akkubrand-Löschgerätes unter dem Fahrzeug.

Zusammenfassend lässt sich folgende Aussage festhalten.

Merke:
Wärmebildgeräte sind bei der Gefahrenabwehr äußerst hilfreich. Die Vielzahl der möglichen Einsatzfälle erfordert jedoch umfangreiche Erfahrungen, was ein umfassendes Training bzw. Schulungen voraussetzt. Folglich sollten Ergebnisse unter Berücksichtigung von Theorie und Praxis der Infrarotthermographie stets kritisch analysiert werden.

Schließlich sei noch auf ein Problem verwiesen. Prinzipiell eignet sich die Thermographie auch zur Temperaturmessung. Dazu müssen jedoch eine Reihe von Parameter berücksichtigt und eingestellt werden, wie der Emissionsgrad, reflektierte Temperatur, Umgebungstemperatur, relative Luftfeuchtigkeit, Abstand usw. Diese Einstellungen sind für Einsatzgeräte gar nicht vorgesehen und den Einsatzkräften im Einsatz auch weitestgehend unbekannt. Aus diesen Gründen sind exakte Temperaturmessungen im Einsatz praktisch nicht möglich.

Es stellt sich sogar die Frage, ob eine »exakte« Temperaturmessung für die Einsatzdurchführung überhaupt einen Mehrwert erzielen würde. So sind beispielsweise bei Elektrofahrzeugen auf engstem Raum verschiedene Materialien mit jeweils unterschiedlichen Emissionsgraden verbaut. Damit entsteht das Problem, welcher Wert für eine Messung berücksichtigt werden müsste. Für die Einsatzhandlungen der Rettungskräfte ist es aber völlig ausreichend zu wissen, wo sich der wärmste Punkt oder die vermisste Person befindet oder wie sich die Wärmeentwicklung in einer Hochvoltbatterie vollzieht. Die Suche nach Personen und Glutnestern und die Orientierung bei nicht vorhandener Sicht ist der eigentliche Zweck einer Wärmebildkamera im Einsatz.

Merke:
Unter Einsatzbedingungen ist beim gegenwärtigen Entwicklungsstand der Technik eine Temperaturmessung mit Wärmebildgeräten nicht sinnvoll.

14.4 Hinweise für die Beschaffung

Bei der Beschaffung eines Wärmebildgerätes müssen eine Reihe von Gesichtspunkten in Betrag gezogen werden, um die geplanten Aufgaben erfüllen zu können. Es sollten folgende Parameter berücksichtigt werden:
- Infrarot-Auflösung (Anzahl Pixel),
- Display,
- Temperatureinsatzbereich,
- Thermische Auflösung,
- Objekttemperaturbereich,
- Anwendungsmodi,
- Bild-/Videospeicher,
- Kameragewicht mit Akku,
- Kameramaße,
- Standardkonformität (empfohlen).

Die Norm NFPA 1801 (o. A. 2021) fordert für die Grundversion eines Wärmebildgerätes mindestens die folgenden Parameter:
- Graustufen-Darstellung mit dunkelgrauen für niedrige und hellgrauen Farbschattierungen für hohe Temperaturen,
- Anzeige des Akku-Ladezustands,
- Überhitzungswarnung,
- Anzeige des Kamera-Modus.

Weiterhin sind für diese Version farbige Kennzeichnungen von Temperaturbereichen gemäß eingeblendeter Farbskala, Audio-/Video-Aufzeichnungen sowie Datenübertragung möglich.

14.4 Hinweise für die Beschaffung

Für Feuerwehranwendungen sind 320 × 240 Pixel oder 384 × 288 Pixel für Wärmebildgeräte ausreichend, obwohl auch schon Geräte mit 640 × 480 Pixel angeboten werden. Diese werden aber exportrechtlich häufig als Militärtechnik angesehen und sind mit entsprechenden Beschränkungen belegt. Geräte mit weniger als 320 × 240 Pixel sind nicht zu empfehlen. Das Entscheidungskriterium bei der Beschaffung sollte aber die thermische Auflösung, also der Kontrast, sein. Das Display sollte übersichtlich gestaltet sein und nur die im Einsatz absolut notwendigen Informationen enthalten.

Es ist zu beachten, dass bei vielen Herstellern sich im Internet keine Angaben zum Betriebstemperaturbereich finden lassen. Teilweise werden Werte für eine Dauerbelastung oder für eine vertretbare Temperatur in einem vorgegebenen Zeitintervall angegeben. Die Betriebstemperaturen sind also sorgfältig zu betrachten und für jedes Modell kritisch zu bewerten. Dabei können die folgenden Werte für verschiedene typische Szenarien hilfreich sein (Schmiedtchen 1990).

In einem Brandraum mit den Abmessungen 4,76 *m* x 4,76 *m* x 2,70 *m* erfolgten Temperaturmessungen mit unterschiedlichen Brandmedien (Siedegrenzbenzin bzw. Diesel (je 1 *l*), Holz (5 *kg*), Gummi (3 *kg*), PUR (1 *kg*)). Es ergab sich nach 2 *min* an einem 30 *cm* unterhalb der Brandraumdecke angebrachten Thermoelement mit direkter Wärmestrahlung ein Spitzenwert von ca. 120 °C, der danach auf 70 °C abfiel. Ein abgeschirmtes Thermoelement zur ausschließlichen Erfassung der Konvektionswärme zeigte nach diesen 2 *min* einen über mehrere Minuten konstanten Temperaturwert von ca. 70 °C. Untersuchungen in einem gasbefeuerten Brandübungshaus zeigten in 1,50 *m* über dem Boden nach 12 *min* maximal 175 °C. Ähnliche Ergebnisse erbrachten Untersuchungen, bei denen die gemessenen Maximaltemperaturen an Atemschutzgeräten bei realen Einsätzen zur Brandbekämpfung in Innenräumen »kurzzeitig« 107,2 °C betrugen (Neske 2015). Die durch reine Konvektion erzeugten Temperaturen dürften noch unterhalb dieser Maximalwerte liegen. Da die Einsatztaktik bei der Brandbekämpfung in Innenräumen das Vorgehen der Einsatzkräfte in gebückter bzw. kriechender Haltung vorsieht, sind Betriebstemperaturbereiche um die 80 °C also völlig ausreichend.

Für den Objekttemperaturbereich sind bei den unterschiedlichen Herstellern 600 bis 1 000 °C der Standard. Unter Berücksichtigung der im vorigen Kapitel dargelegten Hinweise zur Temperaturmessung im Einsatz stellt sich die Frage, ob solch hohe Temperaturbereiche tatsächlich notwendig sind.

Die am Markt angebotenen Wärmebildkameras unterliegen einer DIN-Prüfung. Sie sind meist zugelassen für den Schutz vor Berührung von gefährlichen Teilen durch Personen oder Nutztiere sowie vor dem Eindringen von Fremdkörpern und vor Feuchtigkeit.

Sind sie staubgeschützt, wird das Eindringen von Staub nicht vollständig verhindert. Es darf Staub jedoch nicht in einer solchen Menge eindringen, dass das zufriedenstellende Arbeiten des Gerätes oder die Sicherheit beeinträchtigt werden. Wenn das Gerät gegen Spritzwasser geschützt ist, darf Wasser, das aus jeder Richtung gegen das Gehäuse spritzt, keine schädlichen Wirkungen haben. Falls das Gerät staubdicht ist, ist auch ein zeitweiliges Untertauchen des Gerätes möglich, ohne es zu schädigen.

Für den Feuerwehreinsatz sind Geräte nach DIN-Norm gemäß IP 67 zu empfehlen. Weiterhin sind Geräte sinnvoll, die für den Einsatz in explosionsgefährdeten Bereichen geeignet sind, wie sie z. B. bei Gefahrguteinsätzen auftreten können. Von einigen Firmen werden auch Helmkameras angeboten. Bei diesen ist zu beachten, dass die Kameras mit dem Helm zugelassen sein müssen, da der Helm zur Persönlichen Schutzausrüstung der Einsatzkräfte zählt.

Schließlich sei noch auf den verwendeten »Shutter« verwiesen (vgl. dazu Zimmermann (2020)). Diese Funktion ist dafür von Bedeutung, um ein gleichmäßiges, einwandfreies Bild zu erzeugen. Ein Nachteil eines teilmechanischen Vorganges ist ein kurzer, bis zu 2 bis 3 s andauernder »Bildausfall«. Das macht sich insbesondere beim schnellen Schwenken des Wärmebildgerätes bemerkbar. Es gibt aber bereits Geräte, die eine Bildkorrektur elektronisch durchführen. Diese Geräte haben aus preislichen Gründen bisher keine Anwendung in den Feuerwehren gefunden.

15 Radioaktivität

> Unter bestimmten Voraussetzungen zerfallen einige chemische Elemente, wobei energiereiche Strahlung freigesetzt wird. Der Mensch hat für diese Strahlung kein Sinnesorgan, ungeachtet dessen kann sie aber ernsthafte Schädigungen in biologischen Systemen hervorrufen. Radioaktive Stoffe werden in vielen Gebieten z. B. in der Medizin und Kerntechnik genutzt, aber auch der Missbrauch ist nicht mehr auszuschließen. Deshalb ist eine Gefährdung der Bevölkerung durch Radioaktivität auch im Alltag durchaus möglich. Die damit zusammenhängenden Erscheinungen lassen sich nur auf der Grundlage kernphysikalischer Betrachtungen verstehen.

15.1 Kernaufbau und Strahlungsarten

Atomkerne sind aus den elektrisch neutralen Neutronen und den positiv geladenen Protonen aufgebaut, den Nukleonen. Die Kerne würden infolge der elektrostatischen Abstoßung auseinander fliegen, wenn es nicht einen speziellen »Kernkitt« gäbe. Diese anziehend wirkende Kraft von kurzer Reichweite, die Kernkraft, wird als »starke Wechselwirkung« bezeichnet. Sie wird durch den Austausch von weiteren Elementarteilchen (π-Mesonen) zwischen den Nukleonen hervorgerufen. In einer ersten Näherung kann man sich den Kern analog zu einem Wassertröpfchen vorstellen, bei dem alle Nukleonen im Innern dicht gepackt sind. Damit kann das Verhalten unterschiedlich großer Atomkerne erklärt werden.

Dieses Tröpfchenmodell lässt sich zu einem Schalenmodell erweitern, mit dem sich andere Eigenschaften erklären lassen. Hierbei wird der Kern analog zum Atomaufbau aus Schalen bestehend aufgefasst, was nach den Gesetzen der Quantenphysik zu Quantensprüngen zwischen verschiedenen Energiezuständen führt. Atome sind aus einem Kern und Elektronen in verschiedenen Schalen der Hülle aufgebaut, bei deren Quantensprüngen Energie aufgenommen bzw. als elektromagnetische Wellen abgestrahlt wird. Analog treten im Kern bei seiner Modellierung mit »Schalen« auch Quantensprünge auf. Die Analogie zwischen Kern und Atom weist jedoch auch Unterschiede auf, auf deren Darlegung hier verzichtet werden soll.

Die chemische Natur eines Stoffes wird durch die Zahl der Protonen im Kern bestimmt. Diese ist wegen der elektrischen Neutralität der Atome gleich der Zahl der Elektronen. Man erhält unterschiedliche Atomarten desselben chemischen Elementes, die Isotope, wenn bei gleicher Protonenzahl eine unterschiedliche Anzahl von Neutronen im Kern gebunden ist. Allerdings sind jeweils nur wenige Isotope stabil. Von Ionisation spricht man, wenn bei einem Atom Elektronen z. B. durch Beschuss herausgelöst oder zusätzlich angelagert werden. Die Wirkung radioaktiver Strahlung auf biologische Systeme beruht auf der Ionisation in den Zellen, wodurch chemisch sehr aggressive Stoffe als Zellgifte oder freie Radikale entstehen.

Merke:
Radioaktive Strahlung verursacht eine schädigende Wirkung in Organismen. Abhängig davon, welche Organe betroffen sind und wie stark die Strahlenbelastung war, kann es zur Erbgutschädigung oder Krebserkrankung kommen.

Nach diesen kurzen Vorbetrachtungen zum Kernaufbau kann das Phänomen »Radioaktivität« näher erläutert werden. In der Natur gibt es instabile Atome, die sich spontan von selbst in andere Kerne umwandeln können (natürliche Radioaktivität). Dies ist ein statistischer Vorgang, d. h. von den vorhandenen instabilen Kernen setzt sich in einer bestimmten Zeit nur ein gewisser, aber gesetzmäßiger Anteil um. Für den einzelnen Kern kann man keine exakte Voraussage treffen, wann er sich umwandeln wird. Instabil sind alle Elemente mit 83 und mehr Protonen je Kern sowie darunter verschiedene Isotope.

Durch Kernbeschuss lassen sich instabile Isotope auch im Labor erzeugen, die sich anschließend ebenfalls bis zu stabilen Kernen umwandeln (künstliche Radioaktivität). Der Zerfall läuft bei den schweren Elementen über unterschiedliche Zwischenstufen nach mehreren festen Schemata ab (Zerfallsreihen). Es existieren verschiedene Formen der Kernumwandlung, bei denen große Mengen Energie frei werden, die Kernspaltung und die Kernfusion.

Die Radioaktivität ist als Folge des Kernzerfalls mit der Aussendung energiereicher Strahlung verbunden. Je nach radioaktivem Stoff tritt eine unterschiedliche Abstrahlung auf. Man unterscheidet in α-, β- und γ-Strahlung (auch bezeichnet als Alpha-, Beta- und Gammastrahlung). Durch Ablenkung in elektromagnetischen Feldern wurde die unterschiedliche Natur dieser Strahlung aufgeklärt. Bei der α-Strahlung handelt es sich um die zweifach positiv geladenen Atomkerne des Heliums. Dieser α-Zerfall tritt vor allem bei den schweren Kernen auf. Auch bei der β-Strahlung handelt es sich um einen Teilchenstrom, und zwar um schnelle Elektronen. Diese entstehen beim Abbau eines Neutronenüberschusses. Schließlich handelt es sich bei der γ-Strahlung um energiereiche (kurzwellige) elektromagnetische Strahlung. Sie entsteht bei Kernprozessen, bei denen die Kerne in angeregte Zustände gelangen.

Beim Übergang in einen energieärmeren Zustand wird die Überschussenergie als elektromagnetische Welle abgestrahlt.

15.2 Dosis und Wirkung

Für die Beurteilung der Gefährdung ist es notwendig, die Menge der vorhandenen Strahlung und die Zeitdauer ihrer Wirkung zu kennen. Da der Zerfall ein statistischer Vorgang ist, lässt sich die Änderung der Anzahl N der radioaktiven Kerne aus einer Ratengleichung bestimmen. Die zeitliche Änderung ist beim Zerfall proportional zur Teilchenzahl

$$-\frac{dN}{dt} = \lambda \cdot N, \tag{15.1}$$

wobei durch das Minuszeichen die Abnahme berücksichtigt wird. Als Proportionalitätsfaktor wurde hier die Zerfallskonstante λ eingeführt. Dies ist eine Materialkonstante, die das radioaktive Verhalten eines Stoffes kennzeichnet.

Hinweis:
Nicht mit der Wellenlänge verwechseln!

Die Integration liefert für das Zeitverhalten mit der Exponentialfunktion das Gesetz des radioaktiven Zerfalls

$$N = N_0 \cdot e^{-\lambda \cdot t}. \tag{15.2}$$

N_0 kennzeichnet die Ausgangszahl der radioaktiven Kerne zum Zeitpunkt $t = 0$ s.

Zur Einschätzung der Lebensdauer eines radioaktiven Stoffes wird die Halbwertszeit $t_{0,5}$ als Zeitspanne eingeführt, bei der die Hälfte der ursprünglich vorhandenen Kerne zerfallen ist. Über (▶ 15.2) erhält man durch Umstellung unter Verwendung des natürlichen Logarithmus

$$t_{0,5} = \frac{\ln 2}{\lambda} = \frac{0{,}693}{\lambda}. \tag{15.3}$$

Diese Zeiten variieren über einen weiten Bereich, häufig liegen die Werte zwischen einigen Minuten bis zu Jahren, sie können für einzelne Stoffe auch erheblich höher liegen.

Zur Beurteilung der Stärke der Radioaktivität eines Stoffes wird die Aktivität A, gemessen in Becquerel (Bq) = $1/s$, benutzt. Unter Verwendung von (▶ 15.1) und (▶ 15.3) erhält man die Aktivität als Anzahl der Zerfallsakte pro Zeiteinheit

$$A = -\frac{dN}{dt} = \lambda \cdot N = \frac{\ln 2}{t_{0,5}} \cdot N. \tag{15.4}$$

Als Stoffkonstante wird dabei also die Halbwertszeit benutzt. Üblich ist auch die auf die Masse bezogene spezifische Aktivität.

Zur Beurteilung der Wirkung auf die durchstrahlten Stoffe benutzt man die Dosis bzw. die auf die Zeit bezogene Dosisleistung. Dies gilt im Übrigen auch für andere energiereiche Strahlung, wie die Röntgenstrahlung. Zwei unterschiedliche Definitionen sind gebräuchlich.

Die **Ionendosis** ist die auf die Masse der Ionen bezogene elektrische Gesamtladung Q der Ionen gleichen Vorzeichens (d. h. einer Polarität), die durch die Strahlung entstanden sind. Sie beträgt

$$I = \frac{dQ}{dm} = \frac{1}{\rho} \cdot \frac{dQ}{dV} \tag{15.5}$$

mit der Ionendichte ρ. Als eine ältere Maßeinheit wird häufig noch das *Röntgen* $(R) = 2{,}58 \cdot 10^{-4} \frac{A \cdot s}{kg}$ benutzt, die zwar eine SI-fremde Einheit ist (vgl. ▶ Kapitel 1.1), sich allerdings einfach umrechnen lässt.

Die **Energiedosis** ist die auf die Masse eines Stoffes bezogene Energie E, die dem Stoff infolge Absorption der ionisierenden Strahlung zugeführt wird. Sie beträgt

$$D = \frac{dE}{dm} = \frac{1}{\rho} \cdot \frac{dE}{dV}. \tag{15.6}$$

mit der Dichte ρ des Stoffes. Die Maßeinheit ist das *Gray* $(Gy) = \frac{W \cdot s}{kg}$.

Zur Einschätzung in Bezug auf den Strahlenschutz wird das Dosisäquivalent

$$H = QF \cdot D \tag{15.7}$$

eingeführt. Als Proportionalitätsfaktor dient der Qualitätsfaktor QF, der die Wirkung der unterschiedlichen Strahlungsarten wichtet und für den Erfahrungswerte vorliegen (vgl. ▶ Tabelle 12). Gemessen wird das Dosisäquivalent in *Sievert* $(Sv) = \frac{W \cdot s}{kg}$, also in derselben Maßeinheit wie das Gray. Menschen können bei einmaliger Bestrahlung gefahrlos maximal $H = 0{,}25$ Sv aufnehmen. Ein Wert von $H = 6 \ldots 8$ Sv ist hingegen tödlich (vgl. auch ▶ Tabelle 13). Bei der Wirkung ist zu beachten, dass es auch zur Veränderung der Chromosomen bzw. Gene kommen kann, wodurch Erbschäden möglich werden.

15.3 Strahlenschutz

Tabelle 12: *Qualitätsfaktoren (Meschede 2002)*

Strahlungsart	QF in *Sv/Gy*
Röntgen-Strahlung	1
γ-Strahlung	1
β-Strahlung	1
langsame Neutronen	5
schnelle Neutronen	10
α-Strahlung	10

Tabelle 13: *Wirkung von kurzzeitiger γ – Strahlung auf Menschen (Meschede 2002)*

Dosisäquivalent in *Sv*	Auswirkung
< 0,5	geringe vorübergehende Blutveränderung
0,8 … 1,2	Übelkeit und Erbrechen bei 10 % der Betroffenen
4 … 5	50 % Todesfälle innerhalb von 30 Tagen, Erholung der Überlebenden in 6 Monaten
5,5 … 7,5	letal (100 % Todesfälle)
50	letal innerhalb 1 Woche

15.3 Strahlenschutz

Personen, natürlich auch die Einsatzkräfte, sind beim Auftreten von Radioaktivität vor den Wirkungen zu schützen. Wie lässt sich dies wirksam realisieren? Grundsätzlich sind zwei Aspekte zu berücksichtigen:

- Die Strahlungsbelastung ist zu ermitteln. Dafür stehen auch der Feuerwehr geeignete Messgeräte zur Verfügung. Auf der Grundlage der Gefährdungsbeurteilung müssen geeignete taktische Maßnahmen festgelegt werden.
- Zum unmittelbaren Personenschutz dient die Kontaminationsschutzkleidung. Da radioaktive Stoffe häufig an Staub oder Aerosole gebunden sind, ist auf umluftunabhängigen Atemschutz sowie anschließende Dekontamination zu achten.

15 Radioaktivität

Aus physikalischer Sicht ist für den Schutz vor Radioaktivität von Bedeutung, dass sich Strahlung abschirmen lässt. Außerdem nimmt die Ionendosis quadratisch mit dem Abstand ab, ähnlich wie die Intensität einer Lichtquelle. »Abstand halten« ist damit eine sehr wirksame Schutzmaßnahme.

Formelmäßig erhält man zunächst das Abstandsgesetz für die Ionendosis

$$I = I_o \cdot \left(\frac{r_o}{r}\right)^2. \tag{15.8}$$

Hiernach verringert sich die Dosis I_o am Ort r_o mit dem Abstand r quadratisch. Die Energiedosis ergibt sich über

$$D = f \cdot I \tag{15.9}$$

durch Einführung eines empirischen Ionisierungsäquivalents f. Dieses kann aus Tabellen entnommen werden. Schließlich erhält man für das Dosisäquivalent, wenn die Schwächung mit dem Schwächungskoeffizient μ über eine Strecke d berücksichtigt wird, die Beziehung

$$H = e^{-\mu \cdot d} \cdot QF \cdot f \cdot I_o \cdot \left(\frac{r_o}{r}\right)^2. \tag{15.10}$$

Hierfür wurde auf (▶ 15.7), (▶ 15.8) und (▶ 15.9) zurückgegriffen. Insbesondere Blei hat einen großen Wert μ und schwächt damit bereits durch dünne Schichten die Strahlung erheblich.

Es sei darauf hingewiesen, dass Kontaminationsschutzkleidung darauf abzielt, Hautkontakte mit radioaktivem Material zu vermeiden. Hingegen ist die Abschirmung der Strahlung nur sehr begrenzt möglich. Radioaktivität erlangt eine zunehmende Bedeutung im Einsatz der Feuerwehren. Sie verkörpert ganz wesentlich das »A« in der ABC-Komponente. Mit dem ABC-Erkunder sind bundesweit die Voraussetzungen dafür verbessert worden, sich rechtzeitig und umfassend auf eine derartige Gefährdung einstellen zu können.

15.4 Radioaktive Gefahren im Feuerwehreinsatz

Die wohl größte Herausforderung für Einsatzkräfte der Feuerwehr bezüglich der Radioaktivität war die Havarie des Kernreaktors von Tschernobyl am 26.04.1986. Nach der Havarie bestand die Aufgabe der Einsatzkräfte darin, die entstandenen Brände zu löschen und den havarierten Reaktor herunterzukühlen. Dieser Einsatz fand ohne Strahlungsmessgeräte und ohne geeignete Schutzausrüstung statt. Hier muss man erwähnen, dass bei Gamma-Strahlung die Halbwertsdicke bei 1 *cm*

15.4 Radioaktive Gefahren im Feuerwehreinsatz

Bleiabschirmung liegt, was praktisch keine Persönliche Schutzausrüstung, ausgenommen Bleischilde, leisten kann. Innerhalb von drei Wochen waren 31 Einsatzkräfte verstorben (Dethloff 2017).

Auch in der DDR war der Bau von Atomkraftwerken mit Reaktoren des Tschernobyl-Typs geplant, z. B. in Arneburg bei Stendal. Es wurde an Technologien gearbeitet, die die Möglichkeit der Brandbekämpfung und Kühlung ohne den direkten Einsatz von Einsatzkräften ermöglichen, und zwar durch elektrisch betriebene Selbstfahrlafetten. In der Bundesrepublik wurde in Reaktion auf den Unfall in Fukushima vom 11.03.2011 der Ausstieg aus der Kernenergie beschlossen und sollte bis Ende 2022 realisiert werden. Politische Ereignisse führten zu einer erneuten Diskussion dieser Zeitschiene. Aber auch ohne Kernkraftwerke werden in Deutschland in Industrie und Gewerbe, Medizin, Forschung und in der Landwirtschaft etwa 100 000 umschlossene radioaktive Strahlenquellen (Strahler) angewendet (o. A. 1922 d). Häufige Einsatzbereiche für Strahler in der Industrie sind die Kalibrierung von Messgeräten, die Werkstoffprüfung, die Produktbestrahlung und -sterilisation sowie die Füllstands- und Dichtemessung. In der Medizin werden Strahlenquellen zumeist in der Strahlentherapie und bei der Blutbestrahlung eingesetzt. Die hierbei dominierenden Radionuklide sind Kobalt-60, Iridium-192, Cäsium-137, Strontium-90 und Americium-241. Das bedeutet, dass die Einsatzkräfte der Feuerwehren auch nach einem Ausstieg aus der Kernenergie mit radioaktiven Strahlungsquellen konfrontiert werden können. Einsätze mit radioaktiven Gefährdungen sollten wegen der Komplexität der damit auftretenden Probleme speziell ausgebildeten und ausgerüsteten Einheiten vorbehalten bleiben.

Eine »Gedankenstütze« bei Strahlenschutzeinsätzen können für Alpha-, Beta- und Gammastrahlung folgende Abschirmungsmöglichkeiten sein (Dethloff 2017):

- Alphastrahlung: ein Blatt Papier ausreichend, da Reichweite nur einige Zentimeter,
- Betastrahlung: 3–4 *mm* Blech, da Reichweite wenige Meter,
- Gammastrahlung – die Halbwertsdicke beträgt 1 *cm* Blei bzw. 5 *cm* Beton. Hierbei bedeutet für den Strahlenschutz die Halbwertsdicke die Stärke eines Materials, die notwendig ist, die Gammastrahlung auf die halbe Intensität und damit Dosisleistung zu reduzieren.

Diese Angaben zeigen, dass für Beta-Strahlung nur eingeschränkte, für Gammastrahlung gar keine praktikablen Schutzausrüstungen verfügbar sind. Zum Schutz vor Radioaktivität muss deshalb vor allem eine Inkorporation, also eine Aufnahme körperfremder Bestandteile in den Organismus, verhindert werden. Dies erfordert

15 Radioaktivität

den Einsatz von Atemschutzgeräten und Kontaminationsschutzkleidung nach der Höhe der zu erwartenden Belastung in drei Stufen:
- Form 1 (Kontaminationsschutzhaube),
- Form 2 (Kontaminationsschutzanzug),
- Form 3 (Chemikalienschutzanzug).

Weiterhin sollten Personendosimeter und/oder ein Dosiswarngerät eingesetzt werden. Eine Zusammenfassung wichtiger Fakten für den Feuerwehreinsatz bei radioaktiven Gefahrenlagen findet man beispielsweise in Elfert (2000).

16 Digitalisierung und Maschinelles Lernen in der Gefahrenabwehr

> Die Digitalisierung durchdringt zunehmend alle Bereiche der Gesellschaft. Dadurch ändert sie das Denken und Handeln gravierend. Das gilt auch bei der Gefahrenabwehr. Obwohl im eigentlichen Sinne nicht physikalisch, wird sich in der Zukunft mehr und mehr eine enge Verknüpfung entwickeln. Schon heute tauchen vermehrt Teilaspekte der Digitalisierung zur Lösung auch von physikalischen Problemen der Gefahrenabwehr auf, so dass es sinnvoll erscheint, zum Ende dieses Buches in einige Grundlagen der Digitalisierung einzuführen. Natürlich ist klar, dass sich die Physik als solche nicht ändern wird. Die Digitalisierung wird allerdings einen Wandel bei den Möglichkeiten und Methoden der Physik hervorrufen, ähnlich dem tiefen Eindringen von Computern in den Alltag, was sich in den letzten Jahrzehnten auch in der Praxis der Gefahrenabwehr gezeigt hat. Überdenkt man jetzt die Fortentwicklung infolge »Künstlicher Intelligenz«, so wird klar, dass man an einer Betrachtung von Aspekten der Digitalisierung nicht vorbeikommt.

16.1 Digitalisierung und Daten

In der Wissenschaft läuft die Anhäufung von Erkenntnissen selten geradlinig. Im Regelfall greifen verschiedenartige Entwicklungen ineinander. Durch Spezialisierung bzw. Vertiefung des Wissens entstehen häufig neue Forschungsgebiete bzw. sogar ganze Wissenschaftsdisziplinen. Andererseits können Erfolge mit neuartigen Methoden oder Denkweisen nicht selten auch gänzlich andere Gebiete inspirieren oder beeinflussen. Und dies erkennt man auch bei der Verknüpfung von Gefahrenabwehr und Digitalisierung, was gerade auch für die physikalischen Grundlagen Bedeutung erlangen wird.

Die letzten Jahrzehnte waren dadurch gekennzeichnet, dass sich Computertechnik durch immer weitere Miniaturisierung der Bauelemente verbunden mit einer Massenproduktion und einer damit einhergehenden Reduzierung der Preise breit durchsetzen konnte. So beherrscht die Nutzung von Computern heute bereits alle Wissensgebiete genauso wie auch den Alltag. Neben diesen Hardware-Voraussetzungen haben sich nun in den letzten Jahren zahlreiche Fortschritte bei der Software ergeben, wozu auch Fragen der Digitalisierung gehören. Auch bei der Gefahrenabwehr haben solche Methoden in ersten Ansätzen Einzug gehalten. Der

Weg zu Entscheidungshilfen oder zur Auswertung sehr großer Datenmengen ist klar vorgezeichnet. Autark reagierende technische Systeme, wie beispielsweise Roboter oder Drohnen, sind auf der Basis von »künstlicher Intelligenz« künftige Hilfsmittel bei der Gefahrenabwehr. Damit stellt sich den Gestaltern solcher Prozesse natürlich die Frage, wie diese Vorgehensweisen zu verstehen sind. Im Folgenden werden einige grundlegende Überlegungen unter Berücksichtigung der Zusammenhänge mit physikalischen Betrachtungen erläutert.

Begonnen werden soll mit dem Begriff der Digitalisierung, da sie in alle Lebens- und Arbeitsbereiche Einzug hält. In der ursprünglichen Bedeutung wurde damit lediglich die Umwandlung vorliegender Daten von analoge in digitale Formate beschrieben. Inzwischen wird dieser Begriff aber viel umfassender verstanden. Er schließt die Veränderung unserer Lebens- und Arbeitsweise ein, was zunehmend mit der Entwicklung sowie dem Einsatz einer entsprechenden Technik verbunden ist.

Merke:

Echte Digitalisierung erfordert die Entwicklung entsprechender Kompetenzen im Umgang mit Technik und Software und eine Veränderung langjähriger Verhaltensweisen, um effizient die stetig neu entstehenden Möglichkeiten nutzen zu können.

Derartige Veränderungen betreffen alle Lebensbereiche, privat genauso wie im Arbeitsumfeld, und damit auch die Feuerwehren. Zum einen betrifft dies die Ausrüstung sowie die Arbeitsabläufe der Feuerwehr selbst. Genannt seien hier z. B. immer ausgefeiltere Geräte wie etwa Wärmebildkameras mit interner Erkennung von Kanten, mobile Gaschromatographen für die umfassende Bestimmung eines breiten Spektrums von Gefahrstoffen vor Ort oder Drohnen zur Unterstützung von Einsätzen mittels Luftbildern mit integrierter Auswertung. Einsatzleiter können mithilfe cloudbasierter Lösungen verschiedene Datenquellen schnell zusammenführen, Einsatzkräfte gezielter koordinieren und abschließende Einsatzberichte effizienter erstellen. Zum anderen wird auch das Umfeld, in welchem die Feuerwehr agiert, zunehmend digitaler. So sind intelligente Gebäude mit einer Vielzahl an Sensoren und Steuerungsmechanismen ausgestattet. Diese können im Einsatzfall ausgewertet bzw. genutzt werden. Außerdem können intelligente Lichtanlagen im Straßenverkehr die Anfahrt der Rettungskräfte steuern und damit beschleunigen.

Einen großen Anteil an den enormen Fortschritten und Erfolgen der Digitalisierung hat insbesondere die Erfassung und kontinuierliche Verfügbarkeit von großen Mengen an Daten, durch deren (automatisierte) Auswertung neue Mehrwerte geschaffen werden können. Daher sollen im Folgenden insbesondere diese Aspekte

16.1 Digitalisierung und Daten

erläutert werden. Darüber hinaus gibt es natürlich weitere, für die Feuerwehr interessante Technologien wie beispielsweise die Virtual und Augmented Reality (VR, AR), auf deren Erläuterung wegen der Beschränkung auf einführende Betrachtungen verzichtet werden soll.

Wenn von Daten die Rede ist, dann können diese ganz unterschiedlicher Natur sein, angefangen von klassischen Sensordaten, wie etwa Temperatur, Luftfeuchtigkeit oder Luftdruck, über Bilddaten, wie beispielsweise Fotos, Wärmebilder oder Hyperspektralaufnahmen, sowie Tiefeninformationen z. B. mit Time-of-Flight-Sensoren bis hin zu Einsatzdaten, wie etwa Zeitpunkt, Dauer und Art des Einsatzes sowie dazu gehörende Berichte in Textform. Hinzu kommen die von Experten meist über viele Jahre erarbeiteten und aufbereiteten Wissensquellen wie etwa Datenbanken zu chemischen Stoffdaten. Genauso vielfältig wie die Daten sind auch die Möglichkeiten zu deren Erfassung, Verarbeitung und Auswertung.

In diesem Zusammenhang ist auch häufig vom Internet der Dinge (englisch: Internet of Things (IoT)) die Rede. Dies meint die Vernetzung von Dingen in einer globalen Infrastruktur. Durch immer kleinere eingebettete Systeme, die in der Regel gar nicht mehr als Computer erkennbar sind und wahrgenommen werden, erhalten Objekte eine virtuelle Repräsentation. Die Vernetzung dieser Systeme ermöglicht deren Interaktion mit dem Benutzer sowie zwischen den technischen Systemen untereinander. So entstehen intelligente Produkte und Services. Durch die Anbindung von Sensoren und Aktoren erhalten diese Systeme die Fähigkeit, Zustände zu erfassen und entsprechend darauf zu reagieren. So können z. B. in Gebäuden verteilte Temperatursensoren ihre Messwerte an das Smartphone eines Nutzers senden, der damit die aktuellen Werte betrachten kann. Die Sensordaten können aber auch an eine Serveranwendung versandt werden, die diese Daten kontinuierlich erfasst und abspeichert und somit auch zeitliche Verläufe abrufbar und weiter verarbeitbar macht. Wird das System nicht nur mit Temperatursensoren, sondern darüber hinaus auch noch mit Möglichkeiten der Steuerung (über sogenannte Aktoren) versehen, kann es selbstständig z. B. die Regelung einer Heizung oder die Freischaltung spannungsführender Anlagen übernehmen.

Die immer größere Leistungsfähigkeit der verbauten Mikrocontroller ermöglicht es zudem, immer umfangreichere Berechnungen direkt vor Ort vornehmen zu können. So können inzwischen auch Modelle des Maschinellen Lernens und der Künstlichen Intelligenz integriert in Systemen zum Einsatz kommen. Man spricht dann auch von AIoT (Artificial Intelligence of Things) (Vollertsen 2022). Diese Kombination ermöglicht es, IoT effizienter zu gestalten und die Nutzerinteraktion sowie Datenmanagement und -analyse zu verbessern. So kann eine »intelligente« Kamera durch den Einsatz vortrainierte Modelle z. B. Menschen oder Autos direkt zählen oder sogar zwischen unterschiedlichen Fahrzeugmodellen und -marken unterscheiden. Anstatt die Bilddaten unter hohem Bedarf an Übertragungsbandbreite in Rohform an einen Server schicken zu müssen, um diese dort weiter zu analysieren, kann sich nun auf das Ergebnis der Analyse (wie z. B. die detektierte Anzahl an Personen) beschränkt werden. Auch wenn durch immer neuere Mobilfunkstandards wie 5G höhere Übertragungsraten ermöglicht werden, ist diese Berechnung direkt auf den Endgeräten von zunehmender Bedeutung für die Einsetzbarkeit solcher Systeme.

Für das Training der verwendeten Modelle werden eine große Menge an Daten sowie hohe Rechenressourcen benötigt. Dies macht es nach wie vor notwendig, Daten kontinuierlich zu erfassen und zentral zu sammeln. Große Mengen an Daten (englisch: Big Data) können dabei durch die Vernetzung der Systeme untereinander ohne weiteren menschlichen Aufwand problemlos erfasst werden. Allerdings muss auch die Qualität der Daten und deren Eignung in Bezug auf die mittels intelligenter Methoden zu lösende Fragestellung berücksichtigt und sichergestellt werden.

Diese Herangehensweise wird auch mehr und mehr den Alltag in den Feuerwehren bestimmen. Ergebnisse automatisierter Methoden sowie Auswertung flächendeckender Sensordaten werden zunehmend in Entscheidungen einfließen. Gleichzeitig können Einsatzkräfte zu einer Erhöhung der Datenqualität und Verbesserung der Modelle beitragen, wenn deren Expertise und Erfahrungen aus der Praxis auch wieder zurückfließen. Im Folgenden soll daher eine Einführung der grundlegenden Arbeitsweise dieser intelligenten Analyseverfahren erfolgen, um deren Nutzen und Grenzen besser einschätzen zu können.

16.2 Datenanalyse durch Maschinelles Lernen und Künstliche Intelligenz

Das Ziel von »Maschinellem Lernen« (ML) ist die Generierung von Wissen aus Erfahrung. Dazu wird mit Hilfe eines Lernalgorithmus ein Modell aus Beispielen gelernt, welches dann in der Zukunft auf neuen, unbekannten Daten derselben Art angewendet werden kann. Dieser Ansatz ist in gewisser Weise durchaus vergleichbar mit der Herangehensweise in der Physik. Hier wurden und werden durch zahlreiche Experimente und Beobachtungen der Natur Gesetzmäßigkeiten aufgestellt, um diese beschreiben zu können. Verfahren des maschinellen Lernens kommen häufig dann zum Einsatz, wenn die Prozesse so kompliziert werden, dass sich das Problem nicht mehr vollständig von Hand beschreiben lässt, gleichzeitig aber eine ausreichende

16.2 Datenanalyse durch Maschinelles Lernen und Künstliche Intelligenz

Menge an Beispieldaten vorliegt. So können im Ergebnis Vorhersagen getroffen, Empfehlungen ausgesprochen oder Entscheidungen vorgeschlagen werden, ohne die Regeln zur Berechnung explizit festgelegt zu haben.

Als erläuterndes Beispiel sei die Erkennung von handgeschriebenen Ziffern angeführt. Dem Menschen fällt es verhältnismäßig leicht, Ziffern in verschiedensten Handschriften zu erkennen (vgl. ▶ Bild 60). Trotzdem wäre es äußerst schwierig, manuell zu beschreiben, wie z. B. eine handgeschriebene Eins aussieht, und dabei jegliche mögliche Handschriftenvariante zu berücksichtigen. Stattdessen kann man viele Beispiele von handgeschriebenen Ziffern einem Algorithmus präsentieren, der dann wiederum selbstständig die Muster erkennt, die die jeweiligen Ziffern ausmachen.

Bild 60: *Varianten von handgeschriebenen Ziffern*

Merke:
Formal lässt sich (maschinelles) Lernen definieren als die Verbesserung in Bezug auf eine bestimmte Aufgabe anhand von Erfahrungen.

Das Lernen erfolgt damit immer sehr spezifisch in Bezug auf eine konkrete Aufgabenstellung, wozu ein geeigneter Algorithmus gewählt werden muss. Die Erfahrung wird durch Beispiele in Form von Daten berücksichtigt. Zusätzlich muss man aber auch in der Lage sein, die Qualität eines Modells nach dem Lernprozess bewerten zu können. Deutlich schwieriger lässt sich der Begriff der »Künstlichen Intelligenz« (KI) definieren, da es schon schwierig ist, Intelligenz selbst exakt zu fassen. Er lässt sich aber durch die Gesamtheit der Bemühungen verstehen, die natürliche Intelligenz in ihren Auswirkungen nachzustellen.

Merke:
Die Künstliche Intelligenz verfolgt das Ziel, Maschinen mit Fähigkeiten auszustatten, die intelligentem Verhalten von Menschen ähneln.

In einfachster Form kann dies auch durch manuell programmierte Regeln erfolgen. Wie oben jedoch bereits angedeutet, sind viele Prozesse aber nicht mit vertretbarem Aufwand manuell beschreibbar. Das macht Maschinelles Lernen zu einem wichtigen Bestandteil der meisten KI-Systeme.

Zentral für den Erfolg eines KI- bzw. ML-Systems sind damit vier Faktoren, die in der Praxis zu berücksichtigen sind: Lernaufgabe, Daten, Modell und Lernalgorithmus. Zunächst muss sich das Praxisproblem als eine geeignete Lernaufgabe konkretisieren lassen, die im Folgenden durch das Maschinelle Lernen gelöst werden soll. Typische Lernaufgaben werden im weiteren Verlauf noch vorgestellt. Passend dazu müssen in ausreichender Menge und Qualität Daten vorliegen, in denen die für das Lernproblem relevanten Zusammenhänge und Faktoren enthalten sind. Als nächstes muss ein Modell und dazu passend ein entsprechender Lernalgorithmus gewählt werden. Nur wenn die Zusammenhänge auch im gewählten Modell darstellbar sind, wird das Ergebnis am Ende auch nutzbar sein. In der Regel nähert man sich dem finalen Lernergebnis in einem schrittweise sich wiederholenden, d. h. iterativen Prozess an (▶ Bild 61).

Am Beginn steht der Aufbau des Verständnisses für das Lernproblem selbst und die vorhandenen Daten. Danach müssen die Daten für das Lernen vorbereitet werden. Typische Schritte sind z. B. die Auswahl und Transformation der Daten oder die Bereinigung von fehlenden Werten oder Ausreißern. Danach wird ein Modell, das für das ursprüngliche Lernproblem geeignet ist, mit den Daten trainiert und bewertet. Die Erkenntnisse aus der Arbeit mit den Daten und dem Training fließen meist wieder in die ersten Schritte ein, tragen zur Veränderung im Problemverständnis bei und führen so zu weiteren Anpassungen in der Datenvorbereitung, zu Änderungen in der Modellauswahl und ähnliches. Dieser iterative Prozess endet, sobald die Bewertung eine ausreichende Zufriedenheit mit dem Lernergebnis ergibt. Danach kann das trainierte Modell in den regulären Betrieb überführt werden.

Den verschiedenen Modellen und Lernverfahren lassen sich prinzipiell drei wesentlichen Lernaufgaben zuordnen: Überwachtes Lernen, Unüberwachtes Lernen und Verstärkungslernen. Beim Überwachten Lernen (▶ Bild 62) besteht jeder Datenpunkt neben verschiedenen beschreibenden Merkmalen auch aus einem Zielattribut, das eine Klasse oder ein kontinuierlicher Zielwert sein kann. Ziel des Lernens ist das Modellieren des Zusammenhangs zwischen den beschreibenden Merkmalen und einem Zielattribut, um dieses für künftige Daten vorhersagen zu können.

16.2 Datenanalyse durch Maschinelles Lernen und Künstliche Intelligenz

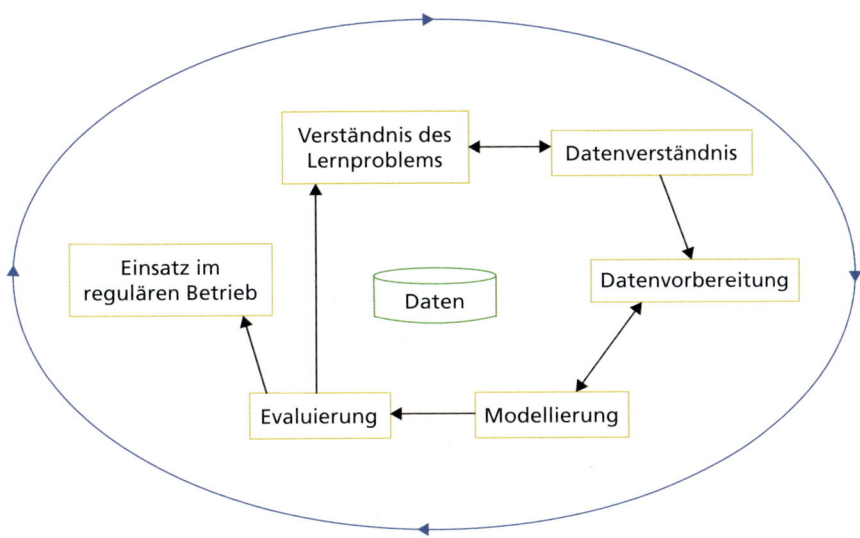

Bild 61: *Prozess der Datenanalyse*

Ein Beispiel für ein sehr einfaches überwachtes Lernproblem wäre die Vorhersage anhand von Sensordaten, ob es in einem Raum brennt. Es gibt dann zwei Klassen im Zielattribut: »es brennt« (im Bild rot) und »es brennt nicht« (im Bild grün). Ein Datenpunkt besteht beispielsweise aus einer Reihe von Messwerten, z. B. von verschiedenen Temperatursensoren, die im Raum verteilt sind. Zum Training des Modells muss es dann eine große Menge an Sensormessungen von Räumen aus der Vergangenheit geben, von denen jeweils bekannt ist, ob es dort brannte oder nicht (Lernphase). Einmal fertig trainiert kann das Modell dann in der Zukunft zur Vorhersage des Zielattributes von neuen Daten verwendet werden (Vorhersagephase). Wenn also zukünftig Sensormessungen erfolgen, kann das Modell vorhersagen, ob es brennt. Es gibt eine Vielzahl von Klassifikationsmethoden, die erfolgreich für das überwachte Lernen eingesetzt werden.

Im Gegensatz dazu gibt es beim unüberwachten Lernen kein Zielattribut, sondern nur beschreibende Merkmale. Ziel ist es stattdessen, die Daten in Gruppen mit ähnlichen Ausprägungen zusammenzufassen (▶ Bild 63). Diese Gruppierung, das sogenannte Clustering, dient dann häufig dem Datenverständnis und der Beschreibung der Daten. Durch das Fehlen des Zielattributs ist diese Lernaufgabe deutlich weniger zielgerichtet, da nicht festgelegt ist, welche Strukturen interessant sind. So gibt es immer viele Möglichkeiten, eine Menge von Daten zu strukturieren. Von

A	B	C	D	Ziel
20	M	...	...	0
30	W	...	...	1
70	W	...	...	1
10	M	...	...	0
...	...	...	...	...

Bild 62: *Überwachtes Lernen bei mehreren Merkmalen/Eigenschaften*

zentraler Bedeutung ist daher die Entscheidung, wann zwei Datenpunkte ähnlich sind. Beispielsweise könnte man versuchen, Gruppen von ähnlichen Feuerwehreinsätzen zu bilden, ohne dass vorher festgelegt ist, welche Arten von Einsätzen es gibt.

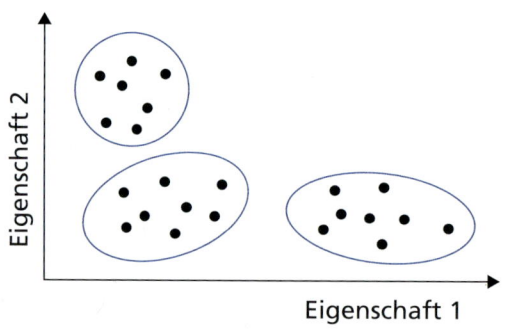

Bild 63: *Unüberwachtes Lernen bei mehreren Merkmalen/Eigenschaften*

Die dritte wesentliche Lernaufgabe, das Verstärkungslernen, unterscheidet sich deutlich von den anderen beiden Methoden. Ziel hierbei ist das Erlernen einer Kontrollstrategie für einen autonom agierenden sogenannten »Agenten« zur Erreichung eines bestimmten Zieles. Dieser kann mit seiner Umwelt interagieren, indem er Zustände der Umwelt beobachtet und Aktionen ausführen kann (▶ Bild 64). Dies kann ein Roboter oder auch ein virtueller Agent (wie z. B. ein Assistenzsystem) sein, der nur ein Softwareprogramm ohne Hardwarekomponente darstellt. Da zum Erlernen der Strategie keine direkten Trainingsbeispiele für das richtigen Verhaltens vorliegen, erhält der Agent stattdessen Belohnungen, um das gewünschte Verhalten zu bestärken. Denkbar wäre z. B. ein autonomer Löschroboter, der immer dann eine positive Belohnung (im Bild Farbe grün) erhält, wenn ein Brand erfolgreich gelöscht wurde. Für den Lernprozess muss nicht bekannt sein, welche einzelnen Schritte im Besonderen zur Erreichung des Zieles beigetragen haben.

Bild 64: *Verstärkungslernen mit Zielorientierung*

Im Maschinellen Lernen und der Künstlichen Intelligenz gab es in den letzten Jahren sehr große Fortschritte und viele erfolgreiche Praxisbeispiele. Nichtsdestotrotz handelt es sich um ein Gebiet der aktuellen Forschung, in dem noch viele offenen Fragen zu lösen sind. Es zeichnet sich aber klar ab, dass auch auf dem Gebiet der Gefahrenabwehr und damit auch bei der Feuerwehr solche Methoden verstärkt Anwendung finden werden. Der Nutzer in der Praxis benötigt kein Detailwissen, wohl aber ein Gespür für die Probleme, die hinter solchen Anwendungen stecken.

16.3 Maschinelles Lernen und Daten in der Gefahrenabwehr

Im Folgenden sollen einige Beispiele aus der Gefahrenabwehr vorgestellt werden, bei denen diese Methoden bereits erfolgreich eingesetzt werden. Aktuelle Arbeiten beschäftigen sich dabei insbesondere mit der Detektion von Feuer oder Rauch (insbesondere durch Auswertung von Bild- oder Videodaten), mit der Vorhersage von Feuer auf Infrastrukturebene oder Gebäudeebene im Rahmen des vorbeugenden Brandschutzes sowie mit der Unterstützung im Einsatzmanagement und bei der

Untersuchung von Material- und Stoffeigenschaften (Naser, Lautenberger und Kuligowski 2021).

Standardmäßig erfolgt die Erkennung von Bränden über Rauchmelder. Auch wenn dies zuverlässig funktioniert, so gibt es doch eine zeitliche Verzögerung bis zur Detektion des Brandrauches, in der sich ein Brand bereits großflächig ausbreiten kann. Durch die Auswertung von Kamerabildern mit Verfahren des Maschinellen Lernens kann es gelingen, den Brand schon frühzeitig in der Entstehungsphase zu detektieren (Geetha, Abhishek und Akshayanat 2021). Verschiedene, öffentlich verfügbare Datensätze stehen für das Lernen geeigneter Modelle zur Verfügung, die verschiedene Videosequenzen oder Bilder mit und ohne Feuer bzw. Rauch beinhalten. Zum Teil wird speziell unterschieden zwischen Innen- und Außenbereich sowie Waldbränden. Die bildbasierte Branderkennung hat bereits Marktreife erreicht, was sich in der Existenz von Produkten niederschlägt, deren vortrainierte Modelle direkt in der Kamera Bilddaten verarbeiten und ggf. als IoT-System einen Feueralarm auslösen können (o. A. 2022 a). So kann insbesondere in Umgebungen mit leicht entflammbarem Material wertvolle Zeit für die Brandbekämpfung durch frühzeitige Detektion gewonnen werden. Ein vollautomatisiertes Löschsystem kann zudem den Entstehungsbrand selbstständig mit gezielten Löschversuchen anstatt großflächiger Maßnahmen wie bei Sprinkleranlagen bekämpfen und damit gleichzeitig den durch das Löschmittel verursachten Sachschaden minimieren (o. A. 2022 b).

Aber auch Sensordaten intelligenter Gebäude werden in digitale Alarmierungs- und Notfallsysteme integriert, die neben der eigentlichen Alarmierung auch aktiv die Rettung im Notfall unterstützen können, etwa durch Untersuchungen zu Personenströmen bei Rettungswegen (Kitzlinger 2021) und eine adaptive Fluchtwegelenkung (Festag und Nagel 2019) bei der Detektion von Gefahren und zur Optimierung von Hilfsmaßnahmen wie etwa die Rauchfreihaltung. Andere Systeme detektieren über die Auswertung der Sensordaten bereits potentiell kritische Situationen, die im weiteren Verlauf zu einem Brand führen können, und werden präventiv im Rahmen des vorbeugenden Brandschutzes aktiv (Strauß 2022). Verfahren des Maschinellen Lernens können aber auch eingesetzt werden, um existierende Meldesysteme an verschiedenen Umgebungen anzupassen. So kann z. B. die Empfindlichkeit des Alarms eines Ansaugrauchmelders so angepasst werden, dass er auch in Bereichen eingesetzt werden kann, die von vornherein hohe Staub- und Schmutzanteile in der Luft haben etwa durch den Betrieb von Dieselfahrzeugen (Einlehner 2021). Die normalen Grenzwerte würden in dieser Umgebung ansonsten zu häufigen Fehlalarmen führen.

16.3 Maschinelles Lernen und Daten in der Gefahrenabwehr

Auf Infrastrukturebene gibt es zahlreiche Arbeiten, die sich mit der Analyse von Waldbränden auseinandersetzen, etwa zur Vorhersage der Ausbreitung des Feuers auf Basis von Informationen zu Brennmaterialtypen-Klassen, Wetterdaten oder topografischen Informationen (Lamers et al. 2021). Auch hier wird versucht, diese Informationen direkt aus Bilddaten zu extrahieren, wie z. B. aus Satellitenbildern oder Fotos von Waldbesuchern oder Waldarbeitern.

Auf städtischer Ebene spielt besonders die Einbettung der Gefahrenabwehr im Kontext von Smart Cities eine Rolle (Wallrodt 2019). Über eine entsprechende vernetzte Infrastruktur kann z. B. eine schlechte Ortskenntnis von Einsatzkräften durch direkte Bereitstellung von Informationen verschiedener Wissensquellen wie Karten, Pläne feuerwehrplanpflichtiger Gebäude, Daten des Bauamtes u. ä. kompensiert und die strategische Einsatzplanung unterstützt werden. Einsatzkräfte können in Echtzeit lokalisiert und gesteuert werden, etwa durch eine Priorisierung von Einsatzfahrzeugen im städtischen Verkehr (Damm und Klemmt 2019). Durch die Analyse von Audiodaten können Einsatzfahrzeuge über die Detektion der Töne der Sirene automatisiert erkannt werden (o. A. 2022 c). Auch die Analyse von Kommunikationsdaten der Einwohner kann bei der Beurteilung der Lage oder von Gefährdungspotentialen nützlich sein.

Wird nach erfolgtem Einsatz auch der dazu gehörige Bericht im Cloudsystem abgelegt, steht diese Erfahrung zukünftig für andere Einsätze zur Verfügung und kann z. B. bei ähnlichen Einsätzen herangezogen werden. Dies wäre ein echter Schritt zu einer noch immer fehlenden Einsatzstatistik der Feuerwehr.

Weitere Unterstützung des Einsatz- und Lagemanagements kann aus der Luft insbesondere durch die Nutzung von Drohnen erzielt werden. Neben der Live-Übertragung von Kamerabildern können auch hier wieder Analyseverfahren die Auswertung der Bilddaten unterstützen, um z. B. hilfsbedürftige oder vermisste Personen zu identifizieren oder den Zustand von Gebäuden oder Infrastruktur an schlecht zugänglichen Stellen wie etwa Dächer, Kamine oder Rohrbrücken zu bewerten. Dabei kann die Ansteuerung auch automatisiert über Wegpunkte erfolgen (Ronig und Sommer 2021).

All diese Beispiele zeigen, wie prägend künstliche Intelligenz künftig sein wird. Der Nutzen zeigt sich auch bei der immer leistungsfähigeren Umsetzung der physikalischen Gesetzmäßigkeiten und wird die Technik einschließlich der Messtechnik tiefgreifend verändern bzw. erweitern.

Natürlich eignen sich intelligente Systeme besonders gut, um menschliche Entscheidungen zu unterstützen oder das Interpretieren von Daten zu vereinfachen. Dabei muss allerdings auch berücksichtigt werden, dass solche Systeme nicht unfehlbar sind und eine gewisse Fehlerquote aufweisen. Verbleibt der Mensch als letzte Instanz der Entscheidung, sind automatisierte Fehlentscheidungen vermeidbar. Es bleibt jedoch, dass ein autonomes System stets deutlich schneller reagieren wird und damit ein sehr nützliches Hilfsmittel für die Entscheidungsfindung der Verantwortlichen sein wird.

Schlussbemerkungen

Physik ist eine lebendige Wissenschaft, die sich ständig ändert. Neue Erkenntnisse und Methoden kommen hinzu und die Verknüpfung mit anderen Bereichen, und zwar verschiedenen Wissensgebieten wie auch unterschiedlichen Anwendungen in der gesamten Gesellschaft, nimmt zu. Andererseits hat sich in der Physik ein stabiles Gerüst herausgebildet, das prägend für das wissenschaftliche Herangehen an Probleme in Natur und Technik ist. Natürlich ist es nicht einfach, dies alles im Alltäglichen, also auch bei der Gefahrenabwehr, zu berücksichtigen. Es erfordert Mühe, sich mit den Grundlagen auseinanderzusetzen, man wird aber durch ein tiefes Verständnis der Dinge und ihrer Probleme belohnt.

Natürlich liegt das gegenwärtige Entwicklungsfeld in der Physik nicht so sehr auf den Grundlagen der klassischen Gebiete, sondern auf modernen Fragestellungen zur Verknüpfung des ganz Kleinen mit dem ganz Großen, wie sie sich beispielsweise in der Kosmologie oder Astrophysik stellen. Aber auch in der ganz normalen (makroskopischen) Umwelt gibt es neue Erkenntnisse. Beispielsweise hat man ein chaotisches Verhalten gefunden, obwohl die Zustände durch exakte Gleichungen beschrieben werden können (vgl. ▶ Kapitel 4.5). Dieses »deterministische Chaos« ist eine Folge nichtlinearer Zusammenhänge, also ein Gebiet der nichtlinearen Dynamik.

Es gibt demnach immer wieder aus physikalischer Sicht Interessantes aufzudecken, das unsere Umwelt mit all ihren Gefahren charakterisiert. Das Ziel dieses Buches ist es, vor allem in der Praxis das Verständnis für diese Denkweise zu stärken und damit die Gefahrenabwehr zu bereichern. Natürlich erfordert dies eine Beschränkung auf hierfür wichtige Gebiete, die aber trotzdem bereits häufig für den Praktiker kompliziert sein werden.

Ein tiefes Eindringen in die verschiedenen physikalischen Gebiete baut auf reichlichem mathematischen Wissen auf und muss deshalb den Experten vorbehalten bleiben. Dies gilt insbesondere für die zahlreichen modernen Ansätze der Physik, die in diesem Buch keine Berücksichtigung finden sollten. Vielmehr sollte es ein Lehrbuch für jene sein, die die Gefahrenabwehr besonders im Feuerwehrwesen mit physikalischer Sachkenntnis vertiefen wollen. Wenn es zu einem häufigeren Nachdenken über die physikalischen Hintergründe anregen konnte, ist die Zielstellung erreicht und der Weg in eine tiefgründigere Spezialliteratur geebnet.

Schlussbemerkungen

Der Autor dankt für die Bereitstellung folgender Bilder:
- Dräger Safety AG & Co. KGaA: Bilder 34, 35
- IBK Heyrothsberge: Bilder aus Grabski (2005); Grabski und Koch (2008) sowie Starke et al. (1998)

Literaturverzeichnis

Arnold, R.: Persönliche Schutzausrüstung, In: FEUERWEHR 7-8/2021, S. 46-50.
Baer, L.: Vom Metallhelm zum Kunststoffhelm, ISBN 3-9803864-2-2, Neu-Anspach, 1999.
Blätte, J., Voswinckel, W.: Das Infrarotsichtgerät. Ein neues Einsatzmittel für die Feuerwehr, In: Deutsche Feuerwehrzeitung, 9/1977, S. 247.
Bussenius, S.: Wissenschaftliche Grundlagen des Brand- und Explosionsschutzes, Verlag W. Kohlhammer, Stuttgart, 1996.
Damm, S., Klemmt, J.: Routing und Priorisierung von Einsatzfahrzeugen im urbanen Verkehr der Zukunft, In: Tagungsband 66. Jahresfachtagung der Vereinigung zur Förderung des Deutschen Brandschutzes e. V., S. 151 – 168, 2019.
Dethloff, M.: Tschernobyl – der Feuerwehreinsatz aus heutiger Sicht, In: Crisis Prevention 1/2017, S. 48-51.
Dräger: Sensor-Gasmessgeräte, Handbuch, 5. Ausgabe, Dräger Safety AG & Co. KGaA, Lübeck, 2021a.
Dräger: Handbuch für Dräger-Röhrchen und Micro Tubes, 20. Ausgabe, Dräger Safety AG & Co. KGaA, Lübeck, 2021b.
Durst, F.: Grundlagen der Strömungsmechanik, Springer-Verlag, Berlin, Heidelberg, 2006.
Einlehner, F.: Frühesterkennung – Mit KI und Algorithmen: Brandschutz für Vertriebszentren, In: GIT Sicherheit, 30. Jahrgang, Ausgabe 7-8, Aug 2021, S. 66 – 67.
Elfert, T.: Gedankenstütze bei Strahlenschutzeinsätzen, 2000, online abrufbar unter: https://ditzingen.de/fileadmin/Dateien/Dateien/Feuerwehr/Downloads/Einheiten_im_ABC-Einsatz/A097280237629351_Grundsaetze.pdf, letzter Zugriff: 28.12.2022
Festag, S., Nagel, B.: Adaptive Systeme zur Optimierung der Selbstrettung, aktueller Sachstand, In: Tagungsband 66. Jahresfachtagung der Vereinigung zur Förderung des Deutschen Brandschutzes e. V., S. 306 – 319, 2019.
Fouad, N. A., Richter, T.: Leitfaden Thermografie im Bauwesen, Fraunhofer IRB Verlag, Stuttgart, 2006.
Geetha, S., Abhishek, C. S. und Akshayanat, C. S.: Machine Vision Based Fire Detection Techniques: A Survey, In: Fire Technology 57, 591–623, 2021.
Grabski, R.: Grundwissen Physik, Die roten Hefte Nr. 78, Verlag W. Kohlhammer, Stuttgart, 2005.
Grabski, R., Koch, M.: Praxis der Infrarot-Thermographie im Feuerwehreinsatz, Band 1 – Naturwissenschaftliche Grundlagen für den Einsatz von Wärmebildkameras, Buchreihe des Instituts der Feuerwehr Sachsen-Anhalt, Herausgegeben von der Dräger Safety AG & Co. KGaA, Fachverlag Matthias Grimm, Berlin, 2008.
Hagebölling, D.: Persönliche Schutzausrüstung im Feuerwehrdienst, In: BRANDSchutz/Deutsche Feuerwehr-Zeitung, 4/2007, S. 243 – 247.
Hagebölling, D.: Definition von Belastungsprofilen für Feuerwehreinsatzkleidung und -ausrüstung, In: Tagungsband 53. Jahresfachtagung der Vereinigung zur Förderung des Deutschen Brandschutzes e. V., S.433 – 444, 2004.
Hall, R., Adams, B.: Essentials of Fire Fighting, 4. Auflage, Fire Protection Publications, Oklahoma State University, 1998.
Hartl, T.: Backdraft und Flash-over, www.feuerwehr.doeteberg.de, abrufbar unter Informationen, letzter Zugriff 20.10.2022.
Hosser, D. (Hrsg.): vfdb-Leitfaden – Ingenieurmethoden des Brandschutzes, vfdb-Referat 4, Braunschweig, 2005.
Kitzlinger, M.: Personenstromsimulationen nach E DIN 18009-2 – was wird jetzt anders? In: Tagungsband 67. Jahresfachtagung der Vereinigung zur Förderung des Deutschen Brandschutzes e. V., S.165 – 179, 2021.
Klingsohr, K.: Verbrennen und Löschen, Die Roten Hefte Nr. 1, 17. Auflage, Verlag W. Kohlhammer, Stuttgart, 2002.

Literaturverzeichnis

Kohlrausch, F.: Praktische Physik, Bd. 1-3, 23. Auflage, B. G. Teubner, Stuttgart 1985.

Kunkelmann, J.: Flashover/Backdraft – Ursachen, Auswirkungen, mögliche Gegenmaßnahmen, Brandschutzforschung der Bundesländer, Bericht Nr. 130 -Forschungsstelle für Brandschutztechnik, Karlsruhe, 2003.

Lamers, C., Chrispeels, A. M., Labenski, P., Fassnacht, F. E.: Waldbrandschutz ganzheitlich – der Anspruch des interdisziplinären Projektes ErWiN, In: Tagungsband 67. Jahresfachtagung der Vereinigung zur Förderung des Deutschen Brandschutzes e. V., S. 263 – 276, 2021.

Lindfield, A. G., Wells, A. C.: Assisting the vision of firemen in smoke, Research Report No. 17, Scientific Research and Development Branch, Horseferry House, London, 1987.

Meschede, D.: Gerthsen Physik, 21. Auflage, Springer-Verlag, Berlin, Heidelberg, 2002.

Naser, M. Z., Lautenberger, C. & Kuligowski, E.: Special Issue on »Smart Systems in Fire Engineering«, In: Fire Technology 57, S. 2737 – 2740, 2021.

Neske, M.: Experimentelle Untersuchungen und theoretische Modellierung zur Auswirkung von Wärmeexposition auf Pressluftatmer, Vollmasken und Lungenautomaten, Dissertationsschrift, Otto-von-Guericke-Universität, Magdeburg, 2015.

o. A.: Standard on Thermal Imagers for the Fire Service, NFPA 1801, Current Edition 2021.

o. A.: Dräger Atemschutzlexikon, online abrufbar unter: https://atemschutzlexikon.com/lexikon/, letzter Zugriff: 04.10.2022.

o. A.: Nutze die Macht der KI, In: GIT Sicherheit, 31. Jahrgang, Ausgabe 1-2, Jan/Feb 2022 a, S. 14.

o. A.: Guardian Technologies GmbH, 2022 b, online abrufbar unter: https://www.guardian-technologies.de/, letzter Zugriff: 26.8.2022.

o. A.: Integrierte Sirenenerkennung, Bosch Research, 2022 c, online abrufbar unter: https://www.bosch.com/de/stories/integrierte-sirenenerkennung/, letzter Zugriff: 26.8.2022.

o. A.: Sicherheit von radioaktiven Strahlenquellen in Deutschland, Bundesamt für Strahlenschutz, Stand 13. 5. 1922 d, online abrufbar unter: https://www.bfs.de/DE/themen/ion/anwendung-alltag/strahlenquellen/strahlenquellen_node.html, letzter Zugriff: 21.11.2022.

Raab, W.: Schadenverhütung mit Wärmebildkameras – eine Zwischenbilanz, In: schadenprisma, 4/2003, S. 30-34.

Russell, H.: Feuer – Die größten Katastrophen, Gondrom Verlag, Bindlach, 1998.

Ronig, C., Sommer, K.: Frühzeitige Lageerkundung durch eine vorausfliegende Drohne – Forschungsprojekte aus der chemischen Industrie und der öffentlichen Feuerwehr, In: Tagungsband 67. Jahresfachtagung der Vereinigung zur Förderung des Deutschen Brandschutzes e. V., S. 441 – 458, 2021.

Rönnfeldt, J.: Fünf Thesen zum Messen – Messstrategie an Feuerwehr-Einsatzstellen, In: BRANDSchutz/Deutsche Feuerwehr-Zeitung, 7/1998, S. 617.

Rönnfeldt, J., König, M.: Messtechnik im Feuerwehreinsatz, 2. Auflage, Verlag W. Kohlhammer GmbH, Stuttgart, 2010.

Schieferstein, R.: Wärmebildkameras können mehr, In: Feuerwehr, 4/2021, S. 24-27.

Schmiedtchen, P.: Grundlagen und Möglichkeiten für den Einsatz der Infrarotmesstechnik im Brandschutz, Dissertationsschrift, Technische Universität Dresden, 1990.

Schultz, H.: Grundzüge der Schadstoffausbreitung in der Atmosphäre, Verlag TÜV Rheinland, Köln, 1986.

Starke, H., Wienecke, F., Grabski, R., Schmeißer, R.: Fein verteiltes Wasser als Volumen- und Oberflächenlöschmittel, Teil 2, Brandschutzforschung der Bundesländer, Bericht Nr. 113 – Institut der Feuerwehr Sachsen-Anhalt, Heyrothsberge, 1998.

Steinbach, K., Puchner, U., Redmer, T., van Bebber, P., Krönke, K., Fiedler, H.: Methodischer Leitfaden zur Brandursachenermittlung, vfdb-Referat 2, VdS-Verlag, Köln, 2013.

Strauß, J.: Vermeiden statt löschen, In: GIT Sicherheit, 31. Jahrgang, Ausgabe 4, April 2022, S. 40 – 41.

Stroppe, H.: Physik für Studierende der Natur- und Ingenieurwissenschaften, 15. Auflage, Fachbuchverlag Leipzig im Carl Hanser Verlag, München 2012.

Thorns, J.: Auswirkungen von Membranen in Brandschutzkleidung, In: BRANDSchutz/Deutsche Feuerwehr-Zeitung, 6/2018, S. 466-470.

Literaturverzeichnis

Vollertsen, A.: Putting a tech buzzword under the microscope: AIoT – the artificial intelligence of things, Data: response, 2022, online abrufbar unter: https://datarespons.com/aiot-the-artificial-intelligence-of-things/, letzter Zugriff: 26.8.2022.

Wallrodt, T.: Smart Cities: Die Feuerwehr als Teil der vernetzten Stadt, In: Tagungsband 66. Jahresfachtagung der Vereinigung zur Förderung des Deutschen Brandschutzes e. V., S. 141 – 149, 2019.

Warnatz, J., Maas, U.: Technische Verbrennung, Springer-Verlag, Berlin Heidelberg, 1993.

Warnatz, J., Maas, U., Dibble, R. W.: Verbrennung, 3. Auflage, Springer-Verlag, Berlin Heidelberg, 2001.

Quintiere, J. G.: Fundamentals of Fire Phenomena, John Wiley & Sons, Ltd., England 2006.

Zenger, A.: Atmosphärische Ausbreitungsmodellierung – Grundlagen und Praxis, Springer Verlag, Berlin Heidelberg, 1988.

Zimmermann, T.: Wärmebildkameras in der Feuerwehranwendung, In: Feuerwehr-Fachjournal – Fachzeitschrift für Feuerwehr und Rettungswesen, 1/2020, S. 28-30.

Stichwortverzeichnis

A

Abschirmung 202 f.
absolute Temperatur 117
Absorption 35, 128, 154, 156, 186, 200
Additionstheorem der Geschwindigkeit 71
Adhäsion 94
Adiabate 118 f.
Adiabatenexponent 112
Aggregatzustände 89
Alphas-Strahlung 203
Alphastrahlung 198, 203
Ampere 17, 167
Amplitude 145, 147 f., 152 f., 179
Anemometer 46
Arbeit 18, 61, 77, 79 f., 88, 95, 112, 114–116
Atemluft 138 f.
Atemschutz 137, 140–142, 201
Äther 176
Atom 44, 81, 105, 160 f., 167 f., 171, 179 f., 197 f.
Auftrieb 93, 125, 136
Ausgleichsgerade 37
Ausgleichsvorgänge 56, 121
Avogadro-Konstante 109, 111

B

Backdraft 64 f.
Bahnbewegung 70
Bahnkurve 30, 70 f.
Basiseinheiten 17
Becquerel 199
Benetzung 94 f.
Bernoullische Gleichung, Druckbilanz 99
Beschleunigung 31 f., 70 f.
Beugung 157 f.
Bewegungsgleichung 74 f., 78, 105
Bewegungsgröße 75
Big Data 208
BLEVE 61
Boltzmann-Konstante 109, 116, 127
Brand 6, 8, 21, 25, 39–41, 43, 47, 55 f., 58, 62, 64, 66, 94, 103, 114, 116, 121, 126, 131, 138, 141, 188, 190–192, 213 f., 219
Brandschutz 43, 58, 69, 103, 188
Brechungsgesetz 155
Brownsche Molekularbewegung 108

C

Celsius-Temperatur 17, 107
CFD-Feldmodell 132
Code, Computercode 19, 26, 30, 103, 131, 133
C_{Wert} 101
 – spezifische Wärmekapazität 113
 – Widerstandsbeiwert 73, 101 f.

D

Dämpfung 147–149, 175
DDT 63
Deflagration 62 f.
Detonation 63, 154
Dichte 23, 45, 64 f., 73, 87, 92 f., 98, 100, 122, 125, 135 f., 169 f., 200
Dielektrizität 166
Diffusion 56, 90, 122 f., 128 f., 134
Digitalisierung 8, 205 f.
Dimensionskontrolle 16
Dipol 167 f., 170 f., 179
Dispersion 128, 184
 – anomale Dispersion 184
Doppler-Effekt 46, 157, 159
Drehbewegung 71, 73, 84
Drehimpuls 81 f.
Drehimpulserhaltungssatz 81
Drehmoment 75, 82–84, 87
Drehzahl 72
Druck 23, 32, 44, 83, 88, 91, 99, 110, 115, 120, 135, 162

E

Eigenschwingung 160
Einheiten 15 f., 107, 111, 203
Elektrische Ladung 167, 170
Elektrisches Feld 166, 169, 176
Elektromagnet 165, 171
Elektromagnetisches Spektrum 179, 182
Elektron 167, 175, 179, 197 f.
Elektrostatische Abstoßung 197
Elektrostatische Kraft 81
Elementarladung 167
Elementarteilchen 167, 197
Emissionsgrad 128, 193
Energie 56 f., 61, 63, 76–80, 88, 95, 99, 105, 109, 114, 116, 118 f., 132, 154, 156 f., 163, 170, 173, 197 f., 200

Stichwortverzeichnis

Energiesatz, Energieerhaltungssatz 78f., 85, 88, 113
Enthalpie 119f.
Entropie 116–118
Erhaltungsgröße, Erhaltungssatz 75
Explosion 61–63, 65

F
Fallbeschleunigung 73, 92
Farbtemperatur 181
Federkonstante 73, 146, 150
Federschwingung 145
Fehler 20, 33
Feld der dielektrischen Verschiebung 166
Feldstärke
– elektrische Feldstärke 166, 169
– magnetische Feldstärke 166
Ferromagnetismus 168
Feuer 23, 44, 55, 58, 90, 105, 118, 126, 192, 213f.
Feuersturm 65
Feuertetraeder 58f.
Flächensatz 81
Flashover 64
Fluid 88–92, 96, 99, 125f., 162f.
– Ideales Fluid (Gas, Flüssigkeit) 97, 99
– Reales Fluid (Gas, Flüssigkeit) 97, 99

G
Gammastrahlung 198, 203
Gaskonstante 22, 110, 112
Gaußkurve, Gauß-Funktion 130
Gedämpfte Schwingung 147
Geschwindigkeit 29, 31, 46, 65, 71, 74, 76, 79, 99, 109, 111, 150, 159–161, 167
Gewichtskraft 31, 73, 83, 85f., 92f.
Gleichgewicht 82, 85, 91, 106, 116, 121, 186
Grauer Körper 128, 181

H
Halbwertszeit 199f.
Harmonische Schwingung 145f.
Hauptsätze der Wärmelehre 114
Hebekissen 88, 91
Hebelgesetz 85, 87
Hohlraumstrahlung 181
Huygenssches Prinzip 154, 157
Hydraulik 90
Hydrodynamik 89

I
Ideale Fluide 97

Ideales Gas 25, 97, 108f., 111, 115, 118, 135
Impuls 56, 73, 75f., 110, 132, 163, 181
Impulssatz, Impulserhaltungssatz 76, 79
Induktivität 147, 172, 174
Infrarotkamera 128, 156, 185
Infrarotstrahlung 184f.
Infrarotthermographie 193
Interferenz 152f., 157
Internet of Things (IoT) 207
Irreversibler Prozess 121
Isentrope 118

J
Joule 18, 109, 111
Justierung 48

K
Kalibrierung 21, 47f., 203
Kalorimetrie 113
Kapazität des Kondensators 170
Kelvin-Temperatur 107, 109, 163
Kernenergie 203
Kernzerfall 198
Kinetische Energie 78
Kirchhoffsches Strahlungsgesetz 186
Knotensatz 174
Kohäsion 94
Kompressibilität 90
Kondensator 147, 170, 174, 179
– Kapazität des Kondensators 147
Kontinuitätsgleichung 98, 122
Konvektion 121, 125f., 195
Konvektionswalze 126f.
Konzentration 49, 53, 122f., 128–130, 134, 136, 139
Kraft 31, 73–75, 77f., 81, 83–85, 87, 91, 94, 115, 167f., 197
Kräfteparallelogramm 73, 82f.
Kreisbewegung 81, 160
Kreisfrequenz 147
Kreisstrom 171f.
Kriechfall 148
Künstlichen Intelligenz (KI) (engl. AI) 209

L
laminare Strömung 101
Leistung 26, 80, 127, 183
Licht 127f., 156f., 159, 165, 176–179, 182, 184
Lichtgeschwindigkeit 22, 29
Longitudinalwelle 160–163

Stichwortverzeichnis

Löschen 6, 21, 24, 41 f., 55, 57 f., 60, 77, 112, 118
Löschmittelintensität 60

M
Magnetostatik 170
Maschensatz 174
Maschinelles Lernen 8, 205, 207 f., 210, 213 f.
Masse 30, 32, 66, 73, 83 f., 89, 92 f., 109, 111–113, 163, 200
Massenmittelpunkt 75, 84 f.
Messfehler 21, 43
Messung 6, 15, 19, 21, 23, 25, 27, 33–36, 39, 43, 46–50, 52, 67, 69, 104, 113, 134, 136, 159, 192 f.
Michelson-Experiment 176
Mittelwert 33–36, 49, 109, 132
Mol 17
Mol (mol) 109
Molekül 93, 105–110, 123, 125, 157

N
Neutron 197 f.
Newtonsches Axiom 31, 73 f.

O
Oberflächenspannung 90, 94 f.
Ohmsche Gesetz 125, 173
Ohmscher Widerstand 173
Optische Fenster 185

P
Periodendauer 72, 146 f.
Permanentmagnet 168
Persönliche Schutzausrüstung 137, 196, 203
Phasengeschwindigkeit 150 f.
Physikalische Größen 35, 39, 48, 59, 69 f., 75, 96, 107, 122, 132, 145, 169
Physikalisches Modell 69
Plattenkondensator 170
Pneumatik 90
Poissonsche Adiabatengleichung 119
Polarisation 178
Potential 169 f.
Potentielle Energie 78
Poynting-Vektor 178
Prandtlsches Staurohr 45
Proton 197 f.
Prüfröhrchen 47, 49, 52 f.
Punktmasse 30 f., 69 f., 74, 79, 81, 85
Pyrolyse 64, 141

Q
Quellen der Felder 165

R
Radioaktiver Zerfall 199
Reales Fluid 97
Rechte-Hand-Regel 170 f., 176
Rechtsschraubenregel 81 f., 167, 178
Reflexion 154, 158
Reflexionsgesetz 155
Reibungskraft 79, 101
Reproduzierbarkeit 21, 41
Resonanz 147–149
Rettungsschere und -spreizer 88

S
Sauter-Durchmesser 34
Schalenmodell 197
Schallgeschwindigkeit 90, 102, 162 f.
Schallwelle 160, 162 f.
Schließungsproblem 132
Schutzausrüstung 50, 142, 202 f.
Schwächungsgesetz 156
Schwarzer Körper 128, 180 f., 186
Schwergasausbreitung 134–136
Schwerkraft 31 f., 89, 135 f.
Schwerpunkt 6, 74, 79, 82, 85 f., 141
Schwingung 78, 145, 147–149, 151, 153, 160 f., 174, 179, 184
Seebeck-Effekt 44, 175
Sievert 200
Skalar 152
Solarkonstante 181
Spannung 45, 125, 137, 145, 169 f., 172–174
Standardabweichung 33, 49
Starrer Körper 69 f., 74, 80, 82, 85 f.
Starrer Körpers 79
Staubexplosion 63
Staudruck 45, 99, 101
Steinerscher Satz 80
Stoß 76, 79, 110 f.
– elastischer Stoß 76, 79, 109
– unelastischer Stoß 77, 88
Stoßwelle 63, 154
Strahlen 155 f., 201
Strahlung
– elektromagnetische Strahlung 198
– radioaktive Strahlung 165, 198
Streuung 36, 43, 156 f.
Strom, elektrischer 125, 173–176
Stromlinie 96
Stromstärke 145, 147, 172, 174

225

Stichwortverzeichnis

Stützstellen, Knoten 30
Superposition 71, 73, 152

T

Tangentialgeschwindigkeit, -beschleunigung 70
Teilchen 25, 55, 81, 89, 105, 108f., 132, 157, 160, 166f., 180
Temperatur 17, 23, 32, 38, 44, 56f., 64, 97, 105–107, 109, 111, 117f., 123f., 127, 135, 160, 162, 180, 183, 186f., 195
Temperaturmessung 44, 108, 113, 175, 193–195
Thermodynamik 90f., 105, 107, 109f., 119
– Hauptsätze der Thermodynamik 114
Thermoelektrischer Effekt 44
Thermoelement 44, 108, 195
Thermospannung 108, 175
Totalreflexion 156
Trägheitsmoment 75, 80, 82
Transversalwelle 161, 177
Tröpfchenmodell 197
Turbulenz 26, 99, 101, 132, 136

U

Ultraviolettstrahlung 165

V

Validierung 27, 103, 131, 133
Vektor 32, 71f., 74f., 81f., 96, 98, 152, 166, 169, 178
Verbrennung 57, 59, 61f., 90
Verbrennungstemperatur 57

Verifizierung 27, 103, 131, 133
Verpuffung 61–63
Viskosität 99–101
Volt 167, 169
Volumenarbeit 99

W

Wärme 15, 32, 57, 59, 61f., 65f., 105, 108, 111–114, 117f., 121, 124–126, 139, 142, 180
Wärmebild 128, 182f., 191, 207
Wärmeenergie 56, 62, 105f., 114, 121, 123, 125, 127, 142, 156, 173
Wärmekapazität 32, 111–113, 117f.
Wärmekonvektion 125f.
Wärmeleitung 32, 56, 63, 90, 122–124, 127, 129, 142
Wärmeleitungsgleichung 32
Wärmestrahlung 127f., 137, 141f., 180, 183, 186, 195
Wellenfront 154f., 157
Wellenlänge 150, 152f., 157, 159, 180–184, 186f., 199
Widerstand 47, 91, 101
Winkelgeschwindigkeit 71f.
Wirbel der Felder 170

Z

Zerfallsgesetz 199
Zonenmodell 132
Zustandsgleichung 111f., 115, 118
Zustandsgröße 104f., 107, 111, 113, 116–120, 154

Carsten Hahn/Marius Brüser

Prüfungsleitfaden für die Feuerwehren

Eine Lernhilfe für die Aus- und Weiterbildung

5., erw. und überarb. Auflage 2023
369 Seiten mit 32 Abb. und 28 Tab. Kart.
€ 42,–
ISBN 978-3-17-039059-1
Übungen und Ausbildung

Das Buch behandelt in 24 Sachgebieten Beispielfragen zu einer Vielzahl von Bereichen des Feuerwehrwesens, die häufig Gegenstand schriftlicher und mündlicher Prüfungen sind. Der Frage- und der Antwortteil sind getrennt abgedruckt und geben somit die Möglichkeit zum Selbststudium und zur selbstständigen Erfolgskontrolle. Durch die ausführlichen Antworten zu den einzelnen Prüfungsfragen und nicht zuletzt durch die langjährige Erfahrung der beiden Autoren in der Aus- und Weiterbildung kann sich der Leser mit diesem Buch optimal und praxisnah auf Laufbahn- und Lehrgangsprüfungen vorbereiten.

Die 5. Auflage wurde vollständig überarbeitet, berücksichtigt die Neuerungen der FwDV 500 und wurde unter anderem um Fragen zum Sicherheitstrupp oder zum Digitalfunk erweitert.

Carsten Hahn, Leitender Branddirektor, ist Abteilungsleiter der Prävention und stellvertretender Amtsleiter der Feuerwehr Düsseldorf.
Marius Brüser, Brandrat, ist Leiter der Feuerwehrschule Düsseldorf.

Digital-Ausgabe erhältlich in der BRANDSchutz-App und als E-Book. Leseproben und weitere Informationen:
www.kohlhammer-feuerwehr.de

Feuerwehr-Online-Bibliothek

Die Feuerwehr-Online-Bibliothek ermöglicht den Nutzern Zugriff auf zahlreiche Feuerwehr-Fachbücher und auf die Fachzeitschrift „BRANDSchutz/Deutsche Feuerwehr-Zeitung". Mit Buchung der Feuerwehr-Online-Bibliothek erhalten Sie 12 Monate Zugriff auf alle Inhalte der BRANDSchutz-App.

Die Inhalte werden fortlaufend um Neuerscheinungen aktualisiert. Mithilfe der Suchfunktion kann über alle Werke hinweg recherchiert werden. Die Feuerwehr-Online-Bibliothek steht als browserbasierte Anwendung für Laptop, PC und Tablet sowie als Smartphone-App für die Betriebssysteme iOS und Android zur Verfügung.

Einzellizenz: € 299,– | Mindestlaufzeit: 12 Monate | Artikel-Nr.: 42950

Fünfplatzlizenz: € 1.199,– | Mindestlaufzeit: 12 Monate | Artikel-Nr.: 42951

Probelizenz: € 29,99 inkl. BRANDSchutz-Tasse als Prämie | Ohne Risiko | Probelizenz endet nach 4 Wochen automatisch | Artikel-Nr.: 42952

Der Vertrag bei Online-Abonnements ist zeitlich unbefristet und kann beiderseits mit einer Frist von 4 Wochen zum Ende eines Kalendermonats gekündigt werden, erstmals jedoch zum Ende des ersten Vertragsjahrs (12 Monate Mindestlaufzeit). Nach Ablauf der Mindestlaufzeit ist bei Verträgen mit Verbrauchern im Sinne von § 13 BGB die Kündigung zum Ende eines jeden Kalendermonats möglich, bei Verträgen mit anderen Kunden zum Ende eines jeweiligen Vertragsjahrs.

Jetzt bestellen unter:
www.kohlhammer-feuerwehr.de/bibliothek

Kohlhammer
Bücher für Wissenschaft und Praxis